空母「赤城」「加賀」「翔鶴」「瑞鶴」完全ガイド

［著］本吉隆・野原茂
松田孝宏・伊吹秀明
こがしゅうと

夜も明けきらぬ洋上で、九七式艦攻を発艦させる空母「赤城」。「赤城」と「加賀」は日本海軍が手に入れた最初の大型空母で、当初は三段飛行甲板を持つなど、多くの実験的施策が試みられ、後の大改装によって一段甲板の近代的な空母に生まれ変わる。太平洋戦争ではともに南雲機動部隊の中核を担って活躍、真珠湾攻撃に代表される緒戦の大勝利に貢献するとともに、空母の有用性を世界に示した。

画／佐竹政夫

※3～58ページの記事は、季刊「ミリタリー・クラシックス VOL.23」(2008年秋号)に掲載された記事を再構成し、加筆修正したものです。

日本海軍が八八艦隊計画の巡洋戦艦・戦艦として起工し、
軍縮条約によって建造中に空母へと改造された「赤城」と「加賀」。
空母黎明期に誕生したこの２隻は、当初の三段甲板を全通甲板に改装するなど、
試行錯誤を繰り返しながら日本の空母設計、運用技術を築いていった。
「赤城」は編成以来旗艦として第一航空艦隊を率い、
「加賀」は世界初となる空母の実戦参加を記録するなど、実戦でも輝かしい功績を残している。
太平洋戦争でも真珠湾攻撃の大勝利からミッドウェー沖での屈辱まで、
南雲機動部隊の主力として獅子奮迅の働きを見せており、
特に「赤城」は緒戦時の日本海軍の象徴として、日本空母の中でももっとも高い人気を誇っている。
ここからは日本大型空母の双璧「赤城」「加賀」の個性的なメカニックから
空母改造の経緯、戦歴、搭載機にいたるまでを徹底解説していこう。

太平洋戦争開戦直前の2隻。手前は「加賀」、奥は「赤城」。戦艦から改造されただけあって背が高く、構造物も複雑に入り組んでいる重厚な艦容である

画／吉原幹也

特集 太平洋の覇王

空母「赤城」「加賀」

Aircraft Carrier AKAGI and KAGA "Overlords of the Pacific Ocean"

上海沿岸で三式艦上戦闘機（右）と一三式艦上攻撃機（左）を発艦させる「加賀」。後方には空母「鳳翔」の姿もある

画／舟見桂

戦間期、上海は英米日仏など列強各国が租界を形成し、巨額の外国資本による繁栄を極めていた。国民党政府の十九路軍司令官蔡廷鍇（さいていかい）は、この国際都市とその巨大な富を手中にせんがため、給料未払いを口実に上海郊外に野営し、軍事的圧力を加えていた。そして昭和7（1932）年1月26日には戒厳令が発せられ、各国代表からなる共同租界防衛委員会は日本軍部隊に租界の防衛を託した。

28日未明には日支両軍による軍事衝突に発展し、日本海軍は第三艦隊の派遣を決定する。そこには空母「鳳翔」「加賀」を基幹とする第一航空戦隊も含まれており（当時「赤城」は改装工事中）、これが史上初の空母の実戦参加となった。2月1日、現地に到着した一航戦は直ちに任務を開始。5日には中国軍戦闘機との間で空中戦が発生し、これが日本陸海軍を通じて初の空母艦上機による実戦となった。

そして同月22日には「加賀」搭載の三式艦戦、一三式艦攻各3機からなる偵察部隊が敵戦闘機1機と交戦し、撃墜した。この航空機による撃墜戦果も日本軍初の記録であった。このとき撃墜したのはアメリカ製のボーイングF4Bの陸軍版のP・12戦闘機で、パイロットもアメリカ人のロバート・ショートという人物だった。またこの空戦で一三式艦攻に搭乗していた編隊指揮官の小谷大尉が戦死し、空中戦での戦死者としても日本初となっている。

3月3日には日支政府間で停戦協定が成立し、戦闘は終結した。第一次上海事変は短い戦闘期間にもかかわらず、史上初となる空母の実戦参加、日本機初の空中戦と初撃墜、空中戦による戦死第一号と、数々の史上初を記録した航空史上の一大事件であったのだ。

第一次上海事変

昭和7年1月28日～3月3日

昭和16（１９４１）年、対米開戦が不可避の情勢となった日本海軍では、連合艦隊司令長官山本五十六によって、米太平洋艦隊の一大根拠地、真珠湾を空母艦上機で奇襲攻撃する作戦が発案された。

作戦に向けて第一航空戦隊（一航戦）の「赤城」「加賀」を筆頭に、二航戦の「蒼龍」「飛龍」、新編された五航戦の「翔鶴」「瑞鶴」という、当時の日本海軍の主力空母をまとめた第一航空艦隊（一航艦）が南雲忠一を司令長官に編成され、「赤城」が旗艦となった。未曾有の大作戦を前に、各空母航空隊は昼夜を分かたぬ猛訓練を続けて錬度向上に努め、また水深の浅い真珠湾用の浅深度魚雷や「長門」型戦艦の主砲弾を改造した８００kg徹甲爆弾などの新兵器も開発された。

11月22日、千島列島択捉島の単冠湾（ヒトカップ）に集結した機動部隊は、26日には作戦目標であるハワイを目指して出撃した。徹底した無線封鎖の中、北太平洋を進む南雲機動部隊は12月2日、大本営から暗号電文「ニイタカヤマノボレ一二〇八（日本時間12月8日午前零時を以って戦闘行動を開始せよの意）」を受信する。ついに日本海軍による一大作戦が実行に移されることになったのである。

未だ夜も明けきらぬ12月8日未明、ハワイの北２００浬まで進出した機動部隊からは次々に攻撃隊が飛び立っていった。第一波・第二波攻撃隊あわせて３５４機の攻撃隊は真珠湾に停泊中の艦船や基地施設に容赦なく襲い掛かり、米太平洋艦隊の戦艦8隻はことごとく撃沈破、多数の航空機が撃墜もしくは地上撃破された。この大戦果に対し、日本側の被害は航空機29機にすぎず、空母艦上機の集中運用の攻撃力を世界中に見せ付けたのだった。

Aircraft Carrier AKAGI and KAGA "Overlords of the Pacific Ocean"

荒波と薄明かりの中、真珠湾に向けて攻撃隊を発艦させる「赤城」(左)と「加賀」(右)
画/吉原幹也

真珠湾攻撃

昭和16年12月8日

昭和17（1942）年、日本海軍は中部太平洋上のミッドウェーを攻撃することで、真珠湾で撃ち漏らした米空母部隊を誘引し、南雲機動部隊の航空攻撃によってこれを殲滅する「MI作戦」を実行に移した。

5月27日、南雲機動部隊は同月の珊瑚海海戦で損耗した「翔鶴」「瑞鶴」を除く、4隻の空母を中核として呉を後にした。

6月5日未明、ミッドウェーの北西約210浬に進出した機動部隊から、ミッドウェー攻撃隊が放たれた。しかし、この時すでに南雲機動部隊は敵偵察機に発見されており、日本側は索敵機の故障などで敵空母の接近を探知できていなかった。そして間もなくミッドウェー基地航空隊と米空母艦載機の猛攻に晒されることになる。雷撃を巧みな操艦で回避していた各空母だったが、その隙を縫って出現した急降下爆撃機の爆弾が、「赤城」「加賀」「蒼龍」に立て続けに命中した。第二次攻撃と敵空母発見による度重なる兵装転換指示、第一次攻撃隊の帰還などで大混乱に陥っていた日本の空母はたちまち大火災に包まれた。

「加賀」は爆弾3発を受け艦上機が次々に誘爆、艦橋を吹き飛ばされ艦長の岡田次作大佐をはじめ多くの戦死者を出した。鎮火不能と判断された「加賀」は総員退艦命令の後、大爆発を起こして沈没した。「赤城」も2発の爆弾を受けて大破炎上し、舵も破壊されて操艦不能に陥った。「赤城」は炎に包まれつつも沈没は免れていたが、6日には山本長官から処分命令が下され、味方駆逐艦の魚雷により海没処分された。

真珠湾の大勝利から半年あまり、覇王として太平洋に君臨した2隻の空母は、ミッドウェー沖にその姿を消したのである。

対空戦闘を繰り広げる「加賀」（手前）と「赤城」（奥）。戦闘機隊も善戦したが、雷撃機に気を取られ、艦隊上空がガラ空きになってしまった
CG／一木壮太郎

ミッドウェー海戦

昭和17年6月5～6日

これが超最強機動部隊のリーダー空母

赤城だ!

こ、こんにちは、南雲忠一です…、ええっ…ここどこですかぁ…どうして私連れてこられたんですかぁ…?私の専門は水雷戦なんですけど…。あ、あの、それで…この軍艦は私が乗ってる「赤城」で、海軍条約時代には「世界の4大空母」って言われたほどの大空母なんです。巡洋戦艦にするはずだったんですけど、条約のせいで空母に造り変えられたんですよ。あ…これから真珠湾攻撃隊が出撃しますけど、うまくいくかなぁ…。

Z旗

「皇国の興廃この一戦にあり、各員一層奮励努力せよ」ぶっちゃけ「日本が栄えるか滅びるかはこの戦いにかかってるから、みんなすげー頑張れよ! オイ!」という感じで気合いを入れる時に掲げる旗だ。日本海海戦の時にも掲げられてたぞ。

12cm連装高角砲

高角砲とは敵の飛行機を撃ち落とす大砲のことだ。他の空母は新しい12.7cm高角砲を装備していたのに、赤城は予算ぶそく、つまりお金がなくて古い12cm高角砲を装備していたのだ…。

仲間の空母たち

手前が「加賀」、奥が「瑞鶴」。みんな「赤城」の後輩だ。ほかに「蒼龍」「飛龍」「翔鶴」が真珠湾攻撃には参加していたぞ。

20cm単装砲

20cm砲を片側3門、左右合わせて6門装備! ちょっとした重巡洋艦なみの砲撃力があるぞ。万一のときは敵の駆逐艦や巡洋艦と殴りあうこともできる…?

真珠湾攻撃隊1番機として飛び立つゼロ戦、くわしく言うと零式艦上戦闘機二一型だ。戦争の最初のころは米軍機をバッタバッタとたたきおとしたスゴイ戦闘機なのだ。

ゼロ戦

艦橋

小さめの艦橋が左舷中央についている。ふつう、空母の艦橋は右側にあることが多いんだけど、赤城は右側の煙突とバランスを取るために、艦橋を左側につけてみたんだ。ま、失敗だったんだけどね…。

飛行甲板

飛行機が滑走して飛び立ったり着艦したりする「海の上を動く滑走路」だ。赤城はやけに背が高い空母なんだけど、実は昔は飛行甲板が上中下３段あって、そこからそれぞれ発艦できる…はず、というとっても夢のある空母だったのだ！

南雲忠一提督

「はわわわ…真珠湾を奇襲攻撃なんて、なんかえらいことを引き受けちゃった気がします…。」これから半年間、破竹の快進撃を繰り広げることになる第一機動部隊の長官、南雲中将はちょっとオドデレだ！

空母「赤城」「加賀」塗装図集

図版／田村紀雄

巡洋戦艦と戦艦として起工され、途中から空母に改造された「赤城」と「加賀」。
三段飛行甲板という、空母黎明期ならではの特異な形式で建造された2隻だが、
その後の改装によって全通一段の飛行甲板に大変身を遂げた。
ここではそんな両艦の、改装前と改装後の姿をカラーイラストで再現する。

Akagi 赤城(三段甲板)

三段空母時代の「赤城」は下段の発艦用甲板に五本の白線で風向標識が描かれていた。艦尾の着艦標識は赤白の縦線になっている。

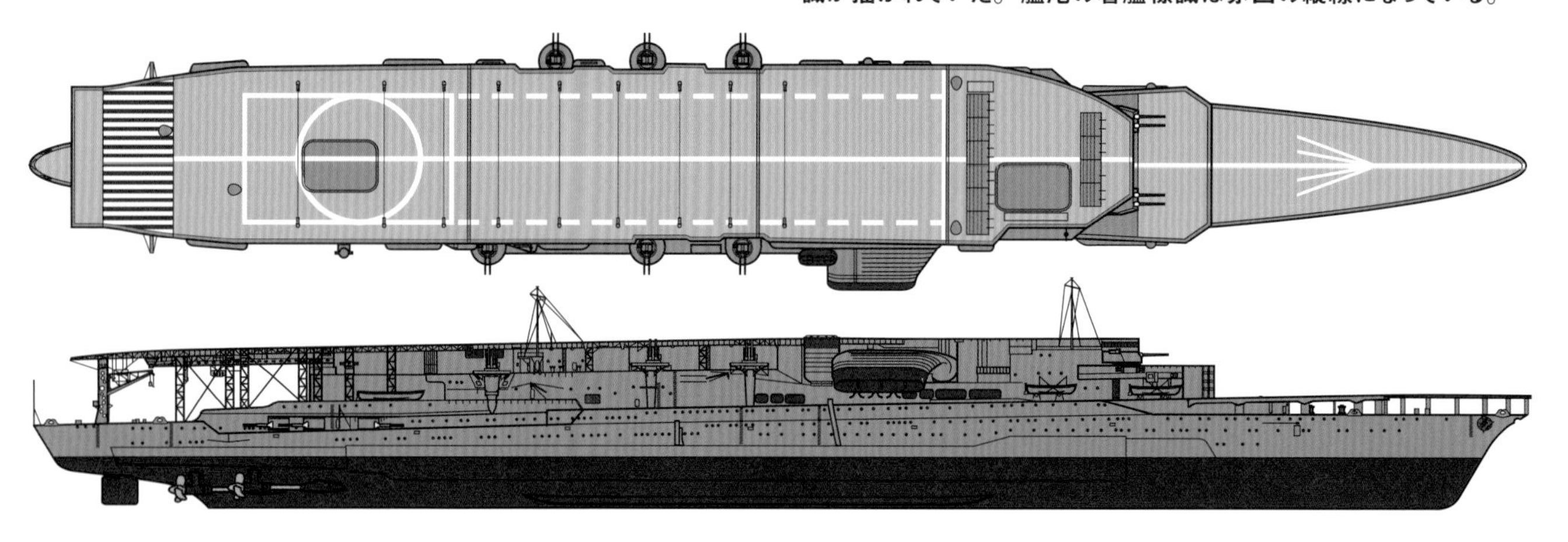

Akagi 赤城(開戦時)

改装で甲板は一段となり、着艦標識は横線に変更された。また甲板後方左舷側に「赤城」を示す対空識別標識の「ア」が描かれた。

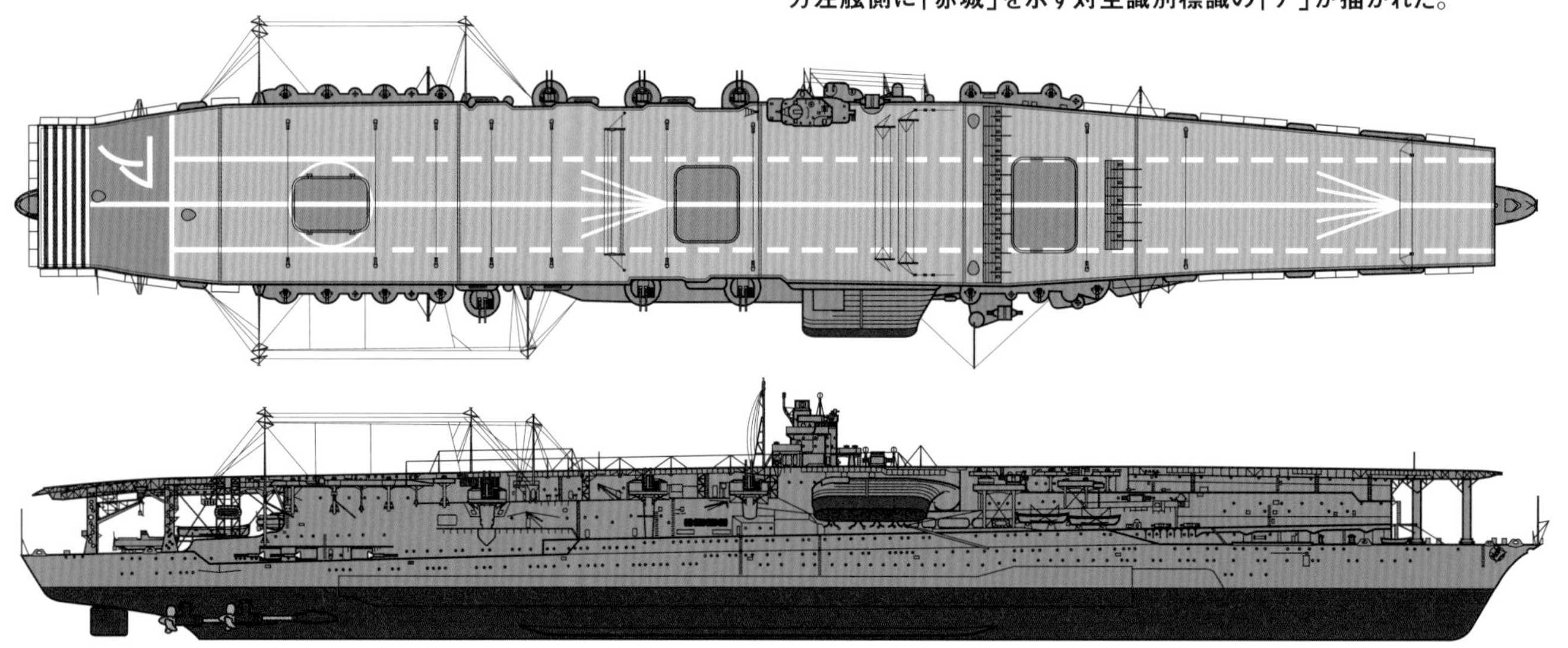

三段空母時代の「加賀」は着艦標識が白色のみの中心線と横線で構成されている。また後部エレベーター付近に定着点を示す白丸が描かれていた。

Kaga 加賀(三段甲板)

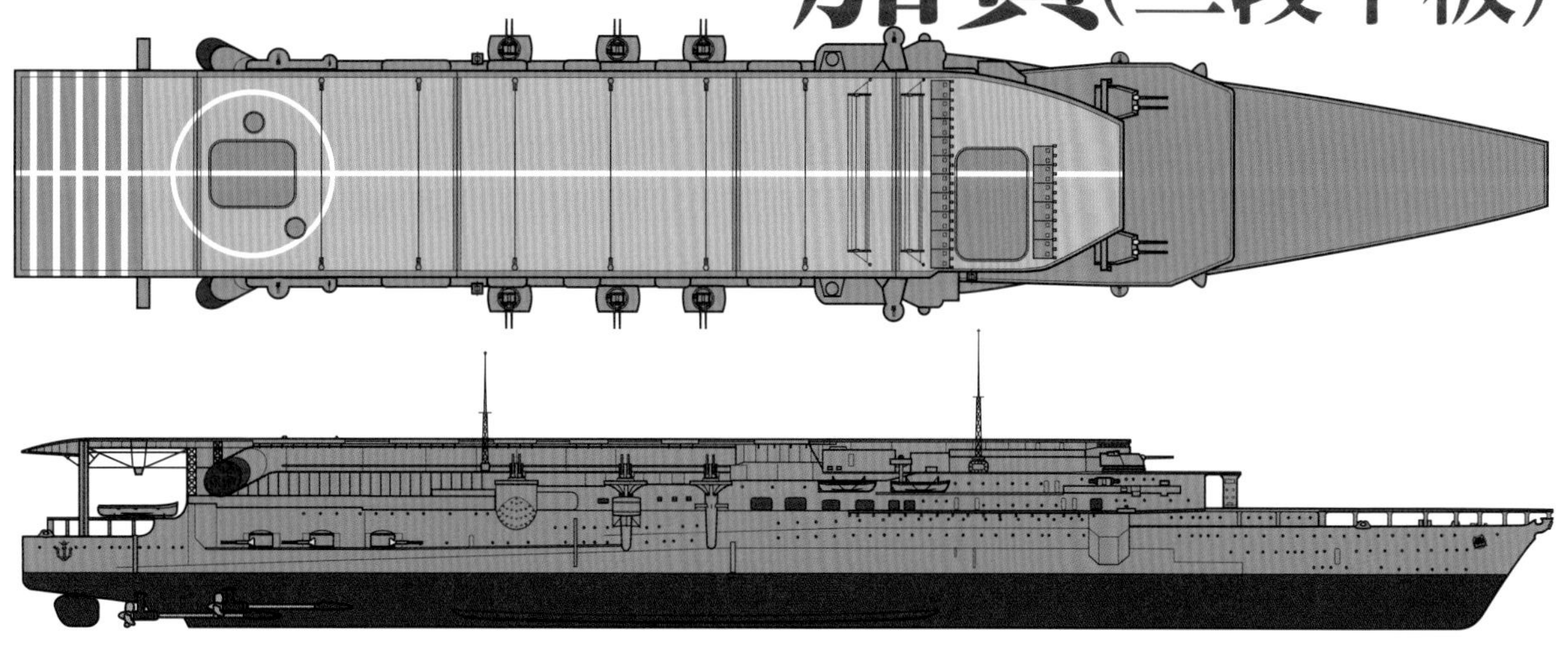

大改装後の「加賀」。「赤城」のように後方左舷側に「カ」の対空識別標識が描かれたという説と、艦橋位置で識別できるため無かったという説がある。

Kaga 加賀(開戦時)

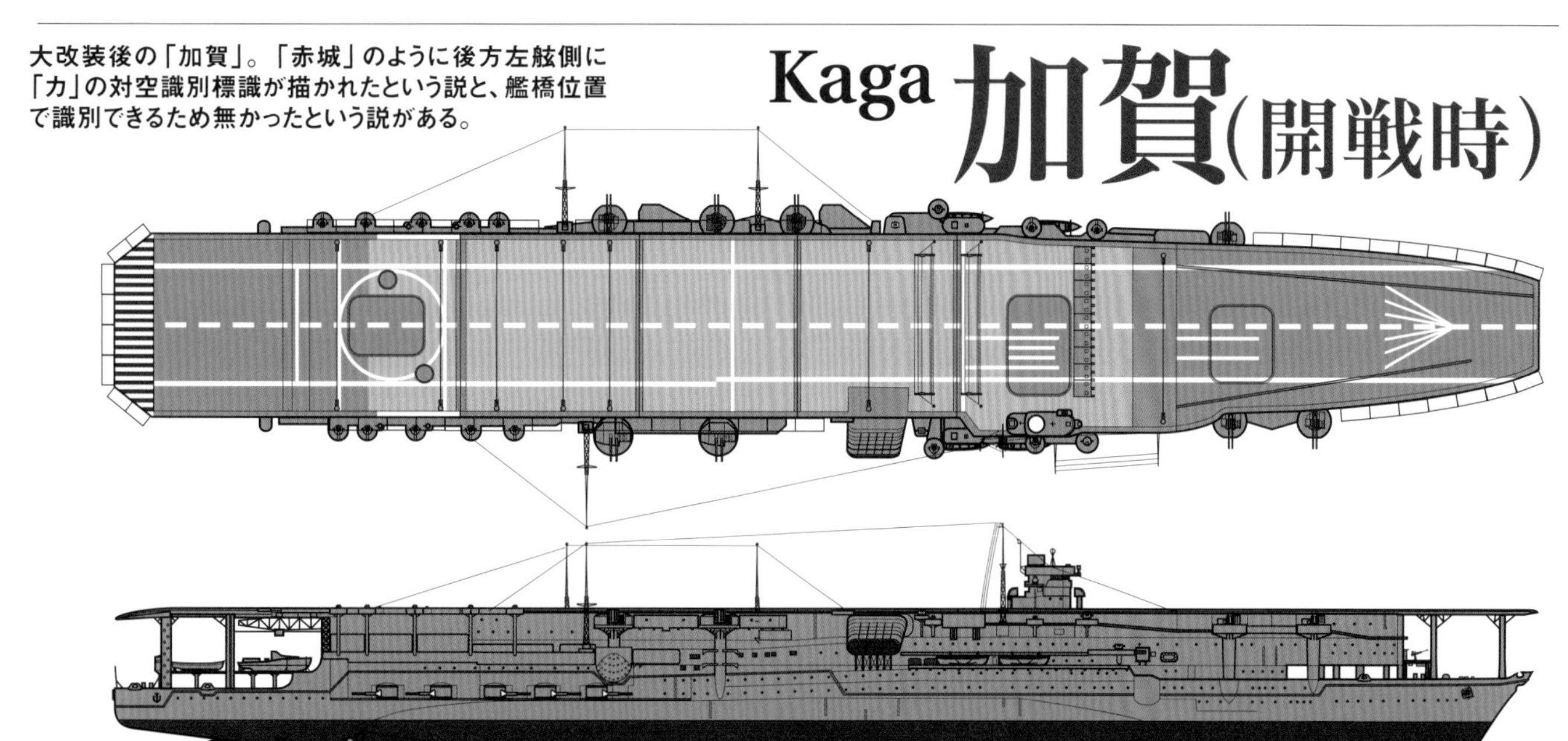

日独コラボ妄想コーナー

空母「赤城」ドイツ海軍バージョン

ドイツ海軍で空母「グラーフツェッペリン」(未成)を建造する際、技術協力として日本から「赤城」の図面が提供されている。史実では参考程度にとどまったが、ドイツの設計担当者が面倒くさがりだったら、イラストのようなドイツ軍バージョンの「赤城」が誕生したかもしれない!? 側面の模様は白と黒の楔状の帯で、進行方向や速度を見誤らせるための、「バルティック・スキーム」と呼ばれるドイツ海軍の迷彩。

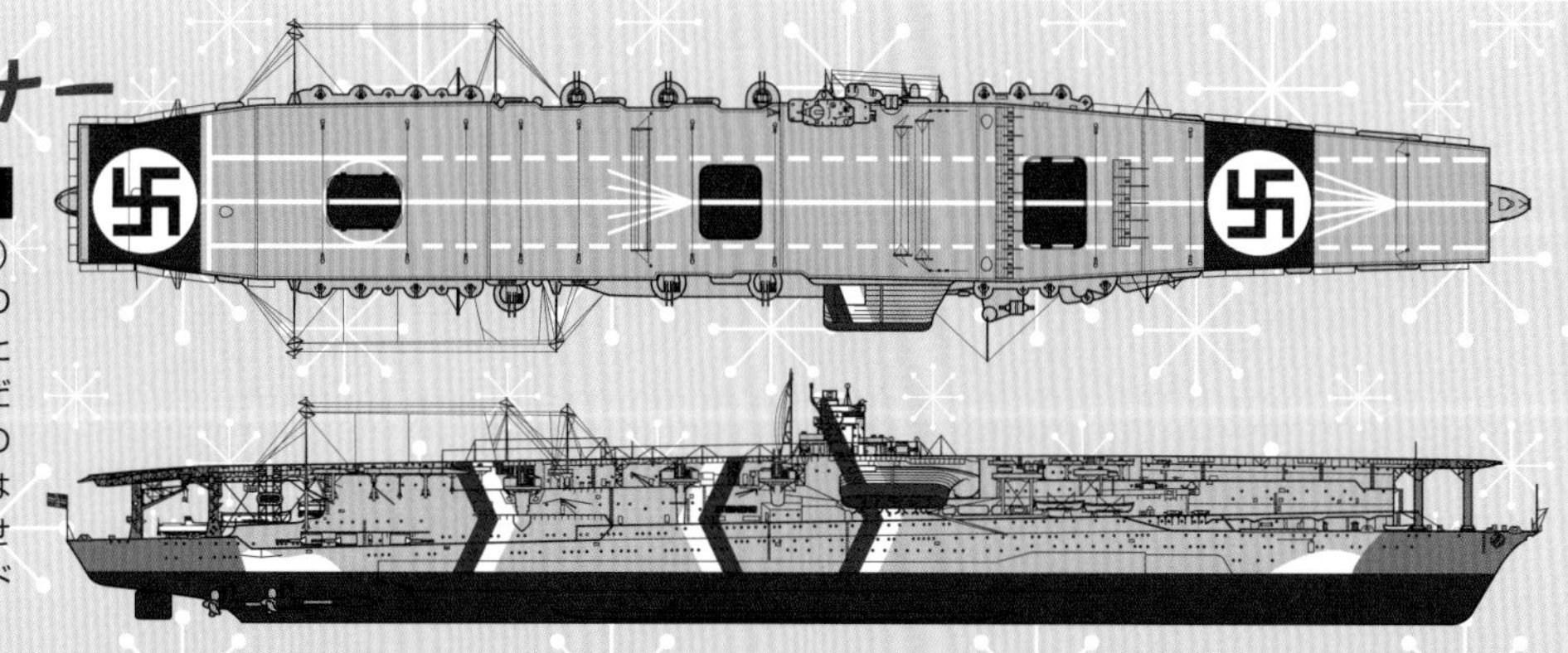

CG解説 空母「赤城」「加賀」のメカニズム

文／本吉隆　CG／一木壮太郎

日本海軍が実戦運用した初の大型空母「赤城」と「加賀」。ここでは特異な三段飛行甲板で知られる竣工時、そして大規模な改装を受け、全通飛行甲板と島型艦橋を持つ近代空母へと生まれ変わった大改装後、その双方のメカニズムを、緻密に再現されたCGとともに詳解しよう。

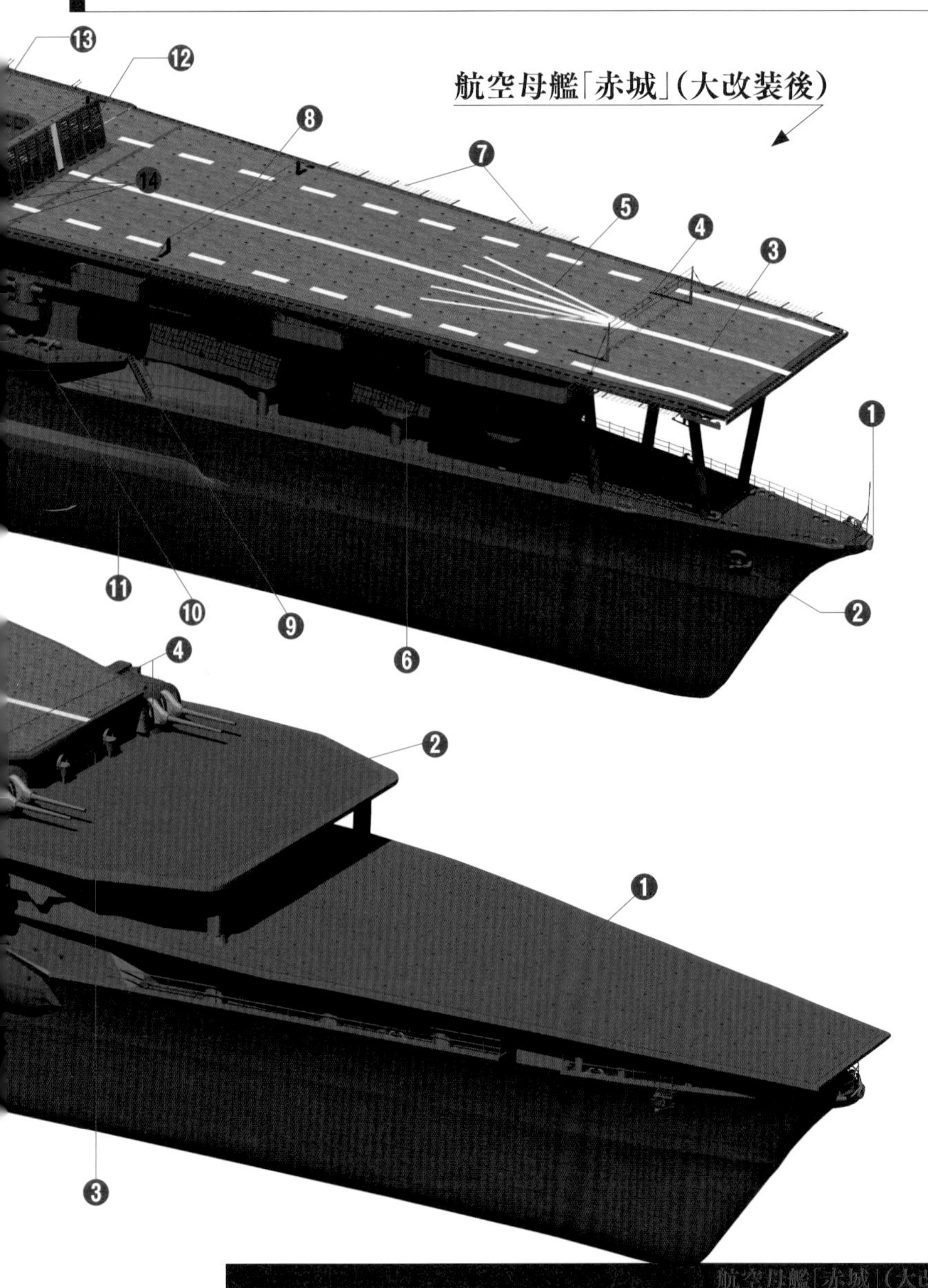

空母「赤城」要目（竣工時）	
基準排水量	29,500トン
公試排水量	34,364トン
全長	261.2m
水線長	249m
水線幅	29m
吃水	8.08m
飛行甲板全長	190.20m（上段）／55.02m（下段）
飛行甲板全幅	30.48m（上段）／22.86m（下段）
主缶	ロ号艦本式缶（重油専焼缶）11基、同（混焼缶）8基
主機／軸数	技本式タービン4基／4軸
出力	131,200馬力
最大速力	32.5ノット
航続力	14ノットで8,000浬
兵装	50口径三年式20cm連装砲2基4門、同単装砲6門 45口径一〇年式12cm連装高角砲6基12門
搭載機	60機（艦戦16機、艦攻28機、艦偵16機）
乗員	1,400名（定員）

空母「赤城」要目（大改装後）	
基準排水量	36,500トン
公試排水量	40,600トン
全長	260m
水線長	250.7m
水線幅	31.8m
吃水	8.71m
飛行甲板全長	249.17m
飛行甲板全幅	30.48m
主缶	ロ号艦本式缶（重油専焼缶）19基（大型11基、小型8基）
主機/軸数	技本式タービン4基/4軸
出力	133,000馬力
最大速力	31.2ノット
航続力	16ノットで8,200浬
兵装	50口径三年式20cm単装砲6門 45口径一〇年式12cm連装高角砲6基12門 九六式25mm連装機銃14基28挺
搭載機	常用66機+補用25機 （艦戦12+4機、艦爆19+5機、艦攻35+16機）
乗員	1,630名

航空母艦「赤城」（大改装後）

①菊花紋章
②主錨
③飛行甲板中心線
④制動防止索
⑤風向標識
⑥士官室舷窓
⑦甲板作業員救助ネット
⑧着艦制動索
⑨舷外通路・梯子
⑩掃海具
⑪バルジ
⑫遮風柵
⑬前部昇降機
⑭25mm連装機銃
⑮4.5m測距儀
⑯カッター
⑰独式4.5m高角測距儀
⑱高射指揮装置
⑲缶室排気口
⑳煙突
㉑汚水捨管
㉒艦橋
㉓防空指揮所
㉔4.5m高角測距儀
㉕信号檣
㉖中部昇降機
㉗12㎝連装高角砲（防煙盾付き）
㉘ビルジキール
㉙着艦指示燈
㉚起倒式空中線支持塔
㉛後部昇降機
㉜20㎝単装砲（ケースメート式）
㉝対空識別標識
㉞着艦標識
㉟スクリュープロペラ
㊱主舵
㊲救命ボート
㊳飛行機救助網

空母「加賀」要目(大改装後)

基準排水量	38,200トン
公試排水量	42,561トン
全長	247.6m
水線長	240.7m
水線幅	32.5m
吃水	9.4479m
飛行甲板全長	248.576m
飛行甲板全幅	30.48m
主缶	ロ号艦本式缶(重油専焼缶・空気余熱器付)8基
主機/軸数	ブラウン・カーチス式タービン2基、艦本式タービン2基/4軸
出力	127,400馬力
最大速力	28.34ノット
航続力	16ノットで10,000浬
兵装	50口径三年式20cm単装砲10門 40口径八九年式12.7cm連装高角砲6基12門 九六式25mm連装機銃11基22挺
搭載機	常用72機+補用18機 (艦戦12+3機、艦爆24+6機、艦攻36+9機)
乗員	1,705名(定員)

空母「加賀」要目(竣工時)

基準排水量	29,500トン
公試排水量	33,693トン
全長	238.5m
水線長	230m
水線幅	29.6m
吃水	7.92m
飛行甲板全長	171.30m(上段)／55.02m(下段)
飛行甲板全幅	30.48m(上段)／24.38m(下段)
主缶	ロ号艦本式缶(重油専焼缶)12基(大型8基、小型4基)
主機/軸数	ブラウン・カーチス式タービン4基/4軸
出力	91,000馬力
最大速力	26.7ノット
航続力	14ノットで8,000浬
兵装	50口径三年式20cm連装砲2基4門、同単装砲6門 45口径一〇年式12cm連装高角砲6基12門
搭載機	60機(艦戦16機、艦攻28機、艦偵16機)
乗員	1,271名(定員)

全般配置

■艦前部

「赤城」「加賀」の戦艦・巡洋戦艦時代の艦首形状は、共に八八艦隊の時期の戦艦に良く見られるスプーンバウ式だったが、空母化改装に当たって凌波性改善のため、水線部から前方へそのまま大きく突出させる形としており、「赤城」は特にこの印象が強い。同時に、艦首の延長とフレアの付与を含む形状変更が行われており、これにより「赤城」「加賀」の艦首形状は一種のクリッパー型とも言えるものに変化している。

多段式空母時代は、揚錨機等が置かれた錨甲板上部に、中部格納庫甲板床面の前端開口部まで続く発艦甲板が設けられており、前部の形状は「赤城」「加賀」両艦で異なっていた。

大改装の際は以前の発艦甲板を撤去して、上部飛行甲板を艦首最前部まで延長し、搭載機数増大のために上部／中部格納庫を前方に大きく拡大する大規模な改正が図られた。この際、格納庫前端部の形状は「赤城」は丸みを持つもの、「加賀」は角張った形状とされている。また、「加賀」では新設した飛行甲板の両舷に高角砲座（左舷1基、右舷2基）の新設とそれに伴う船体の改修、下部格納庫甲板の前方に高角砲装填演習砲の設置場所となる台座を設置するなど、「赤城」と各部に相違点が生じている。

前部飛行甲板下部の支柱は、改装時点では「赤城」「加賀」共に片舷当たり2基だが、「加賀」は後に恐らくは射出機装備の対処もあって、これを3基に増設する措置を執っている。なお、改装後の錨甲板前部は露天甲板となり、第二上甲板の構造物の前端と中部格納庫の床面前端までは改装前と同様に屋根があるが、側面は開口している状態とされた。

大正14年（1925年）4月、呉海軍工廠における進水後の「赤城」。巡洋戦艦として起工された本艦は建造中に艦首形状を改め、艦首は水線部から前方へ突出して延長し、顕著なフレアも付与された形状となっている

多段式空母時代には、下部発艦甲板の後部上方・上部格納庫甲板の前面に中部発艦甲板が置かれているが、この部分は竣工時より20cm連装砲塔の装備位置と艦橋設置位置に転用されたため、飛行甲板としては使用されていない。

艦橋側面の張り出しの後方には主砲指揮所と高角砲指揮所があり、「赤城」ではその後方の飛行甲板下部の右舷側に誘導式の煙突を2本を設置したが、「加賀」では両舷上部格納庫甲板の最後部まで延伸する形で煙路を導設している。なお、「赤城」は当初、上部格納庫の側壁が存在しなかったが、後に艦尾側まで閉鎖され、大改装後には完全に閉塞する措置が執られた。

昭和5年（1930年）に撮影された「加賀」。三段の飛行甲板のうち、中部発艦甲板には20cm連装砲塔と艦橋が設置されたことから、飛行甲板としては使用されなかった

竣工時には20cm連装砲塔の装備位置の上方に着艦甲板こと上部飛行甲板の前端があり、前部昇降機が置かれていた。大改装後は旧着艦甲板が飛行甲板として前部に延長され、その下方となる旧艦橋より前部のスペースは既述のように格納庫の延長部として利用された。

■艦中央部

大改装後の「加賀」では、旧前部昇降機の位置が中部昇降機となり、前部昇降機をより前方の飛行甲板延長部に置いた。中部昇降機の右舷側に艦橋と主檣があって、その後方飛行甲板部の下方に下方へ傾斜した誘導煙突1基を設置している。

対して「赤城」では前部昇降機は以前の昇降機と同位置で、旧一番煙突の設置位置に下方傾斜の大型誘導煙突を設置する形として、煙突の反対舷に艦橋と主檣を配する形としている。なお、「赤城」の前部昇降機周辺と「加賀」の中部昇降機周辺の高角砲甲板は、前部機銃座の配置位置となっている。また、大改装後、両艦共に船体にバルジの増設が行われた。

当初は両艦共に、煙突後方の両舷に12cm連装高角砲の砲座を片舷当たり3基配しており、「赤城」は大改装後もそれを維持し、高角砲の後方に後部機銃座を設けた。また、下部格納庫への交通改善のため、この部分に中部昇降機を増設する措置を執っている。一方、「加賀」は旧来の高角砲を撤去の上で、12・7cm連装高角砲の砲座を左舷側に3基、右舷側に2基装備し、その後方には「赤城」と同様に後部対空機銃座を設置している。

昭和5年（1930年）8月15日、横須賀海軍工廠における空母「赤城」（上）と戦艦「長門」。「赤城」の前部昇降機は着艦甲板の前端、後部昇降機は同甲板の後ろ寄りに配置された。両昇降機の間が格納庫となっている。なお、長門型戦艦の全長は215.8mで、「赤城」の全長（261.21m）は約1.2倍である

■艦後部

竣工時の「赤城」は格納庫後端が後部昇降機の設置位置となっており、その下方に20cm単装砲の砲郭を片舷当たり3基装備している。格納庫後端より後方の後甲板部の上面は艦載艇置き場となっている。大改装前の「加賀」の後部昇降機の配置や下方の20cm単装砲の砲郭配置は「赤城」に類似したものだが、大改装後は20cm砲が増載されたことで、砲郭配置は相応に相違が生じた。

「赤城」の艦尾形状はクルーザー式の一種だが、尖った形状の艦尾

「赤城」の飛行甲板の傾斜

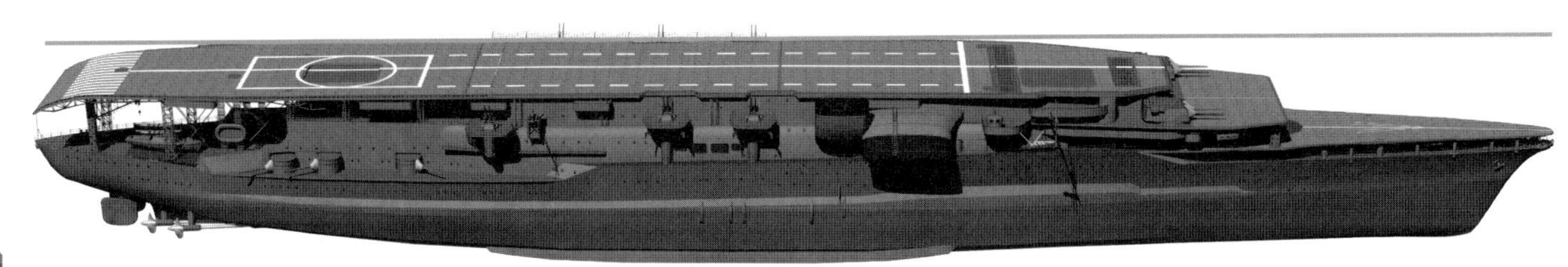

「赤城」の飛行甲板（着艦甲板）は、前側が前端に向かってやや下がり気味、後ろ側5分の3が艦尾に向かって下がるという傾斜を持ったものだった。これは大改装後の全通式飛行甲板にも引き継がれている

が水線部より上方に向かって突出する珍しい形状とされている。対して「加賀」もクルーザー式だが、水線部と上甲板部の艦尾上端位置の差異はない。格納庫後方の飛行甲板下部が大型支柱で支えられているのも、両艦共に同様である。

大改装後は「赤城」では飛行甲板部の後端が延長されたが、艦尾の甲板配置には一部変化が生じたものの、艦尾形状自体には変化は生じていない。これに対して大改装時に艦尾延長が行われた「加賀」では、艦尾及び艦尾甲板の形状が変化したほか、飛行甲板支柱の数が増加する等の差異が生じている。

艦尾水線下の推進軸は共に4軸、舵は2枚で、大改装後に艦尾を延長した「加賀」では、スクリュー径の大型化等が図られたが、これらの位置はほぼ変化していない。

飛行甲板／格納庫

■飛行甲板

竣工時には「赤城」「加賀」共に、同時期の英空母の検討の中で、同時発着艦の実施が可能となるなど、一段式の飛行甲板を持つ島型空母より優れた点が多いと考えられていたひな壇式（多段式）配置が採用されている。

竣工時の多段式空母時代の飛行甲板サイズは、「赤城」の場合で下段の発艦甲板が全長55m、幅22・86m、上段の着艦甲板（発着艦甲板）は全長190・2m、幅30・48mとされる。一方で「加賀」は、下段は全長55・02m、幅24・38mと「赤城」と大差ないが、船体長の差も影響して上部は全長171・3m、幅30・48mと「赤城」より約20m短かった。

両艦の上部飛行甲板は、発着艦の便と縦索式着艦制動装置の搭載を考慮して、「赤城」では上部飛行甲板の前側がやや下がり気味に、後ろ側5分の3が艦尾方向に向かって下がる形だが、「加賀」は前側が水平で、後方は艦尾方向に向かって上がる形とされている。また、飛行甲板中央部には両艦共に、縦索式制動装置の装備用の段差が存在していた。両艦の飛行甲板の形状差異は、以後の空母の艤装研究のため、比較を考慮したためとも言われ、大改装後も引き継がれている。

竣工後間もなく、多段式空母の利点は「机上の空論」であることが露呈してしまい、また、空母の運用構想変化の中で航空機運用能力の拡充が要求されたことを受けて、大改装では飛行甲板の拡大が第一義の要求とされた。

改装後の飛行甲板のサイズは、航空本部及び艦政本部の資料によれば、「赤城」は全長249・2m、最大幅30・48m、「加賀」は全長248・6m、最大幅30・48mと「赤城」の方が若干大きいが、飛行甲板面積は「赤城」が6492・5㎡、「加賀」が7001・7㎡と逆に広くなっている。この「加賀」の飛行甲板面積は「信濃」を除く日本の空母では最大で、「赤城」も翔鶴型より若干広いものだった。

大改装後には、両艦の前部昇降機の前方の飛行甲板前部に艦発促進装置と呼ばれたカタパルト（射出機）装備のための事前工事が施されている。射出機の搭載予定数は「赤城」が2基で、「加賀」は当初3基であったことを示す図面が残っている。「加賀」では昭和15年（1940年）に射出機装備が実際に行われたが、実艦試験開始後の問題多発と射出機の射出重量不足が露呈し、射出機の空母搭載は一旦見送る決定がなされた結果、「加賀」の射出機も撤去されてしまった。

■格納庫

「赤城」「加賀」共に、竣工時より格納庫は上部・中部・下部の三層からなるが、多段式空母時代は上部・中部の格納庫の面積が狭いこと、昇降機の問題から下部格納庫が有用に使用できないこと等の問題を抱えていた。なお、両艦の竣工時における想定搭載機数は、各機種合計で常用機48機、補用機含みで60機前後だが、予算問題による航空機整備数の制限もあって、大改装前に常用機36機以上を定数とした例はほとんどない。

大改装では空母運用方針の変更に伴って、一層の空母搭載機数の増大が要求されたのを受けて、上部及び中部格納庫の大幅な拡大が図られた。その結果、「赤城」の格納庫長は上部・下部共に全長185・2m、「加賀」は全長は183・7mにまで延伸された。

ただし、「赤城」は格納庫の有効幅が航空本部資料で「上部12m、中部17m」とされたように狭い部分が多く、下部格納庫（公式値は約76・6m×約12m）と合わせても格納庫面積は6521・1㎡と翔鶴型より約190㎡狭い数値が示されている。また、「赤城」の下部格納庫は昇降機の問題から倉庫として使用せざるを得なかったため、実用上の格納庫面積は一層狭い（「赤城」の上部及び中部格納庫合計の面積は、「蒼龍」や「飛龍」の格納庫面積に近い）。

対して「加賀」は、改装後の格納庫拡張部の最大幅（上部19m／中部20m）の部分が大きいこともあり、格納庫の有効面積は7693㎡と、戦時中の日本空母では最大の数値を持つ艦となっている。

なお、「加賀」は竣工時より下部格納庫を「予備」扱いとしたため、航空本部資料では大改装後の格納庫面積の数値にこれを含めていない。

このような両艦の格納庫の面積差は、搭載機数にも影響を及ぼしており、太平洋戦争開戦時の予備機を含む定数は、「赤城」が艦戦21機、艦爆21機、艦攻30機の計72機、「加賀」が艦戦21機、艦爆30機、艦攻30機の計81機とされている。ちなみに、ミッドウェー海戦時には、「赤城」は定数として艦戦・艦爆・艦攻各機種共に21機を搭載したほか、三空（第三航空隊）の零戦3機を搭載したが（計66機）、「加賀」は定数として艦戦・艦爆が各21機、艦攻30機、さらに三空の零戦9機と、二式艦偵（※1）搭載に伴い「蒼龍」より預かった艦爆2機の計83機を搭載するなど、常に「加賀」は「赤城」と同等以上の搭載数で運用され続けている。

なお、改装後の航空燃料搭載量は「赤城」が425トン、加賀が512トンだった。

■エレベーター

竣工時点では「赤城」「加賀」共に、飛行機昇降機を前後に1基ずつ装備する形が取られた。ただし、右舷に寄せて配された前部昇降機は、「赤城」は幅11・8m×長さ13mと縦長だが、「加賀」は幅15・9m×長さ10・7mと幅広で、後部昇降機も「赤城」は幅8・4m×長さ12・8m、「加賀」は幅9・2m×

（※1）…十三試艦上爆撃機（後の彗星）を改造した艦上偵察機、二式艦上偵察機。ミッドウェー海戦時、空母「蒼龍」に試作2号機および3号機が搭載された。

空母「赤城」の上面（竣工時）

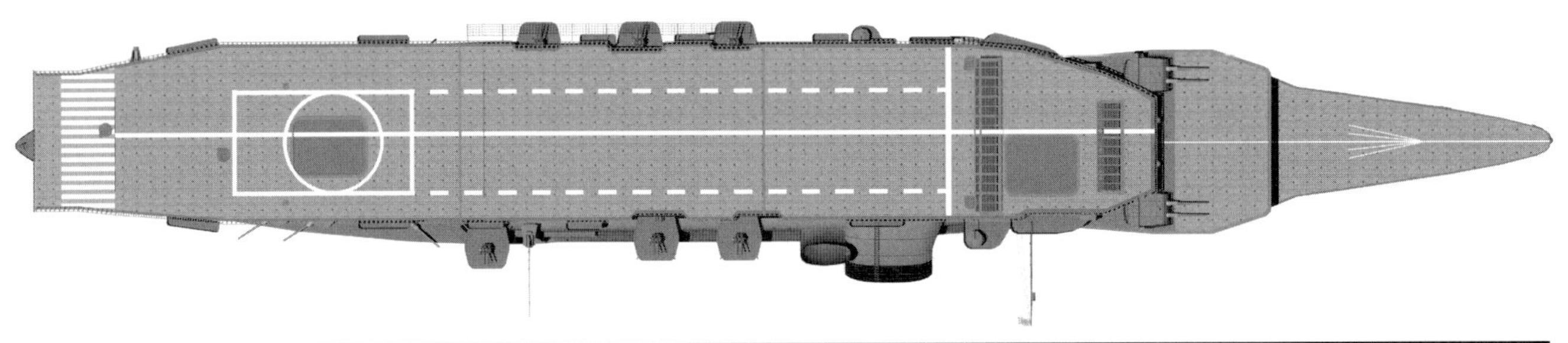

空母「赤城」の上面（大改装後）

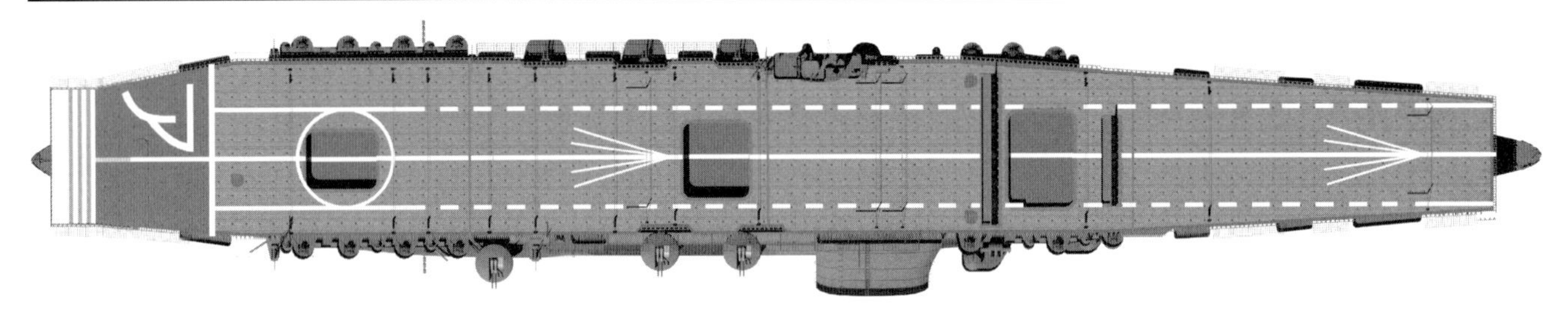

空母「加賀」の上面（大改装後）

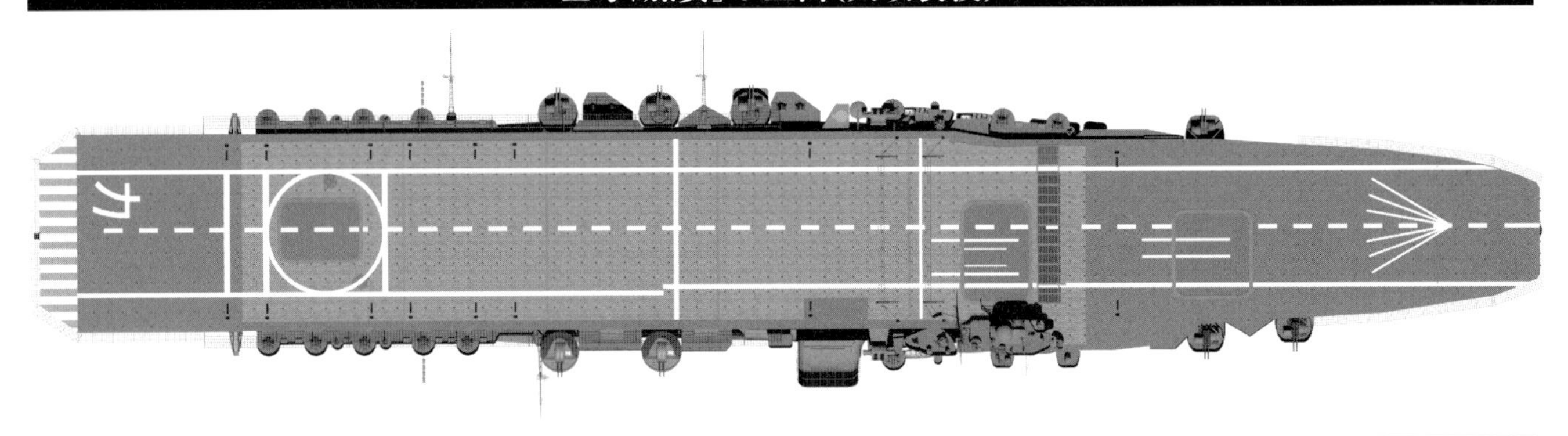

長さ12・8mといずれもサイズに差があった。

「赤城」に装備された昇降機のうち、前部昇降機は上部と中部格納庫のみに交通可能だが、後部昇降機は上中下の三段すべての格納庫に交通が可能とされている。対して「加賀」は、前部・後部の昇降機共に上部・中部格納庫への交通が可能なのみで、「予備」扱いの下部格納庫は補用機昇降口を通じて中部格納庫に補用機を上げる以外はできなかった。

大改装後は両艦共に昇降機数は3基となり、「赤城」では前部に幅16m×長さ14・5m、中央部に横13m×幅11・8m、後部には改装前と同様のサイズのものが搭載された。このうち、中央部と後部昇降機は下部格納庫まで通じる形とされている。一方、「加賀」は新設された前部昇降機（幅12m×長さ11・5m）を除いて、中部・後部昇降機のサイズは以前と同じとされており、新設の前部昇降機を含めて、すべての昇降機が改装前と同様に下部格納庫には通じていない。

なお、両艦が搭載した多段式の昇降機は、下層の格納庫にある搭載機を一段上の格納庫で一旦下ろした上で積み直し、飛行甲板に上げるという手間が掛かるものだったため、素早く飛行甲板に上げられるのは上部格納庫の機体のみという運用上の一大欠点があった。この問題から、下部格納庫に昇降機が通じている「赤城」でも、下部格納庫を倉庫と使用せざるを得ない運用制限が生まれている。

■着艦装置

竣工時点では両艦共に英海軍式の縦索式着艦制動装置を装備していたが、昭和5年（1930年）以降、既に米仏で実用化されていた横索式の制動装置への切り替えが推進されたことで、「赤城」は昭和5年度中、「加賀」は昭和6年（1931年）9月に縦索式制動装置の運用を停止している。

横索式で最初に採用されたのは、フランスのシュナイダー社が製造した機械的摩擦式のフュー式着艦制動装置（制動策数3基）で、これは昭和6年度に「赤城」で試験を実施した後、同年11月～12月に「加賀」へ移設されており、「加賀」は大改装までこれの運用を続けている。一方、「赤城」はフュー式を撤去した昭和6年末から実施された改装の際に、国産の油圧及び摩擦式併用の制動装置である萱場(かやば)式を搭載した。その後、間もなく油圧式の呉式二号も混載装備するようになり、大改装まで両者を運用した（当初、萱場式2基。最終的に呉式4基、予備の萱場式1基）。また、「赤城」では昭和10年（1935年）より空廠式の滑走制止装置（バリア）を1基装備している。

大改装後、着艦制動装置は開戦時に就役中だった日本空母の標準装備だった呉式四型（制動能力4トン）に代わり、これの制動索数は「赤城」は10基、「加賀」は8基であった。この他に滑走静止装置も固定式、移動式のものが各2基装備された。

また、飛行甲板の延伸により、両艦共に遮風柵前方に充分な着艦機の駐機スペースを取ることができている。

「赤城」の艦橋（大改装後）

❶2km信号燈
❷4.5m高角測距儀
❸方位測定器用アンテナ
❹1.5m測距儀
❺60㎝探照灯
❻羅針艦橋
❼下部艦橋
❽搭乗員待機室
❾探照灯管制器兼
上空見張方向盤

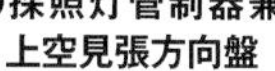

❿独式4.5m高角測距儀
⓫信号橋
⓬発艦指揮所

昭和9年（1934年）10月15日に撮影された「赤城」。着艦甲板の前部右舷側に発着艦指揮用の仮艦橋を設けている。これは同様の位置に装備した「加賀」から移設したものだった

艦橋／上部構造物

「赤城」の当初計画では、中部飛行甲板の飛行機発進用通路の確保を考慮して、中段飛行甲板につながる戦時格納庫（上部格納庫）の前端右舷寄りに羅針艦橋を設け、左舷に簡単な見張り所程度の艦橋を置くという、分離式艦橋とする予定としていた。

だが、「加賀」の改装計画案の検討途上で「鳳翔」の公式実績を受けて、計画時の「赤城」の艦橋配置は問題があると見なされ、大正13年（1924年）12月～大正14年（1925年）1月に実施された技術会議第十一分科会の会議で、「加賀」の中段飛行甲板の前面を閉鎖することと上部飛行甲板の下部前端に固定式艦橋を設置すること、その両脇に発着艦指揮所を設けることが決定されるに至り、翌月には建造が進んでいた「赤城」にもこれを適用することが示された（両艦が共に上部飛行甲板前面に固定式の大型航海艦橋を装備する形で竣工したのは、当初の配置を危険と見た「赤城」艤装員長の強硬な意見具申によるとも言われるが、確定したのはこの第十一分科会の決定によるものだ）。

なお、この航海艦橋の両舷側面部には対空見張り所があり、その後方に主砲指揮所と高角砲指揮所を置く形とされている。また、「加賀」の図面では中段飛行甲板前端の下方両舷に予備指揮所があり、恐らく「赤城」も同様の配置とされたと思われる。

竣工後の両艦では、その艦橋及び各種指揮所の配置では、操艦や艦上機の発着艦指揮に不便が多いことが判明したため、飛行甲板上に小型の艦橋を設置する必要が認められた。このため、「加賀」では昭和8年（1933年）1月30日に完了した改修工事で、露天式の航海艦橋と発着艦指揮用に最低限の設備を持つ簡易な仮艦橋が着艦甲板前部右舷側に設けられ、同年度の演習で使用された。その実績は優良だったようで、本艦では大改装開始後の同年11月15日に撤去されたが、その直後に「赤城」に移設されており、同艦でも大改装まで使用が継続されている。

先に大改装が実施された「加賀」では、大型の艦橋構造物と直立式煙突を設置することも考慮されたが、友鶴事件（※2）の影響による復原性見直しに伴い、小型の塔型艦橋構造物を右舷前部に設置する形に変更された。一方、「赤城」では離艦の便の考慮等により、艦橋と煙突を両舷に分離配置するという通知が昭和10年5月に出されたことを受けて、左舷中央に塔型構造物を設置する形とされた。

ちなみに、「赤城」「飛龍」で実施された左舷艦橋配置（艦橋と煙突の左右両舷への分離配置）について、以後の実績で、飛行甲板後部の気流が不良になり飛行機の着艦が困難となること、艦尾から着艦制止装置までの設置位置まで必要な距離を考慮すると艦橋は前部に置かれるべきであること、分離配置の場合、艦橋が煤煙を受けて防空・操艦の指揮の邪魔になる機会が多いこと等が判明する。以上の理由から、空母の艦橋を左舷配置とするという通知は昭和14年（1939年）1月に取り消され、そ

「加賀」の艦橋（大改装後）

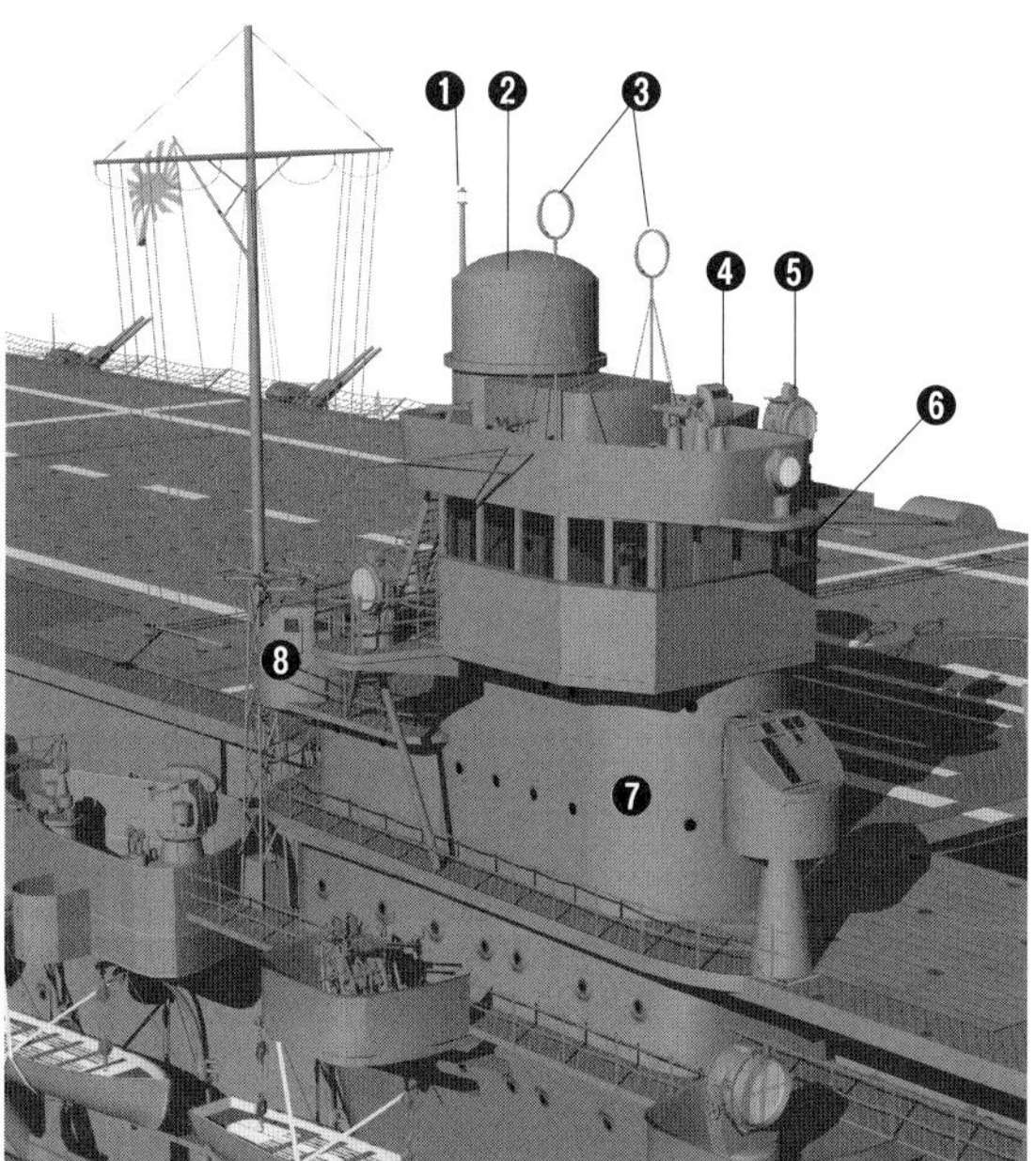

❶2km信号燈
❷九一式高射装置
❸方位測定器用アンテナ
❹1.5m測距儀
❺60㎝探照灯
❻羅針艦橋
❼下部艦橋

（※2）…昭和9年（1934年）3月12日に佐世保港外で発生した、千鳥型水雷艇「友鶴」の転覆事故。兵装過多による復原性不良が原因で、後の日本海軍の艦艇設計に重大な影響を及ぼした。

「赤城」の前面（竣工時）

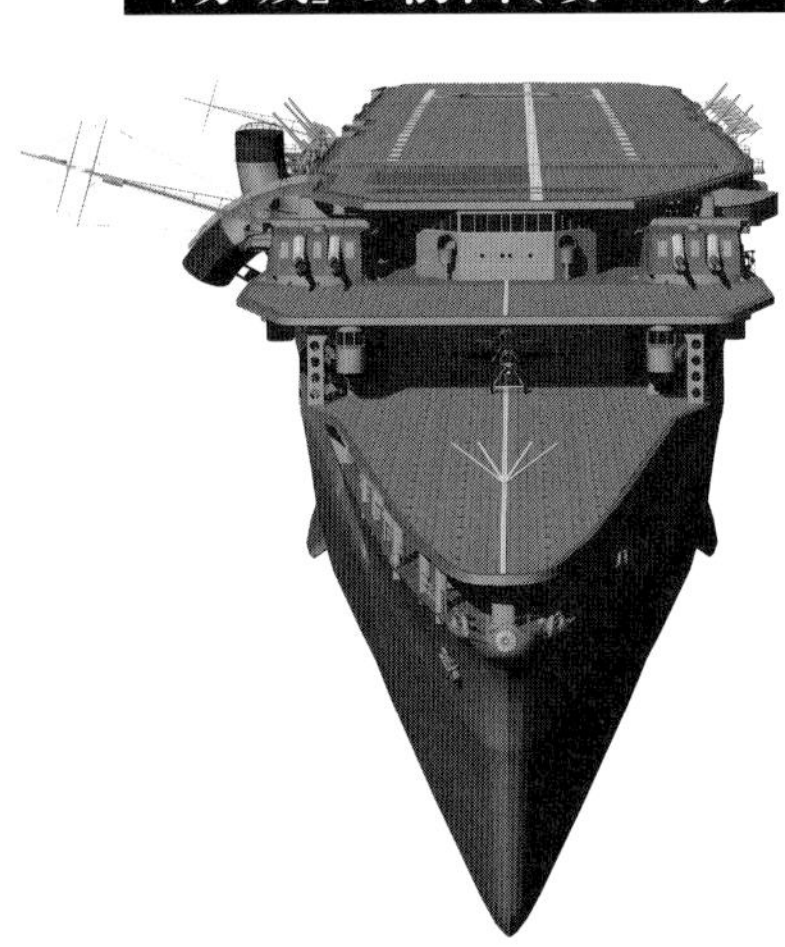

「赤城」の前面（大改装後）

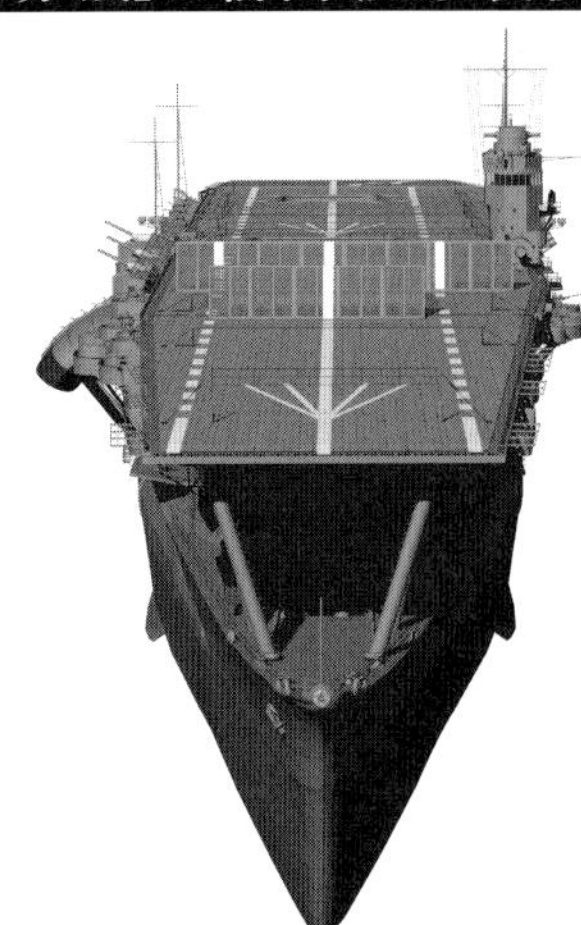

昭和17年（1942年）3月26日、セレベス島スターリング湾を出撃する「赤城」。艦橋の周囲には弾片に対する防護効果があるとされたマントレット（ハンモック）が固縛されている

のため、「赤城」がこの艦橋配置を採用した最後の艦となった。「赤城」と「加賀」が新たに設置した塔型艦橋は、最上部に対空測距儀を含む観測機器を置き、最後部には高射装置を持つ防空指揮所があり、その下方に羅針艦橋が配されるなど、構造及び配置に共通点が多い。だが、「加賀」のものが同時期に新造された「蒼龍」の塔型艦橋に類似した四層構造なのに対し、艦橋の設置位置がより後方となる「赤城」では、一層高めた五層構造として羅針艦橋の前方視界確保を行うなど、各部に相違点があった。

信号檣も「赤城」は軽三脚檣式で、「加賀」は単檣式と、両艦の相違点になっているが、艦橋構造物下方の甲板に通信指揮所や電信室等を置く点は、両艦共に共通している。

機関／煙突

■汽缶／主機

竣工時の「赤城」の機関は巡洋戦艦時代と同様に、汽缶は飽和蒸気式のロ号艦本式缶の重油専焼缶11基、同混焼缶8基の計19基、主機は技本式減速タービン4基が搭載されており、出力も合計13万1200馬力で巡洋戦艦時代から変化していない。

「赤城」の改装中、第十一分科会が着艦作業に影響を及ぼす排煙の無煙化を図るため、空母の汽缶は重油専焼とすべきと決定したが、「赤城」は既に工事が進んでいたためか、竣工時点では小型缶の重油専焼化はなされず、竣工後に混焼缶を専焼缶に改める改修を実施している。通説では、小型缶の専焼化改修は大改装時と言われるが、近日の阿部安雄氏の研究によれば、昭和6年末～昭和7年（1932年）末か、もしくはより早い昭和4年（1929年）末～昭和5年末と推測されている。

一方で竣工時の「加賀」は、搭載汽缶が飽和蒸気式のロ号艦本式缶（大型）8基とロ号艦本式缶（小型）4基なのは戦艦時代と同様だが、先の第十一分科会の決定に基づいて、戦艦時代には混焼缶としていた小型缶を、竣工前に重油専焼とする改正が行われた。タービンは戦艦時代と同じブラウン・カーチス式タービン4基で、合計出力は9万1000馬力であるのも変わらない。

大改装時、「赤城」は従来の機関で、艦隊型空母に要求される最低限の速力である30ノットを発揮可能と見なされたことから、改装費用圧縮のために従来の機関をそのまま使用したが、機関出力は重油専焼化の恩恵もあり、13万3000馬力と改装前より若干増大している。

一方、改装前より艦隊型空母としては速力不足と見なされていた「加賀」では、機関の大幅な刷新が図られた。主缶を空気予熱器付きのロ号艦本式缶8基に換装、缶室配置も前後4区画を縦隔壁で左右に分けて第一から第八までの各缶室を置き、それぞれに主缶1基を置くなど、改装前から全面的に変化していた。主機は外軸の2基は従来のものをそのまま使用したが、主缶の性能向上に伴って出力が2万4500馬力に増大したのに加え、内軸の2基は1軸当たり3万8000馬力を発揮可能な艦本式タービンに換装したことで、機関出力は12万5000馬力と大幅に増大している。

ただし、「加賀」の艦本式タービンは朝潮型のタービン故障に端を発するいわゆる「臨機調」による主機械調査の中で改正の要ありとされており、恐らくは昭和13年（1938年）末から昭和15年（1940年）11月までの予備艦だった時期に、これに対応した機関改修が実施されたと思われる。

■煙突

竣工時の「赤城」の煙突は右舷中央部に置かれ、前部が専焼缶の排煙を受け持つ、熱煙冷却装置付きで大型の下方傾斜式誘導煙突、後部が混焼缶の排煙を受け持つ小型の上向き煙突の二本煙突となっていた。

なお、下方傾斜式の前部（第一）煙突は、損傷等の理由で右舷側に大傾斜が発生して煙突先端の開口部が海中に入ってしまうような万一の場合に備えて、煙突の最上部背面に予備排煙孔を設けており、その上部に盲蓋（めくらぶた）を設ける形としている。非常時には盲蓋を開口し、予備排煙孔から排煙できるように工夫されている。

一方、「赤城」より遅れて改装計画がまとめられた「加賀」では、「鳳翔」の公試時に16ノット以上での高速航行時に煙突からの排煙で着艦作業実施が不可能となったことを受け、煙路を左右両舷に分けて前部昇降機後方の上部格納庫部まで伸ばし、同部分より格納庫側壁で伸ばした上で、排煙口を艦下方に設けるという措置を執った。この設計は大正14年（1925年）2月に最終案が確定したもので、

「加賀」の缶室および弾火薬庫配置

（竣工時）

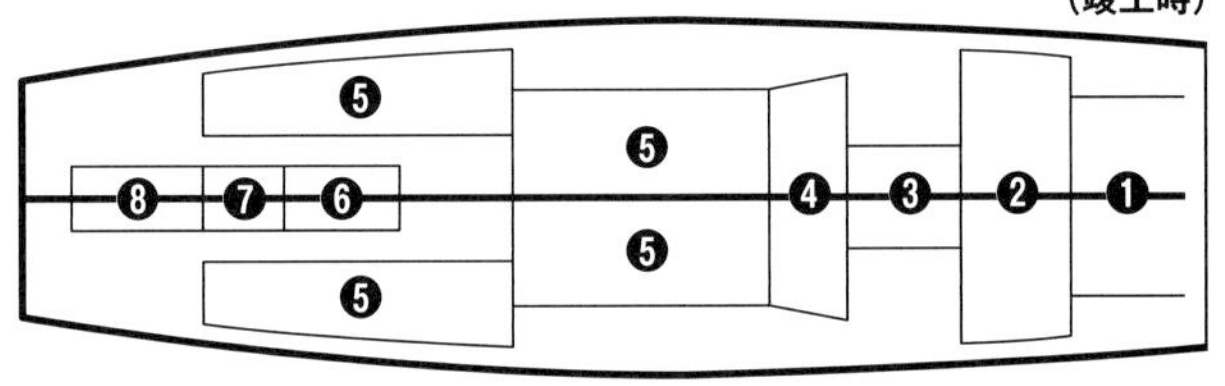

（大改装後）

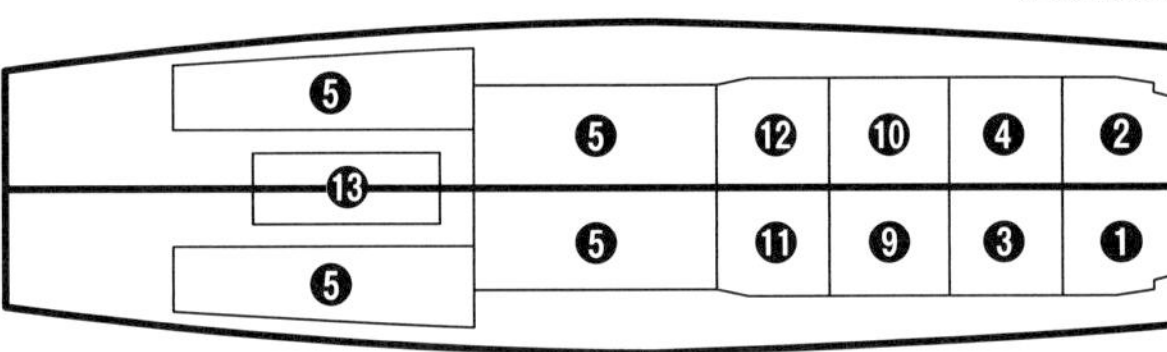

❶第１缶室
❷第２缶室
❸第３缶室
❹第４缶室
❺機械室
❻12㎝高角砲弾薬庫
❼後部水雷火薬庫
❽20㎝砲弾庫
❾第５缶室
❿第６缶室
⓫第７缶室
⓬第８缶室
⓭12.7㎝高角砲弾薬庫

「赤城」の煙突（竣工時）

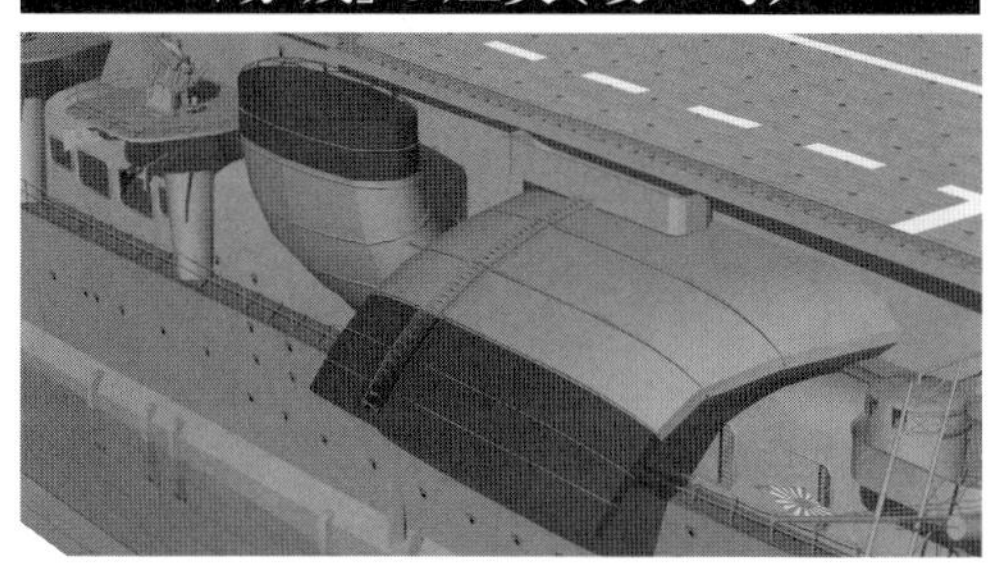

「加賀」の煙突（竣工時）

「赤城」の煙突（大改装後）

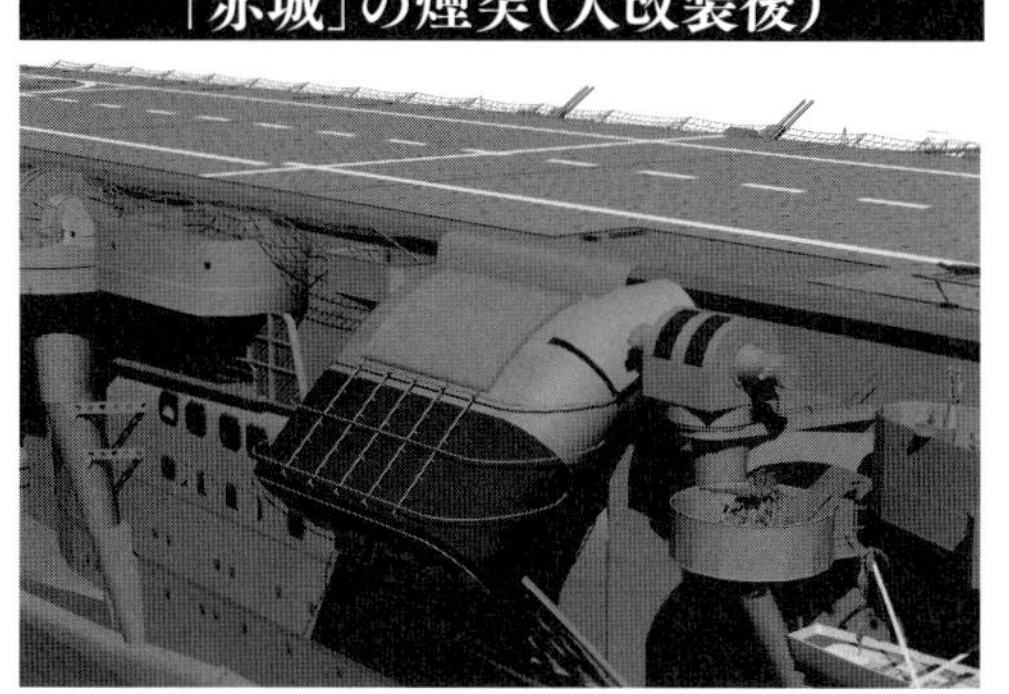

日本側にも情報が伝えられていた英空母「フューリアス」の第二次改装案（日本側呼称で「新フューリアス」）に近い配置となっている。なお、「赤城」と「加賀」でこのように全く異なる煙突配置が取られたのは、既に工事が進んでいた「赤城」では煙路や飛行甲板形状の大幅な変更が実施できる状態ではなかったことも影響していると思われるが、従前から言われるように、「赤城」の下方傾斜式煙突と、「加賀」の誘導式煙突の優劣を判断するという目的があったためと考えられている。

両艦の就役後、「赤城」の下方傾斜式誘導煙突は総じて優良と見なされたのに対し、「加賀」の誘導式煙突は艦尾から排出される排煙が艦尾付近の気流を乱して着艦作業に支障が出る等の不具合が報じられたことを含めて、極めて実用性不良と見なされた。

このため「加賀」では大改装時に、右舷飛行甲板に大型の艦橋構造物を配するのに合わせて、「赤城」と同様の熱煙冷却装置付きの下方湾曲式煙突を右舷側に設置する形に改められた。なお、「加賀」ではこの時期、英米艦の実績から運用上問題なしと見なされた直立式煙突を設置することも検討されたが、友鶴事件後の復原性能見直しとそれに伴う設計改正の結果、艦橋の小型化が図られると同時に、煙突も下方湾曲式のものとされたという経緯がある。

また、「赤城」の大改装では、艦上機の大型化と着艦速度増大等も考慮して、従来の二本煙突を一本の大型下方湾曲式として、全速発揮時でも排煙が発着艦に悪影響を及ぼさない形へと改めている。

■速力／航続力

竣工時の「赤城」は計画速力の31・5ノットを超える31ノット代後半～32ノット＋の速力を発揮可能だったと言われている。一方、計画速力27・5ノットを予定した「加賀」は、公試で近い成績を発揮したこともあるが、実用状態の最高速力は約26・7ノット、実戦ではより低い26ノット程度だったと見られている。一方、両艦共に14ノットで8000浬を予定していた航続性能は達成していたようである。

改装時、排水量の大幅増大に見合う機関強化がなされなかった「赤城」では、航空本部資料で改装後の最大速力を30・2ノット（排水量約4万1400トンでの公試成績に一致）、実用上の最大速力を29ノットとされるなど、相応の速力低下が起きていた節があり、実際、戦前には「加賀」と共に空母撃滅戦に投じる速力はないとも判定されている。一方、大改装で計画30ノットを予定した「加賀」は、友鶴事件後の改正等の影響もあって、排水量4万3000トン超での公試で28・39ノットとされるように、最高速力は28ノット＋程度にとどまり、これが先の評価に繋がっている。

大改装後の燃料搭載量は「赤城」が5770トン「加賀」が7500トン（戦史叢書の「ハワイ作戦」では5200トン／7200トン）で、艦政本部が戦前に出した空母性能一覧にある「赤城」が16ノットで8200浬、「加賀」が16ノットで1万浬との計画航続性能は、おおむね達成されていたと見られている。

砲熕兵装

■20cm砲（連装砲／単装砲）

「赤城」「加賀」では巡洋艦との交戦を考慮して、竣工時の妙高型までの重巡洋艦が搭載した50口径三年式20cm砲（7・9インチ砲）が搭載された。本砲の射程は、単装砲架の最大仰角（25度）で24km、連装砲塔で取り得る仰角50度で26・4kmと、巡洋艦との交戦には充分なものがあるが、砲弾重量（110kg）が8インチ砲よりやや軽く、威力に劣るのは欠点とされている。弾種は徹甲弾や対艦および対空用の通常弾を含めて各種あり、ミッドウェー海戦時、米雷撃機隊に通常弾による対空射撃を実施したという報告もある。

竣工時の本砲の装備法は、艦橋前の中部飛行甲板に連装砲塔を左右両舷に並列配置で各1基（計4門）、他に艦尾の中甲板位置に置かれた砲郭に単装砲を片舷当たり各3基（計6門）を置く形として、ワシントン条約下で空母が搭載可能な6インチ以上8インチ以下の平射砲の最大数とされた合計10門を装備する形が取られている（※3）。

大改装では、両艦共に連装砲塔2基は撤去されるが、これを受けて「加賀」は艦尾の砲郭砲を片舷当たり5基（計10門）に増備したが、「赤城」では予算問題もあって増備を実施せず、艦尾砲郭の砲数は従来通りの片舷3門（計6門）のままだった。

両艦に搭載されたA1型と呼ばれる単装砲の機構は不明だが、15cmや14cm単装砲と同様に円錐型砲架と言われ、砲の俯仰角範囲は古鷹型巡洋艦のA型砲塔と同様の－5度～＋25度である。だが、「加賀」の図面によれば、砲弾及び装薬の供給がA型砲塔に比べて簡素化されているのが把握できるため、総じてA型砲塔に比べて簡素な構造のものだったことは確かなようだ。それだけに、装填作業は人力を介する部分が一層多かったはずで、大重量の砲弾を使用する本砲では長時間の射撃速度維持は不可能と思われるなど、その実用性には疑念が持たれている。

連装のB型砲塔は、高雄型重巡が搭載したE型砲塔に近い形状を持ち、当時の重巡主砲に期待されていた対空射撃実施を考慮して、砲の俯仰角範囲も－5度～＋70度とE型準拠とされた（ただし、主砲での対空射撃の実用性が低かったのも、E型砲塔搭載の高雄型と同様であった）。また、砲塔の装甲防御も全域25mmで同様であった。

本砲塔も機構の詳細は不明だが、改装前の「加賀」図面の揚薬筒配置から推測すると、完全な砲塔砲ではなく、阿賀野型軽巡の連装砲塔と同様の準砲塔砲であった可能性が高い。このため、射撃速度は3発／分と言われるが、阿賀野型搭載の15cm砲より重い砲弾を運用するだけに、その発射速度の維持は困難があった可能性が高く、単装砲と同様に実用面に問題を抱えていたものと推察されている。

（※3）…1922年（大正11年）に締結されたワシントン海軍軍縮条約では空母について、口径8インチ（20.3cm）以下・6インチ（15.2cm）以上の備砲を持つ場合、5インチ（12.7cm）以上の砲の搭載数は10門以下にすると定められていた。

「赤城」の兵装（大改装後）

25mm連装機銃

20cm単装砲

12cm連装高角砲

50口径三年式20cm単装砲

■高角砲

竣工時点では「赤城」「加賀」共々、45口径十年式12cm連装高角砲を艦中央部の左右両舷に片舷当たり3基（6門／両舷合計12門）搭載していた。砲座の装備位置は飛行甲板より二層下方の、上部格納庫の床面となる最上甲板で、その位置の低さもあって反対舷への射撃はできなかった。

この高角砲の俯仰角範囲は－10度～＋75度、最大射程15km、射高約10kmで、射撃速度は11発／分（要目）・6～8発／分（実用）と、当時の高角砲としては有用に使用できる能力があった。昭和10年代に入ると射撃速度及び旋回・俯仰速度の不足から、能力が陳腐化しつつあるとも見なされたが、改装予算が限られた「赤城」では、大改装後も本砲の装備がそのまま継続されており、装備位置もそのままで反対舷射撃が不可能なのも変化していない。

これの対して大改装後の「加賀」では、高角砲は新型の40口径八九式12・7cm連装高角砲に刷新された。本砲は最大射高こそ8・1kmと低いが、最大射程は変わらず、要目上の射撃速度はより高いのに加えて（14発／分。実用上は6～8発／分との報告例もあり）、優良な信管秒時調定装置の搭載等もあって、その有効性は12cm高角砲より大きく増したと見られている。

さらに「加賀」では、本砲を片舷当たり4基（8門／両舷合計8基16門）装備して以前より高角砲の門数を増やしたのに加えて、装備位置も以前より一層上げた高角砲甲板として、30度以上の仰角での反対舷への対空射撃も可能とすることで、高角砲による戦闘能力の一層の向上を図っており、この面でも「赤城」を凌駕する能力を付与された格好となった。

なお、両艦が搭載した高角砲は、竣工時から大改装前までは両舷共に覆いなしとされていたが、大改装後は共に右舷側の煙突後方に位置するものについては、煤煙除けの覆いを設置する措置を執っており、この結果、「赤城」では3基、「加賀」では2基が煤煙覆い付きとなっている。

竣工時には両艦共に専用の高角砲用射撃指揮装置は設けられなかったが、大改装では両艦共々、九一式高角方位盤が艦橋部と片舷当たり各1基の計3基を搭載している。ただし、九一式は太平洋戦争時の高速機相手には能力不足の面があり、その有効性は限定された。

45口径一〇年式12cm連装高角砲

■機銃

対空機銃は竣工時点での装備は明確でないが、「加賀」の大改装前に出された図面では、艦後部の銃座に7・7mm機銃4挺、両舷前後部の銃座に13mm連装機銃各1基（計4基8挺）装備されていたのが確認できる。「赤城」でも昭和6年以降、7・7mm機銃の装備がなされており、大改装前の就役末期に高角砲座後方に13mm機銃座が設置されているのが写真で確認できるので、この時期には「加賀」と同様の装備がなされていたと推測される。また、昭和10年の独海軍武官の「赤城」見学の際の解説指針には「13mm機銃の連装型を11基装備」としてあるので、最終時にはより強化が図られていたものと思われる。

大改装後は両艦共に従来の機銃兵装は降ろしており、日本海軍の標準的対空機銃として使用された25mm対空機銃の連装型を搭載する形に改められた。搭載数は「加賀」は改装完了直後が11基、昭和12年（1937年）に14基装備としたと見られており、一方、「赤城」は改装完了時より14基装備としていた。

機銃射撃指揮装置は九五式が連装機銃2～3基当たりに1基装備される形とされていた。なお、大改装後、両艦はミッドウェー海戦で喪失となるまで、対空兵装の増備を実施していない。

九六式25mm連装機銃

船体／防御

■船体

「赤城」の船体は巡洋戦艦時代の平甲板型（中央船楼型）船体を元にするが、空母改造において艦首形状の変更、排水量減少のためのバルジ上端切り下げ、さらに艦を艦尾トリムとして推進器効率の確保を図るなど、様々な改正がなされたため、要目上の大きさも全長261・2m（水線長249m）、水線幅29mと巡洋戦艦時代から変化している。また、艦尾トリム化の影響もあり、船体下部の甲板に傾斜を持たせる必要が生じ、その対処として艦内下層部の甲板が途中で一層消える形とするなど、船体内部の配置は巡洋戦艦時代からかなりの変化を見ている。排水量は基準2万9500トン（実際）、公試排水量3万4364トンに達しており、船体サイズ共々、米のレキシントン級空母に次ぐ大型空母であった。

「加賀」の戦艦時代も「赤城」同様の平甲板型（中央船楼型）船体で、空母改装に当たっては「赤城」と概ね同様の措置が執られているが、大改装前・大改装後の図面を見る限り、「加賀」は艦尾トリム化に起因する艦内甲板の途中消失は存在しないようである（なお、「赤城」と「加賀」では竣工時から各甲板の名称に異なるものがあるという、後年の研究者泣かせの相違点がある）。

船体規模はやはり戦艦時代とは変わって全長238・5m（水線長230m）、水線幅は29・6mとなり、「赤城」より小型ではあったが、排水量は基準2万9500トン、公試時3万3693トンと同格の水準にあった。

大改装後の「赤城」は船体延長は行われていないが、バルジの拡大が図られた等の影響もあり、全長は260・7m、水線長250・7mと若干の変化が生じたほか、水線幅は31・8m（水線長と水線幅は艦政本部資料による。水線幅は31・3m説もある）と変化している。排水量は基準3万6500トン、公試排水量4万6000トン（航空本部資料による。艦政本部の資料では4万1300トン）と改装前から大きく増大した。

大改装時の「加賀」は抵抗減少のための船体延長と浮力確保のためのバルジ増設等が行われて、全長248・6m（水線長240・7m）、水線幅32・5m（32・3m説あり）と改装前より船体が大型化した。この影響もあって、排水量も基準3万8200トン、公試4万2561トン（航空本部資料による。艦政本部の資料では4万3300トン）と「赤城」を上回っており、この結果、日本空母では「信濃」に次ぐ排水量を持つ艦となっている。

■船体防御

「赤城」「加賀」両艦共に127㎜厚、傾斜12度の水線装甲を備えており、その後方傾斜部には「赤城」では70㎜の装甲が施されている（「加賀」の傾斜部は詳細不明だが、76㎜厚と推察される）。下甲板部装備の水平装甲は、開戦前の公式資料で57㎜厚とされており、近日の研究でその下に22㎜鋼鈑を重ねていたともされる。また、下甲板より上層の各甲板部には25㎜厚前後の装甲が付与されていたことも判明している。

この装甲は、計画時期の要求にある8インチ砲搭載の重巡との砲戦に抗するには充分なものだが、太平洋戦争当時の対爆弾防御としては、水平装甲防御にやや不足も見られるとも評される。ただし、ミッドウェー海戦時の被爆では、「赤城」「加賀」共々命中爆弾が上部格納庫内で炸裂したことから、下部格納庫内で爆弾が炸裂して機関区画に損傷が及んだ「蒼龍」とは異なって、機関部等の艦深部の重要区画には損害が生じていない。

水中防御はバルジ及び油槽と空層で構成される多層式防御が施されており、竣工時にはTNT200kgの魚雷弾頭に、大改装時にはTNT300kg前後の魚雷弾頭に対応する形で防御力が付与されていた。

「赤城」の船体内部（大改装後）

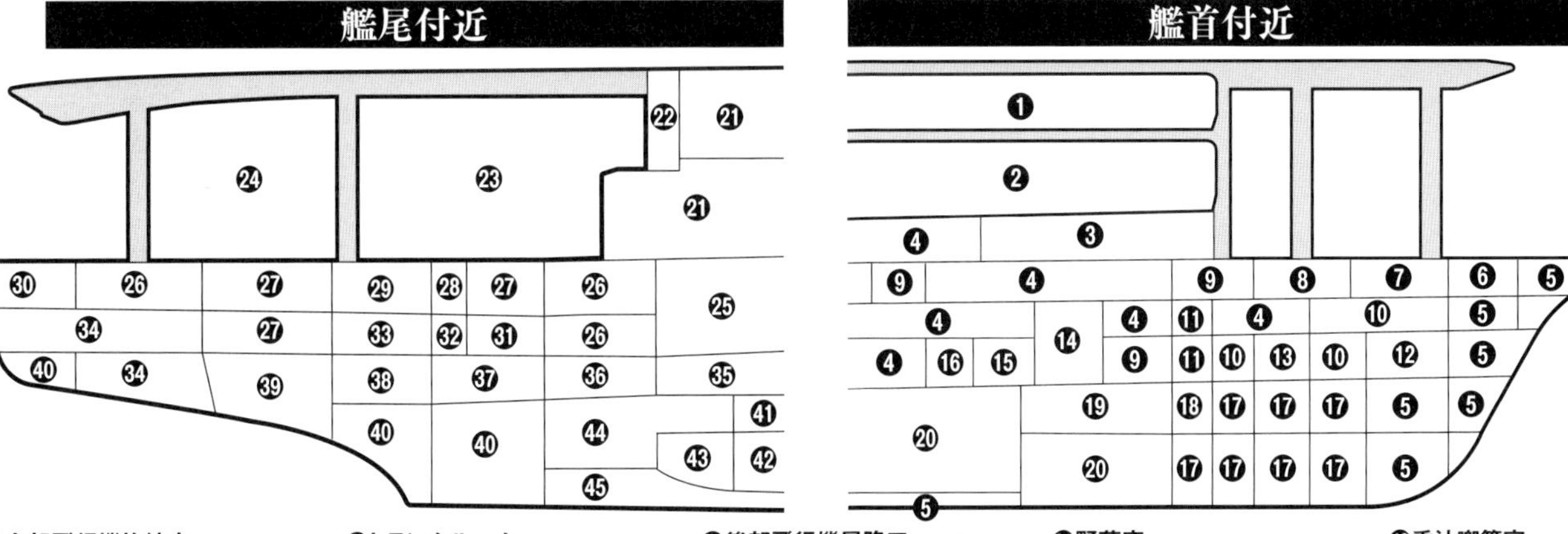

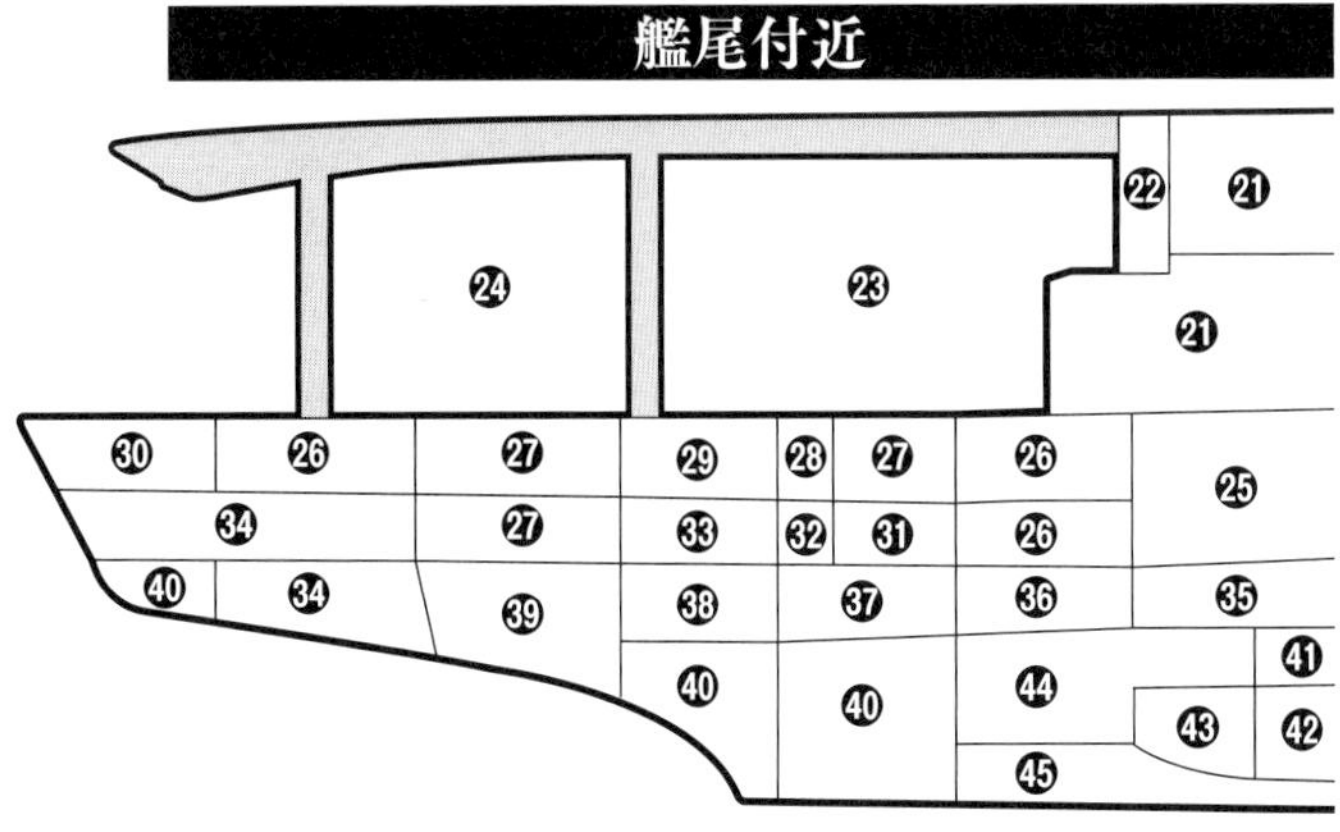

❶上部飛行機格納庫
❷中部飛行機格納庫
❸キャプスタン／ケーブルホルダー格納位置
❹兵員室
❺水防区画
❻揮発油庫
❼塗具庫
❽下士官／兵員厠
❾通路
❿運用科倉庫
⓫トランクルーム
⓬舷窓風入格納所
⓭被服庫
⓮錨鎖庫
⓯制動機室
⓰兵員図書室
⓱ツリミングタンク
⓲ビルジ喞筒（しょくとう）室
⓳揚錨機室
⓴軽質油タンク
㉑後部飛行機昇降口
㉒リール室
㉓ランチ／内火艇格納位置
㉔カッター格納位置
㉕後部飛行機昇降機通路
㉖予備発動機格納所
㉗兵員室
㉘通路
㉙用具倉庫
㉚飛行機材料置場兼酸素瓶格納所
㉛野菜庫
㉜魚肉庫
㉝錨鎖室
㉞飛行科倉庫
㉟後部飛行機昇降機動力室
㊱製氷機室
㊲後部揚錨機室
㊳操舵軸歯車操作室
㊴舵柄室
㊵水防区画
㊶後部軽質油管制室
㊷重油喞筒室
㊸後部軽質油管装置室
㊹軽質油タンク
㊺重油タンク

空母「赤城」「加賀」建造計画

文／本吉隆
写真提供／編集部

戦艦・巡洋戦艦から三段飛行甲板を持つ空母へ艦種変更され、さらに全通式飛行甲板の空母へと改装された「赤城」と「加賀」。他に見られない特異な経歴を歩んだ両艦だが、いったいどのような過程を経て建造・改装がなされていったのであろうか。本稿ではその詳細を解説する。

「加賀」型戦艦と「天城」型巡洋戦艦の建造経緯とその特徴

大正初期において、日本海軍は明治40年（1907年）に策定された国防方針により、戦艦8隻と装甲巡洋艦（後に巡洋戦艦）8隻を中核とする「八八艦隊」の整備を進めていたが、当時の日本の経済状況はこれだけの艦隊兵力を整備するだけの余力を持ち合わせていなかった。

このため海軍は兵備の方針を改め、取り敢えず「扶桑」以降の戦艦8隻と、「榛名」「霧島」を含めた巡洋戦艦4隻を基幹とし、これに巡洋艦以下の補助兵力を附属せしめるという「八四艦隊」計画を完成させた後、漸次「八八艦隊」計画を完成させることにした。

「八四艦隊」計画も経済的問題からなかなか計画達成の見込みが立たなかったが、大正6年（1917年）度になると仮想敵である米海軍が前年に戦艦10、巡洋戦艦6以下、総計156隻の艦艇整備を行うという大規模な兵力拡充に乗り出したことと、第一次大戦後の経済好況により予算面での制約が無くなったことが影響して、「加賀」「土佐」を含む戦艦4隻と、「天城」型巡洋戦艦2隻の整備が計画の中核を成す「八四艦隊計画完成案」が大正12年（1923年）度までの継続計画として、帝国議会の協賛を得て認められるに至った。

「加賀」型戦艦と「天城」型巡洋戦艦は、大正5年（1916年）5月31日～6月1日にかけて英独艦隊間で行われたジュットランド沖海戦の戦訓を当初より織り込んで設計されたもので、将来20km以遠になると思われた想定砲戦距離に対応可能な砲撃力と防御力を持つ艦としてまとめられている。高速戦艦である「加賀」型は「長門」型の拡大改良型であるが、距離20km以遠の砲戦において、交互射撃でも一定の命中確率が望める砲弾散布界の得られる「斉射弾数5」を確保するため、砲装を「長門」型の8門から10門に強化した。さらに徹底した集中防御による強固な防御を持ちながら、速度性能は「長門」型と変わらないという、当時計画中の各国戦艦の中で最も優良な高速戦艦となる予定だった（設計に当たった平賀造船官は、本型を「米の4万3000トン型に匹敵する艦」として絶賛した）。一方の「天城」型は「加賀」型の巡洋戦艦版といえるもので、装甲防御は「加賀」型より若干弱体となったが（それでもおおむね「長門」型と同等程度の防御力は持っていた）、「加賀」型と同等の砲装を持ち、速度性能は3ノット増の30ノットを発揮可能であるなど、当時英米が建造もしくは検討中であった巡洋戦艦各型と比べても総じて同等もしくは上回る能力を持つ、世界最良の巡洋戦艦として設計がまとめられていた。

ワシントン条約の締結と空母への改装

これに続いて大正7年（1918年）に成立した「八六艦隊完成計画」において、「天城」型の「高雄」「愛宕」の2隻の建造が追加されたため、「天城」型の整備数は4隻となった。大正9年（1920年）に認められた「八八艦隊完成計画」でも当初、この両型もしくはその改正型の建造が検討されたが、この時期になると英米の新戦艦整備の動向から「加賀」型、「天城」型より強力な戦艦の整備の必要が認められたため、整備数は「加賀」型2隻、「天城」型4隻の計6隻で終了した。

「加賀」型および「天城」型の各艦は大正12年度以降の完成を目処に大正9年以降、起工された。しかし、大正11年（1922年）2月に締結されたワシントン海軍軍縮条約の時点で完工した艦はなく、全艦が廃棄対象となっている。一方、同条約では個艦の排水量が3万3000トンを超えないという条件付きで「廃棄対象となったうちの主力艦2隻を空母に改装する事を得」ことが示されていたため、日本海軍はこの条項に沿って、建造中の主力艦のうち2隻を空母へと改造することとした。

この時点で「加賀」型は2隻とも進水済みであったが、「天城」型の4隻は一番工事が進んでいた「天城」でも全体の4割

世界で初めて16インチ砲を搭載した戦艦「長門」。「加賀」型は「長門」型の連装主砲4基8門を5基10門に増大させた上、防御力と速力を高めた艦となる予定だった

廃棄艦となった「加賀」型戦艦の二番艦「土佐」。標的艦として各種の射撃実験に供された後、豊後水道に沈められた

英海軍の空母「フューリアス」。もともとは第一次大戦時に竣工した軽巡洋艦だったが、2度の改装を経て写真のような空母となった。上下段二段式の飛行甲板は「赤城」「加賀」の三段式飛行甲板に影響を与えている

しか工事が進んでいなかった。この状況であれば「加賀」型を空母に改造した方が、より低予算かつ早期の実戦化が可能だったと思われるが、日本海軍はすでに大正7年の段階で、空母の速力は艦隊随伴のため30ノットが必要との方針を固めていた。そこで「天城」と「赤城」の2隻を空母へと改造することとし、「加賀」と「土佐」は廃棄艦のリストに掲載された。だが大正12年9月1日に発生した関東大震災により、横須賀工廠で建造途上にあった「天城」の船体が船台より落下、船体に大きなゆがみが生じて修理不能と判定された。海軍は「天城」に代えて、当時横須賀工廠で保管されていた「加賀」を空母に改造することに方針を転換、大正12年11月19日に「赤城」と「加賀」を空母へと変更し、爾後改造工事を開始している。

この両艦に対する空母としての性能要求は明確になっていないが、

・航空機の発着艦が容易であること
・重巡との交戦を考慮し、これに対抗可能なだけの砲兵装
・必要充分な対空火力

以上を持たせることが要求されたと見られている。この時期、日本海軍には大型の艦隊型空母を設計した経験が無かったため、この両艦の設計は英国から提供された「フューリアス」の設計を参考にしながら、艦型および要求性能の差異を考慮しつつまとめられた。このため、この両艦の全般的な形状は多段式飛行甲板の採用をはじめとして「フューリアス」に類似したものとなっている。しかし英艦が下段の発艦甲板を上部格納庫より延長した二層式配置なのに対し、「赤城」と「加賀」は艦の大きさに余裕があったこともあって、上部および中部格納庫から発艦甲板を伸ばす三段式配置とされた（ただし完工前に中部飛行甲板部後方の上部格納庫前中央に航海艦橋が設置されたこともあり、実質的には二層式飛行甲板となった）ことや、英艦では見送られた高角砲以外の対水上戦闘用の主砲が搭載されるなど、相違点も少なからず見受けられる。

「赤城」と「加賀」の基本的な改造要領は同艦と変わらず、搭載した兵装等も同一である。ただし船型の相違や艤装の比較のため、意図的に設計が変更された部分も多い（詳細な要目は別表を参照して頂きたい）。最も大きな相違点は煙突の配置にあり、当時まだ空母の煙路配置についての可否が不明であったため、「赤城」が右舷側に下方に湾曲した形状の主煙突と上方に向けた石炭重油混焼缶用の煙突を装備したのに対し、「加賀」は上部格納庫部分両舷部の艦中央部から艦後部にかけて誘導煙突が設けられていた（なお、この煙突配置の相違により、「赤城」は重心補正のために最上部の飛行甲板をやや左側に中心線をずらして配置したが、「加賀」ではその必要がないため、艦の中心線と飛行甲板の中心線は合致している）。

また最上部の飛行甲板の形状にも差異があった。「赤城」は艦の後方に向かって約0・5度の傾斜が付けられており、また縦索式着艦制動装置の装備のため後部エレベーターの前部に段差が設けられた上、上部飛行甲板後端部が艦尾形状に合わせて絞られるような格好となっていた。「加賀」は逆着艦の実施を考慮して飛行甲板に段差が無くほぼフラットとされており（艦後部側に向かって上方に若干傾斜しているという説もある）、飛行甲板後端も狭めずにほぼ最大幅のままとなっている。

航空艤装も、搭載航空機の大型化を考慮して「加賀」のエレベーターを大型のものとするなど、相違があった。なお、この両艦の格納庫は共に三層式となっていたが、上部格納庫の側部については、「赤城」が戦時格納庫として開放式格納庫とされていたのに対し、「加賀」は煙路配置の都合もあって当初より密閉式とされていた。格納庫容積も艦が小型の「加賀」は「赤城」の8割弱の面積しかなかったが、完工時の搭載機数は共に最大60（平時最大48）となっている。

就役後の不成績と再度の大改装

改造開始当初の予定では、「赤城」は大正15年（1926年）度、「加賀」は大正16年度（昭和2年）の完工を予定していたが、予算の不足により工事は予定より遅れ、海軍は「加賀」の予算を流用して「赤城」を先に完工させ、「加賀」は他の予算を流用して工事を続行するという非常手段を執った。このため「赤城」は昭和2年3月15日に竣工、以後、残工事と訓練を続けて同年8月1日に艦隊に引き渡された。「加賀」は、予定より若干遅れた程度で完成し、昭和3年（1928年）3月31日に海軍へ引き渡されたが、実際には残工事が続いたため、艦隊に就役したのは昭和5年（1930年）3月と予定より大幅に遅れている。

この両艦の就役によって、ようやく日本海軍は大型の艦隊

空母へ改造され、公試運転中の「赤城」（20㎝連装砲は未装備）。右舷側に下方へ湾曲した主煙突と、上方へ向けた混焼缶用の煙突を装備している

型空母を入手したことになったが、就役後、その設計に起因する問題から期待されていたような活動が出来ないことが早期に明白となっていった。特に問題視されたのは多段式飛行甲板で、これは当時理論上、航空機の同時発着艦が可能となるなど、単一型飛行甲板より秀でる面があると評価されていた。しかし、現実には下部の発艦甲板の長さが短すぎて高性能化した機体の発艦には使用出来なくなることが予想されるようになり、上部の飛行甲板も多数の航空機を運用するには甲板長が不足であるなど、実用性に乏しいことが立証されてしまった。さらに艦が荒天の海上を航行した際、前方に傾斜した前部の発艦甲板が艦のピッチングに伴って海水をすくい上げ、艦内の中部格納庫に浸水を引き起こすという問題も生じた（「赤城」は昭和6年以降の改修で前部格納庫前端部を閉鎖してこの問題に対処したが、この結果、前部発艦甲板からの航空機発艦能力を喪失した）。この他にも中部飛行甲板に装備した主砲塔が対空高角射撃を実施すると、その爆風と衝撃で上部の飛行甲板に損害を与えるため、事実上対空射撃を禁じられるなど、様々な問題や障害が露呈した。

三段飛行甲板を持つ「加賀」を右舷後方より臨む。独特の煙路配置により長大となった煙突の形状が見て取れる

　これに加えて、「加賀」は独特の煙路配置により煙路沿いの居住区が高温となり使用に耐えず（真偽は不明だが、煙路沿いに搭乗員居住区があったため、口の悪い搭乗員が本艦の誘導煙突を「海鷲の焼鳥製造器」と評した、という話がある）、また排煙処理の問題から艦尾部の気流が予想以上に乱れ、着艦作業の障害となるという問題も抱えていた。また「加賀」は元が戦艦なだけに、作戦運用時の最高速力が26～27ノット程度と低速で、高速艦艇と共に艦隊の機動作戦に従事するには速力が不足気味であることも問題視されていた。

　竣工後、着艦制動装置の換装等の能力改善改修は行われたが、元設計に起因する欠点は再度の大改装を行わない限り、是正出来ないのは明らかだった。また作戦上の要求仕様の変化から、より多くの航空機を搭載出来るように格納庫容積の拡大も求められるようになった。これらの問題点改正と性能改善の要求を受ける形で、この両艦に対する再度の大改装を実施することは早期に認められた。この両艦に対する改装はより不具合が多い「加賀」から始められ、同艦は艦隊就役後わずか約3年半後の昭和8年（1933年）10月、第二次大改装が着手されている。

　「加賀」の改装にあたり、要求された改善項目は下記の通りであった。

（1）搭載機数の大幅増加
（2）飛行甲板の単一化を行うと共に、出来る限り飛行甲板の有効長を伸ばす
（3）エレベーターの追加・更新を含めた航空艤装の刷新
（4）速力増大（要求は最大30ノット）のための機関換装および船型の改良を実施。同時に煙路および煙突配置の変更
（5）機関の近代化と燃料搭載量増大による航続力増大
（6）飛行甲板に航海用・射撃指揮所としての機能を持つ艦橋を設置
（7）対空兵装の強化

　このように改正要求が多岐（たき）に渡ったため、本艦の改装は船体より上部をほぼ作り替えるという大規模なものとなり、昭和10年（1935年）11月に改装が完了した時には、本艦は別表の要目表に示すようにその面目と艦容を一変していた。とくに飛行甲板は以前の上部甲板より77m延長されて248・6m（幅30・5m）に達しており、飛行甲板の面積は「赤城」を若干上回るまでに拡大された。また格納庫も延長・拡幅が行われて面積は以前より約6割増大、搭載機数は従前の60機から最大100機以上にまで増大した。

　速度性能は改装により排水量が大幅に増大したことと、復原性能改善の必要から大型のバルジを設置したこともあって、要求には達せずに最大28ノット＋程度に止まったが、航続

	レキシントン(1936)※参考
	270.7m
	259.1m
	32.13m
	32.3m
	10.15m(最大)
	37,681トン
	43,055トン
	ターボ電気推進、四軸
	180,000馬力(過負荷最大212,702馬力)
	33.25ノット(過負荷最大34.99ノット)
	3,600トン(戦時満載7,227トン)
	10,000浬@10ノット
	通常400トン
	32㎜
	127㎜-178㎜
	約264m×約32.3m
	約2,480㎡
	20.3㎝55口径連装砲塔×4(8門) 12.7㎝25口径単装高角砲×12 12.7㎜機銃×8
	戦闘機18、艦爆38、艦攻18 (予備機含まず)

全通式飛行甲板へと改装された「赤城」を発艦直後の航空機より捉えた写真（昭和17年4月）。改装により世界でも屈指の能力を持つに至った「赤城」「加賀」は、日本海軍の艦隊航空兵力の中核を担い、太平洋戦争序盤で活躍を見せた

力は缶と主機の換装により大幅に増大した。なお、当初本艦は比較的大型の艦橋と直立煙突を右舷側に設置することとされていたが、友鶴事件の余波によって復原性能の見直しが行われた結果、最低限の機能を持つ小型の艦橋と、「赤城」に類似した湾曲型煙突が右舷側に設置された。兵装も、対空兵装がより新型の高角砲となるなど一新されたほか、撤去された主砲塔の代替として艦尾のケースメート部に20cm砲が増備されるなど、かなりの強化が行われている。

一方の「赤城」は昭和8年以降、改装前の「加賀」が装備していた小型の艦橋を上部甲板に装備するなどの小改正を実施しつつ艦隊に留まっていたが、「加賀」の改装完了と同時に改装工事に着手、昭和13年（1938年）12月に改装を完了して艦隊に復帰した。

「赤城」の改装の内容は「加賀」に準じたものであったが、改装予算の問題から改装の程度が「加賀」より限定された。飛行甲板は約32m延長されて飛行甲板面積は「加賀」とほぼ同等とされたが、格納庫面積は後部格納庫部分の容積拡大工事が限定されたものとなったこともあり、総面積は「加賀」の9割程度に止まった。このため、改装後の本艦の搭載機定数は「加賀」と同等とされたが、実際の搭載可能機数は「加賀」に比べて約20機程度少なくなっている。

本艦はこの改装により排水量が公試状態で約7000トン増大したが、機関は混焼缶の重油専焼化が行われた以外、特に手は加えられず、船型の改良も行われなかったため、最大速度は30ノット弱（約29ノットとする資料もある）にまで低下した。ただし航続力は改装前より増大している。なお、煙突は全機関の重油専焼化に伴い、新造時の2本から1本にまとめられた。艦橋は「加賀」同様に小型のものが設置されたが、航空関係者より艦の中央部に艦橋を設置した方が飛行作業が容易、という意見が出されたため、煙突を避けるため左舷側中央部に設置されたという相違がある。しかし、この配置には排煙が艦橋に流れ込むなどの問題もあった。対空砲も、機銃は新型のものが搭載されたが高角砲は換装されず、主砲の増備も行われていない。

これらの改装により「加賀」は速度性能がやや低いことを除けば、総じて第二次大戦中に就役した空母の中でも屈指の能力を持つ大空母に変貌した。「赤城」は改装範囲が限定されたため、空母としての能力は「加賀」に若干劣ったが、それでもやはり艦隊型空母として有力な能力を持つ艦として再就役することになった。

そしてこの両艦は、その卓越した航空機運用能力により、ミッドウェー戦で戦没するまで日本の艦隊航空兵力の中核となって、各方面の戦いで大きな活躍を見せることになったのである。

「赤城」「加賀」要目表

	赤城（改装前:1927）	赤城（改装後:1938）	加賀（改装前:1930）	加賀（改装後:1935）
全長	261.2m	260.67m	238.5m	248.6m
水線長	248.95m	250.7m	230.0m	240.7m
水線幅	28.96m	28.96m	29.57m	32.5m
最大幅	31.10m	31.8m	31.67m	32.5m
喫水（平均）	8.08m	8.71m	7.92m	9.48m
基準排水量	29,500トン	36,500トン	29,500トン	38,200トン
公試（通常）排水量	34,364トン	40,600トン	33,693トン	42,561トン
搭載機関	蒸気タービン推進、四軸	蒸気タービン推進、四軸	蒸気タービン推進、四軸	蒸気タービン推進、四軸
機関出力	131,200馬力（公試時最大137,000馬力）	133,000馬力	91,000馬力	127,400馬力
速力	32.5ノット	約30ノット	26.7ノット（作戦時最大26～27ノット）	28.34ノット
燃料搭載量	重油3,900トン 石炭2,100トン	重油5,770トン	重油5,300トン	重油7,500トン
航続距離	8,000浬@14ノット	8,200浬@16ノット	8,000浬@14ノット	10,000浬@16ノット
航空燃料搭載量	不明	通常414トン、最大600トン	不明	通常414トン、最大600トン
水平装甲厚	78㎜（最厚部）	78㎜（最厚部）	38㎜	38㎜
垂直装甲厚（舷側）	127㎜	127㎜（*1）	127㎜	127㎜（*1）
飛行甲板（全長×最大幅）	190m×30.5m（上部飛行甲板）	249m×30.5m	171m×30.5m（上部飛行甲板）	248.6m×30.5m
格納庫面積（総計）	約8,266㎡（補用機用下部格納庫含む）	約9,430㎡（補用機用下部格納庫含む）	約6,305㎡（補用機用下部格納庫含む）	約10,573㎡（補用機用下部格納庫含む）
兵装	20㎝50口径砲連装砲塔×2（計4門） 20㎝50口径単装砲×6（ケースメート装備） 12㎝45口径連装高角砲×6（計12門） 留式機銃×2	20㎝50口径単装砲×6（ケースメート装備） 12㎝45口径連装高角砲×6（計12門） 25㎜連装機銃×14（28挺）	20㎝50口径砲連装砲塔×2（計4門） 20㎝50口径単装砲×6（ケースメート装備） 12㎝45口径連装高角砲×6（計12門） 留式機銃×2	20㎝50口径単装砲×10（ケースメート装備） 12.7㎝40口径連装高角砲×8（計16門） 25㎜連装機銃×11（計22挺）
搭載機数（通常定数）（*2）	艦戦16、艦偵16、艦攻28 （平時定数艦戦、艦偵、艦攻各12+4機、計48機））	改装時定数:艦戦12+4、艦爆19+5、艦攻25+16 MI作戦時:艦戦、艦爆、艦攻各18+3 （加えて六空の零戦×6）	艦戦16、艦偵16、艦攻28 （平時定数艦戦、艦偵、艦攻各12機、加えて各機種予備機4（計48機））	改装時定数:艦戦12+3、艦爆24+6、艦攻36+9 MI作戦時:艦戦、艦爆各18+3、艦攻27+3 （加えて六空の零戦×9、蒼龍の艦爆×2）

（*1）赤城は大改装時に水中弾防御用の水線下装甲が設けられた（現存する出師準備時の図面により確認出来る）。加賀は明確なことは分からないが、恐らく装備したと思われる
（*2）航空機搭載数の12+4等の表記は、前が常用機、後ろが補用機の数を指す

文／本吉隆　写真提供／野原茂

空母「赤城」「加賀」の運用方針と実戦

日本海軍が初めて手に入れた艦隊型空母である「赤城」と「加賀」。その就役当時、海戦の主役は戦艦だったが、航空兵力が主力になった太平洋戦争ではまさしく「赤城」「加賀」が決戦兵力の中核を占めるに至った。本稿ではその運用方針の変遷をたどり、その実戦についても概説する。

「赤城」「加賀」の運用方針の変遷

「赤城」「加賀」が艦隊に就役を開始した1920年代末期における、日本海軍の空母の運用方針は第一次大戦時の英海軍と同様のものである。

すなわち、決戦前の段階では艦隊に対する防空能力の付与と高速艦艇で構成された偵察部隊に随伴して敵艦隊の索敵を実施することが求められており、戦艦部隊の決戦時には艦隊の防空と搭載機による弾着観測任務、また砲戦開始前に米戦艦部隊に対する雷撃を実施してその機動力を削ぐことが期待されていた（ちなみに、英艦隊航空隊の標語は「（洋上目標の）発見、艦隊および艦種の確認、そして攻撃」であり、索敵、攻撃に重点が置かれた形となっている。「赤城」「加賀」の完成時における航空機定数で、艦上偵察機と艦上攻撃機が搭載機の主体を占めているのは、この構想に従ったことが大きく影響している）。

この後、日本海軍における空母運用方針は1930年代中期まで大きな発展を見せないが、搭載機の能力向上に伴って空母の航空攻撃能力が向上し、その攻撃力が艦隊作戦の面から見て無視し得ない戦力と見なされるようになるにつれて、日本海軍内部に「制空権がない状態では戦艦同士の決戦時に勝利することは覚束ない」という思想が浸透していった。

艦隊決戦時に戦場の制空権を確保するには、その障害となる米海軍の空母を撃滅するのが最優先事項になるため、昭和9年（1934年）以降、重巡洋艦を主体とする高速部隊（第二艦隊）と行動を共にして、敵空母の撃破を目的として作戦を行う「機動航空部隊」の構想が持たれるようになった。

「赤城」と「加賀」に対する第二次改装は、「加賀」に最高速力30ノットの速度性能付与が要求されたことから見て、当初はこの「機動航空部隊」の一翼をなす空母としての能力を付与することを考慮していたように思える。だが改装後の「赤城」と「加賀」の速度性能はこの任に投ずるにはやや不足気味の感があったため、この両艦は旧来の空母の運用方法に近い形態で作戦を行う「決戦夜戦部隊」用の空母として、主力部隊の決戦支援に当たることとされた。

「機動航空部隊」所属の高速艦隊型空母が決戦前に敵空母を撃破するのを主任務にしたのに対し、「決戦夜戦部隊」所属の空母は艦隊決戦前に敵主力艦を攻撃してその勢力を減勢させることと、決戦時の制空権確保が主任務となっていた。昭和12年（1937年）に出された「艦船飛行機搭載標準」を見ると、「機動航空部隊」用に整備される「蒼龍」「飛龍」には攻撃戦力として空母への先制攻撃用として使用される艦上爆撃機のみが搭載される予定であったのに対し、「決戦夜戦部隊」の「赤城」「加賀」には戦艦に致命傷を与えられる雷撃を実施出来る艦攻のみが搭載される予定であったことは、この両部隊に求められた作戦要求が大幅に異なっていたことを良く示している（ただしこの後、航空機の性能向上に伴い、各空母にバランスの取れた戦力を搭載するという形に改められたため、両部隊の空母は艦上戦闘機・艦爆・艦攻の各機種をほぼ定数の3分の1ずつ搭載する形に改めている）。

だが海軍が対米戦の勃発を考慮し始めた昭和15年（1940年）の段階では、「機動航空部隊」の中核となる高速艦隊型空母の数は米側に劣り、搭載機数も我に不利であった。この当時、航空戦力が同数であれば、空母決戦は相討ちに終わると考えられていたため、現状では航空決戦で日本側が勝利をすることは覚束ない。そこで海軍は「決戦夜戦部隊」に編入される予定であった「赤城」「加

「赤城」「加賀」就役当時、空母に求められた任務は多岐に渡ったが、敵艦隊の索敵と敵艦隊への攻撃に重点が置かれていた。写真は大正13年（1924年）に制式採用された一〇式艦上偵察機

日本海軍は当初、「機動航空部隊」による敵空母への先制攻撃を行う兵力として、高速艦隊型空母が搭載する艦爆を重視していた。写真の九六式艦上爆撃機は「加賀」搭載機が支那事変における対地攻撃でも活躍している

雷撃により敵主力艦に致命傷を与えうる艦攻は、艦隊決戦前に敵主力を減勢するものと考えられて「決戦夜戦部隊」の艦上機とされていた。第一航空艦隊の編成後も、空母の航空攻撃能力の中核を担うことになる。写真は「赤城」艦上の九七式一号艦攻

賀」の両艦に加え、この両部隊の支援に当たる予定であった軽空母群を全て集中して「機動航空部隊」を増強する措置を取った。

この決定により、昭和16年（1941年）4月に編成されたのが空母を中心兵力として独立編成された世界最初の艦隊、第一航空艦隊（一航艦）である。また、この「機動航空部隊」と「決戦夜戦部隊」の統合に伴い、それまで第一および第二艦隊の附属兵力に過ぎなかった空母部隊は、「敵空母の撃滅と敵主力の減勢を図る」決戦兵力の中核を成す艦隊へと昇格することにもなった。そして「赤城」と「加賀」は、当時の日本空母の中で最も高い航空攻撃能力を持つ艦の1つであったことから、ミッドウェー海戦で喪失するまで同艦隊の中核を成す存在として行動することになる。

「赤城」「加賀」の実戦記録

「赤城」と「加賀」は上海事変から太平洋戦争に至るまでの期間において、数度の実戦を経験している。これらの作戦期間中、この両艦は単艦もしくは軽空母と共に作戦を実施しており、共に航空戦隊を組んで行動することはなかった。

この両艦のうち、先に実戦を経験したのは「加賀」であり、昭和7年（1932年）1月29日に勃発した上海事変が初陣となった。当時、佐世保に在泊していた「加賀」は「鳳翔」と共に事変勃発の当日に北支水域へと出動、1月31日から3月3日に停戦するまで、上海地区において陸戦隊の作戦に協力している。この間の2月22日、「加賀」戦闘機隊所属の三式艦戦は、蘇州上空で米人ロバート・ショートが操縦するボーイング218（P-12E）と空中戦を実施してこれを撃墜、日本海軍戦闘機隊として初の撃墜戦果を挙げている。

「加賀」の次の実戦参加は、昭和12年7月に始まった支那事変となった。開戦時、単艦第二艦隊の第二航空戦隊に所属していた「加賀」は再び支那方面水域での作戦に投じられた。事変当初、北支方面へ兵力派遣するための船団護衛と、上海地区の上空警戒を実施したのを皮切りに、翌年11月9日に終結した広東攻略作戦支援に至るまで、1年以上に渡り支那方面水域での航空作戦支援に当たっている。この間、「加賀」飛行隊は空戦と地上支援、加えて揚子江での艦艇攻撃任務で大きな成果を挙げており、支那事変初期の陸上作戦を成功裏に推進させるのに大きな功があった。「加賀」は南支作戦から帰投直後に予備艦に編入されて改造工事に着手したため、以後支那方面での作戦を実施することはなかった。

一方「赤城」は、「加賀」が予備役に編入された同日に一航戦に配属されて艦隊に復帰しており、同艦は昭和15年11月15日に特別役務艦となって艦隊より除かれるまで、昭和14年2月に実施された海南島攻略作戦支援など、短期間、中支および南支方面で行動を実施した。この間、「赤城」は少なからぬ回数の航空作戦を実施したが、特に戦果を挙げた例はない。

太平洋戦争開戦時、一航艦所属の6隻の大型空母と戦艦以下の護衛艦艇により、高速空母機動部隊である第一機動部隊が編成された。同部隊は日本海軍の艦隊航空打撃戦力の中核となり、開戦劈頭の真珠湾攻撃において8隻の米戦艦を撃沈または撃破する戦果を挙げた。真珠湾攻撃を皮切りに、以後、ウェーク島攻撃や南方侵攻作戦支援、インド洋作戦に至る一連の作戦に従事して、多数の連合軍艦艇や航空機を撃沈もしくは破壊、「高速空母機動部隊」の真価を世界に認めさせるに至った。

この時期、「赤城」と「加賀」は第一機動部隊の中核として縦横無尽の活躍を見せており、特に第一機動部隊の旗艦を務めていた「赤城」の名は、米側の言う「南雲機動部隊」の中心戦力として世界的に名が知られていた。だが、昭和17年6月のミッドウェー海戦でこの両艦は共に被爆沈没、その栄光ある艦歴を閉じることになった。この両空母を含めた4空母の喪失と共に、日本海軍が艦隊航空兵力の優位を失ったことは、以後の太平洋戦争の戦局に大きく影響した。

連合艦隊編制の変遷

第一艦隊および第二艦隊の附属兵力に過ぎなかった空母を中心とする航空戦隊だが、昭和16年4月の第一航空艦隊の編成により、決戦兵力の中核を成す存在となった。太平洋戦争開戦時には、第一航空艦隊の6空母（3航空戦隊）と護衛艦艇により第一機動部隊が編成されている。

支那事変勃発時（昭和12年7月）

第一艦隊
- 第一戦隊 — 戦艦「長門」「陸奥」「日向」
- 第三戦隊 — 戦艦「霧島」「榛名」
- 第八戦隊 — 軽巡「鬼怒」「名取」「由良」
- 第一水雷戦隊 — 軽巡「川内」／第二駆逐隊／第九駆逐隊／第二十一駆逐隊
- 第一潜水戦隊 — 軽巡「五十鈴」／第七潜水隊／第八潜水隊
- 第一航空戦隊 — 空母「鳳翔」「龍驤」／第三十駆逐隊

第二艦隊
- 第四戦隊 — 重巡「高雄」「摩耶」
- 第五戦隊 — 重巡「那智」「羽黒」「足柄」
- 第十二戦隊 — 敷設艦「沖島」／水上機母艦「神威」／第二十八駆逐隊
- 第二水雷戦隊 — 軽巡「神通」／第七駆逐隊／第八駆逐隊／第十九駆逐隊
- 第二潜水戦隊 — 潜水母艦「迅鯨」／第十二潜水隊／第二十九潜水隊／第三十潜水隊
- 第二航空戦隊 — 空母「加賀」／第二十二駆逐隊

第三艦隊
- 第十戦隊 — 海防艦「出雲」／軽巡「天龍」「龍田」
- 第十一戦隊 — 敷設艦「八重山」／砲艦「安宅」「鳥羽」「勢多」「堅田」「比良」「保津」「熱海」「二見」／駆逐艦「栗」「栂」「蓮」
- 第五水雷戦隊 — 軽巡「夕張」／砲艦「嵯峨」／第五駆逐隊／第十三駆逐隊／第十六駆逐隊

太平洋戦争開戦時（昭和16年12月）

第三艦隊、第四艦隊、第五艦隊、第六艦隊、南遣艦隊および第十一航空艦隊は省略

連合艦隊直率
- 第一戦隊 — 戦艦「長門」「陸奥」

第一艦隊
- 第二戦隊 — 戦艦「伊勢」「日向」「扶桑」「山城」
- 第三戦隊 — 戦艦「金剛」「榛名」「霧島」「比叡」
- 第六戦隊 — 重巡「青葉」「衣笠」「加古」「古鷹」
- 第九戦隊 — 軽巡「北上」「大井」
- 第一水雷戦隊 — 軽巡「阿武隈」／第六駆逐隊／第十七駆逐隊／第二十一駆逐隊／第二十七駆逐隊
- 第三水雷戦隊 — 軽巡「川内」／第十一駆逐隊／第十二駆逐隊／第十九駆逐隊／第二十駆逐隊
- 第三航空戦隊 — 空母「鳳翔」「瑞鳳」／第三駆逐隊

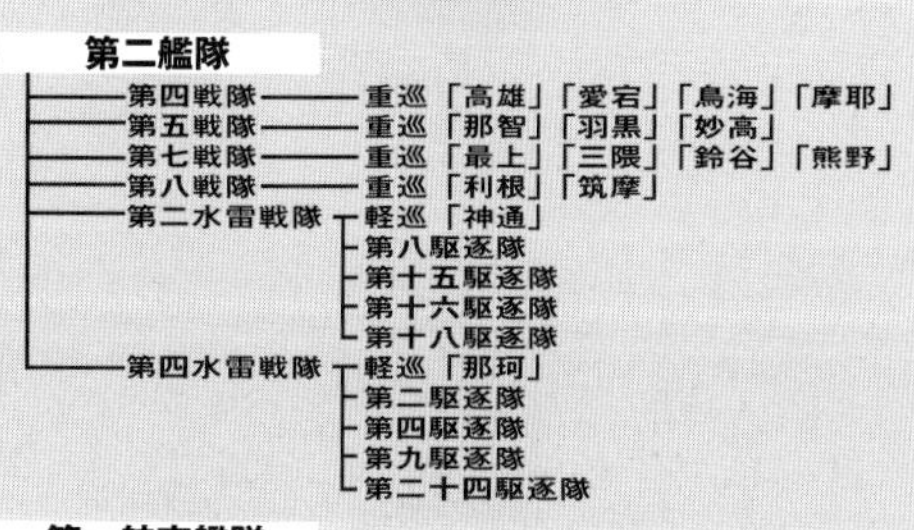

第二艦隊
- 第四戦隊 — 重巡「高雄」「愛宕」「鳥海」「摩耶」
- 第五戦隊 — 重巡「那智」「羽黒」「妙高」
- 第七戦隊 — 重巡「最上」「三隈」「鈴谷」「熊野」
- 第八戦隊 — 重巡「利根」「筑摩」
- 第二水雷戦隊 — 軽巡「神通」／第八駆逐隊／第十五駆逐隊／第十六駆逐隊／第十八駆逐隊
- 第四水雷戦隊 — 軽巡「那珂」／第二駆逐隊／第四駆逐隊／第九駆逐隊／第二十四駆逐隊

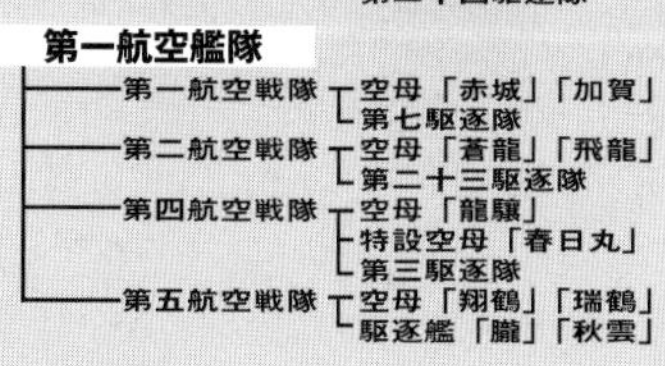

第一航空艦隊
- 第一航空戦隊 — 空母「赤城」「加賀」／第七駆逐隊
- 第二航空戦隊 — 空母「蒼龍」「飛龍」／第二十三駆逐隊
- 第四航空戦隊 — 空母「龍驤」／特設空母「春日丸」／第三駆逐隊
- 第五航空戦隊 — 空母「翔鶴」「瑞鶴」／駆逐艦「朧」「秋雲」

文／松田孝宏　イラスト／イヅミ拓　写真提供／野原茂

暁の空母「赤城」「加賀」

あかつきのくうぼ「あかぎ」「かが」

栄光と悲劇のラプソディ

「赤城」「加賀」は第一機動部隊（南雲機動部隊）の空母であり、真珠湾攻撃からミッドウェー海戦までの戦いがよく知られている。しかし、特に「加賀」の中国方面における戦いや、南方作戦支援といった比較的地味な戦いも「赤城」「加賀」の貢献を知るに当たって欠かせない要素だ。本稿ではその戦いを詳述する。

空母「赤城」「加賀」関連地図

1. 第一次上海事変
2. 支那事変（北支作戦支援）
3. 支那事変（南京空襲）
4. 支那事変（南支作戦支援）
5. 真珠湾攻撃
6. ラバウル攻略作戦
7. ポートダーウィン空襲
8. 南方作戦支援
9. セイロン沖海戦
10. ミッドウェー海戦

「赤城」「加賀」の戦域は、「加賀」が従事した第一次上海事変と支那事変の中国方面と、両艦が第一機動部隊の所属艦として従事した太平洋戦争緒戦の戦いに大別される。太平洋戦争においては、西はセイロン島、南はオーストラリア北部、東はハワイ真珠湾まで航空隊が攻撃に参加した

第一次上海事変「加賀」、日本空母の初陣を飾る

空母「赤城」と「加賀」は、共に当初は戦艦、巡洋戦艦として起工しながら建造途中で空母に改造され、ミッドウェー海戦で没するまで、日本海軍機動部隊の中核を担い続けた殊勲艦である。

「赤城」は昭和2年（1927年）、「加賀」は昭和3年に、どちらも特異な三段飛行甲板を持つ艦姿で竣工。昭和3年には「赤城」と「鳳翔」で、日本海軍最初の第一航空戦隊が編成されている。

そして昭和7年（1932年）、日本母艦に初陣の時が訪れた。第一次上海事変である。当時、中国の日本排斥運動はいよいよ盛んになっており、1月に上海で起きた日本人僧侶襲撃事件などは、現地居留邦人の不安を高めていた。上海には上海特別陸戦隊と小規模な第一遣外艦隊がいるのみで、2月には第三艦隊が編成され、上海へ急行する。

「加賀」はこれに先立つ1月30日、揚子江（長江）に到着。続く31日は17機の艦上機を発進させ、上海付近の上空で示威飛行に当たらせている。折しも日中は停戦協議中であったため攻撃はしないつもりだったが、中国の第19路軍が日本陸戦隊の陣地を攻撃してきたため、加賀機は敵陣の偵察飛行を行っている。この結果、一三式艦攻が虹橋飛行場で中国軍機を発見している。

地味ではあるが、日本はもとより世界でも最初の航空母艦の軍事行動であった。

なお、空母「鳳翔」もほぼ同時期に現地に到着しており、「加賀」と第一航空戦隊を編成していた。本来ならほぼ同型の「赤城」が出撃してくるのが理想であるが、昭和6年から改装工事が始まっていたため「赤城」は横須賀に留まっていた。

2月4日、ふたたび第一航空戦隊が行動を開始する。目標は呉淞に設置された砲台で、大は30cm、小は8cmの砲台が日本艦隊に睨みをきかせていた。午前は悪天候のため発艦ができなかったものの（当時の複葉、羽布張りの艦上機では発艦不可能）、天候も回復した午後は10機の艦攻が出撃、砲台の一部を爆撃した。

同日、一航戦の艦上機は上海郊外も爆撃、第19路軍の中核である第60、78師団に損害を与えている。

昭和8年～10年頃、「加賀」航空隊の一三式艦攻

「日本初の」戦闘、相次ぐ「加賀」の殊勲と損害

第一次上海事変は日本空母の初陣であったため、「初物づくし」の作戦行動が相次いだ。昭和7年2月5日、「加賀」を発艦した艦攻と艦戦は真茹に向かうが、ここで艦攻1機が対空砲火によって撃墜された。日本空母、最初の喪失機である。さらにコルセア（中国軍機）が艦攻を狙ったが、「鳳翔」の艦戦が立ちはだかった。勝負はつかなかったものの、日本空母機初の空中戦となった。

2月7日、第一航空戦隊は一部の航空機を陸戦隊が整備した公大飛行場に進出させた。当時の「加賀」は計画倒れの使いにくい三段飛行甲板、「鳳翔」も小型だったため、航空機の発着には危険が伴った。そのための飛行場進出であった。

翌2月8日、先述の呉淞砲台を占領すべく、第三艦隊は上陸作戦を開始した。これは陸戦隊を上陸

第一次上海事変における「加賀」「鳳翔」

「加賀」(奥)と「鳳翔」(手前)から発艦する十三式艦上戦闘機。「加賀」航空隊は初の被撃墜、初空戦、初の敵機撃墜と、日本空母にとって多くの“初”を経験することとなった

させつつ、「加賀」「鳳翔」の艦攻が砲台を叩くというもので、空母が上陸作戦を支援するのは史上初である。

2月20日、初めての「強敵」が現れた。元アメリカ陸軍航空隊のロバート・ショートが操縦するボーイング218戦闘機である。ショートは邀撃命令を受けたわけではなく、中国の惨状を見て義侠心を燃え上がらせ、高速の真新しい戦闘機に飛び乗ったのだ。南京に向かっていたショートは「鳳翔」の艦戦3機と遭遇したためこれを攻撃。1機の三式艦戦が3発被弾し、3対1にもかかわらずショートが凱歌を揚げた。

2月22日、「加賀」の艦攻と艦戦各3機が蘇州を襲うと、またもやショートが迎撃してきたが、3機の艦戦はどうにか撃墜。「加賀」の艦戦が日本機初の敵機撃墜を記録したのである。

翌日からは、第一航空戦隊の飛行場爆撃が続く。23日、公大飛行場から飛び立った「加賀」の艦戦6機、艦攻6機は朝から蘇州を爆撃。「鳳翔」「加賀」の艦戦各6機は艦戦12機と共に虹橋の格納庫を爆撃した。

第三艦隊旗艦「出雲」から、杭州飛行場を爆撃して、同地に集結した中国空軍を壊滅させるよう命令を受けた「加賀」は、2月26日の早朝に行動を開始した。9機の艦攻が出撃し、「鳳翔」からも6機の戦闘機が発艦した。杭州上空では中国空軍機に邀撃されたが、「鳳翔」の艦戦が応戦。単葉機1機、複葉機2機を撃墜する戦果を挙げた。

杭州には喬司飛行場と筧橋飛行場があり、「鳳翔」の艦戦は喬司を機銃掃射、「加賀」の艦攻は筧橋を爆撃した。

第二次攻撃隊も繰り出した第一航空戦隊だったが、「加賀」の艦攻1機が対空砲火によって撃墜され、海上に不時着水した。これを見た小隊長機の艦攻が付近にいた駆逐艦「沢風」のそばに不時着水、部下機の救助を依頼した。「沢風」はさっそく現場に向かい、撃墜された艦攻の搭乗員を救助した。つまり合計2機が失われたのだが、6名の搭乗員は無事であった。

攻撃隊が中国空軍飛行場を爆撃しているほぼ同時刻、一航戦は獅子林の砲台をも攻撃していた。この獅子林の砲台群を潰さないと、間もなく到着する陸軍の第十一、第十四師団を乗せた輸送船が砲撃される可能性が高いのだ。攻撃は軽巡「那珂」「阿武隈」「由良」の艦砲射撃と、「加賀」から2～3機ずつ出撃した艦攻が、5回に渡り爆撃を行った。

翌27日は「加賀」「鳳翔」の艦攻が4回に渡って爆撃し、ついに砲台は破壊された。3月3日、停戦命令が下って第一次上海事変は終結。「加賀」「鳳翔」は日本へと帰った。

第一次上海事変の「加賀」の活躍は目覚ましかったものの、三段甲板が役に立たないことが露呈してしまった。そのため、昭和8年(1933年)から改装工事に着手、10年に堂々たる全通甲板を持つ大型空母となっている。

支那事変勃発「加賀」、初の敵艦撃沈

昭和12年7月7日、盧溝橋で起きた日中の軍事衝突(盧溝橋事件)は、8月の第二次上海事変などを経て日中の全面戦争へと発展してゆく。支那事変の始まりである。

今回も「加賀」が出陣、まず北支方面に上陸する第十師団を乗せた輸送船団の護衛に従事した。8月11日と12日、「加賀」の艦上機による上空警護を得た船団は13日、無事に目的地である大沽に到着している。当時の「加賀」は第二航空戦隊に所属しており、第一航空戦隊の「鳳翔」「龍驤」ともども、中国戦に投入された。

現地到着後の戦闘では日本空母機が相応の損害を被り、強力な艦戦が必要と痛感された。九〇艦戦は当時、すでに古い機体となっていたのだ。9月22日、2機ではあるが待望の最新鋭艦戦、九六艦戦が「加賀」に到着した。単葉艦戦の搭載は世界でも初めてのことであった。

8月22日、「加賀」に対し江陰に潜んだまま動こうとしない中国艦隊攻撃の命令が下った。勇躍して攻撃隊を送り込んだ「加賀」だったが戦果は不明、10隻もの老巧艦はすでに自沈していた。

しかもこの時期、8月19日から揚子江付近で行動を行使していた潜水母艦「大鯨(のちに空母「龍鳳」に改造)」搭載の水上機が、中国砲

上海～南京周辺図

第一次、第二次上海事変および支那事変の戦場である上海と、中華民国の首都・南京。「加賀」など日本海軍空母部隊にとって、初の実戦の舞台となった(図版／マス・デザイン)

艦「永建」を攻撃、日本機最初の敵艦撃沈記録を達成した。これは、「加賀」はもちろん、同時期に行動していた「鳳翔」「龍驤」にとっても不本意だったことだろう。8月25日からは3空母による飛行場や要塞の爆撃が、9月1日まで続けられた。

9月、5年前の第一次上海事変でも飛行場として活用した公大を、日本軍は再び占領した。10日には第二連合航空隊が進出したが機数が少なく、「加賀」の航空機も応援に出るよう命令が出た。そこで「加賀」から15日、九〇艦戦6機、九六艦戦6機、九四艦爆18機、九六艦攻18機が公大飛行場に進出している。

戦力も増強された第二連合航空隊は、中国空軍の一大拠点である南京空襲を計画した。空襲は9月19日に実行され、108機もの攻撃隊に「加賀」からは九六艦攻12機、九六艦戦6機以上が参加していた。交戦国の首都攻撃に母艦搭載機が参加するのも、これが初めてである。

日本側の損害は4機で、「加賀」機の損失はなかった。戦果はなかなかのもので、第二目標とされていた板橋鎮飛行場をも爆撃した。そして攻撃は以後、9月25日まで続けられ、目的はおおむね達成された。

この南京爆撃が行なわれている頃、「加賀」には待望の敵艦攻撃命令が下っていた。江陰砲台に閉じこもる中国中央海軍第一艦隊の攻撃は、本来ならば南京制圧の後で第二連合航空隊が行なう予定であった。しかし戦局がそれを許さず、南京空襲と同時期に作戦を実行するよう、「加賀」と第二連合航空隊に命令が下ったのである。

攻撃は先陣を急ぐ第二連合航空隊が9月22日の午前に開始した。江陰には軽巡3隻を基幹とする中国艦隊がいたが、新鋭軽巡「平海」が60kg爆弾の直撃を受ける。午後になって到着した「加賀」攻撃隊も「平海」と日本で建造された「寧海」を狙い、至近弾を得た。翌23日の攻撃で第二空と「加賀」攻撃隊は「平海」「寧海」に命中弾を与え、ついに「平海」は岸辺に乗り上げ、「寧海」は着底した。協同とはいえ、母艦航空隊による初めての敵艦撃沈である。

こうして約1カ月に渡って中国で戦い続けた「加賀」は、9月26日、いったん内地に帰投した。

「加賀」ようやく内地へ 縦横無尽の活躍

引き続き「加賀」は南支方面作戦に従事（昭和12年10月6日〜24日）、11月5日は陸軍の杭州湾上陸作戦を支援するなど、フル回転が続く。11月11日はノースロップ軽爆3機の来襲を許し、「初めて外敵に狙われた日本空母」となった。命中弾はなく、警戒していた九六艦戦が軽爆2機を撃墜している。

11月13日は上海北西の白茆口上陸作戦の協力も命じられ、「加賀」攻撃隊はジャンク船や陸上施設を攻撃した。

いったん帰投した「加賀」は12月の編成替えで第一航空戦隊（第一艦隊）所属となったが、12月8日、またしても南支へ出撃した。小型空母は使いにくく、「赤城」はドック入りしたままだったためだ。

12月12日から19日まで南支の鉄道線路を爆撃した「加賀」攻撃隊だが、同時期に第二連合航空隊がイギリス砲艦とアメリカ砲艦を誤爆、撃沈してしまう（「パネー号事件」）。

世論を考慮して上陸作戦は中止したものの、「加賀」の鉄道攻撃は手を緩められることなく、昭和13年（1938年）1月まで続けられたのであった。太平洋戦争を含めて、「加賀」ほど多くの攻撃隊を放った日本空母はないだろう。

支那事変における「加賀」最後の作戦は、広東攻略の一環として陸軍が行なった、白耶士湾上陸作戦の支援となった。昭和13年10月12日のことである。作戦には「加賀」と共に、竣工間もない空母「蒼龍」も参加した。2空母は主に船団護衛と偵察・連絡に当たったが、「蒼龍」の艦爆1機が上陸当日、撃墜されている。

12月、ようやく「加賀」「蒼龍」は内地に帰投。次に両艦が出撃するのは真珠湾攻撃となった。

ちなみに太平洋戦争開戦までに「加賀」機は、中国空軍が航空機調達を輸入に頼っていたため、多種の戦闘機と交戦した。中国側が主力としたコルセア、ホークⅡ、ホークⅢ（いずれもアメリカ製）などはもちろん、ソ連のI-16、イギリスのグラディエーター、フランスのドボアチンとも戦った記録がある。中国はイタリアからも戦闘機と爆撃機を購入していたが、こちらはほとんど役に立たなかったようだ。

なお、「赤城」は昭和14年（1939年）1月に南支、3月に中支で作戦行動を行なっている。

真珠湾攻撃 空前の大戦果

昭和16年（1941年）の秋ともなると、日米の激突は避けられないものとなっていた。10月、第一航空艦隊が編成され、「赤城」（旗艦）「加賀」は第一航空戦隊として中核を担った。真珠湾攻撃が計画されると、艦隊所属の母艦搭載機は猛訓練に入る。「赤城」「加賀」の九七艦攻は鹿児島、九九艦爆は宮崎、零戦は大分でそれぞれ訓練に励み、特に懸念とされた水深12mしかない真珠湾での雷撃も可能とした。

11月26日、一航艦は集結地である択捉島単冠湾を出撃、一路ハワイへと向かう。開戦決定から攻撃隊出撃、そして真珠湾上空での大戦果は他に譲り、ここでは「赤城」「加賀」に絞って詳述しよう。

まず最大目標の戦艦だが、「アリゾナ」は「赤城」「加賀」攻撃隊の魚雷数本と、「加賀」の爆弾が命中して（ほか「蒼龍」の爆弾など）完全沈没となった。現在は慰霊碑アリゾナ・メモリアルとなっている。「オクラホマ」も「赤城」「加賀」の魚雷と爆弾が多数命中、引き揚げられたが修理は見送られた。「カリフォル

真珠湾攻撃へ向かう「赤城」「加賀」
北太平洋の荒天の中、択捉島単冠湾から一路ハワイ真珠湾近海を目指す「赤城」と「加賀」。太平洋戦争の戦端を開いた一大作戦に、両艦は機動部隊の主力空母として参加した

出撃前の単冠湾における「赤城」(手前)と「加賀」(奥、艦首を手前に向けている空母)

ニア」は「赤城」(と「蒼龍」)隊の魚雷、「加賀」(と「蒼龍」)の爆弾によって沈没したが、浮揚後は修理されて戦列に復帰している。「ウェスト・ヴァージニア」も「赤城」「加賀」と二航戦の魚雷で沈没したが、やはり後に修理された。

沈没には至らなかったものの、戦艦「ネヴァダ」は「加賀」の魚雷と爆弾、「テネシー」は「赤城」「加賀」の爆弾、「メリーランド」は「加賀」の爆弾、太平洋艦隊旗艦「ペンシルヴァニア」は「赤城」の爆弾などで、大なり小なり損傷した。

この他、艦船は駆逐艦「ショー」が「赤城」の爆弾、工作艦「ベスタル」が「加賀」の爆弾、水上機母艦「カーチス」が「赤城」の九九艦爆の突入で損傷している。地上の施設では、ヒッカム陸軍飛行場、フォード島海軍飛行場を、「赤城」「加賀」の零戦が他の攻撃隊と協同で襲っている。

このように「赤城」「加賀」は太平洋艦隊の主力戦艦群に大きな損害を与えたが、「赤城」は艦戦1機、艦爆4機、「加賀」は艦戦4機、艦爆6機、艦攻5機が未帰還となった。「加賀」の未帰還機は6空母のうち、残念ながら最多である。

真珠湾攻撃進撃図

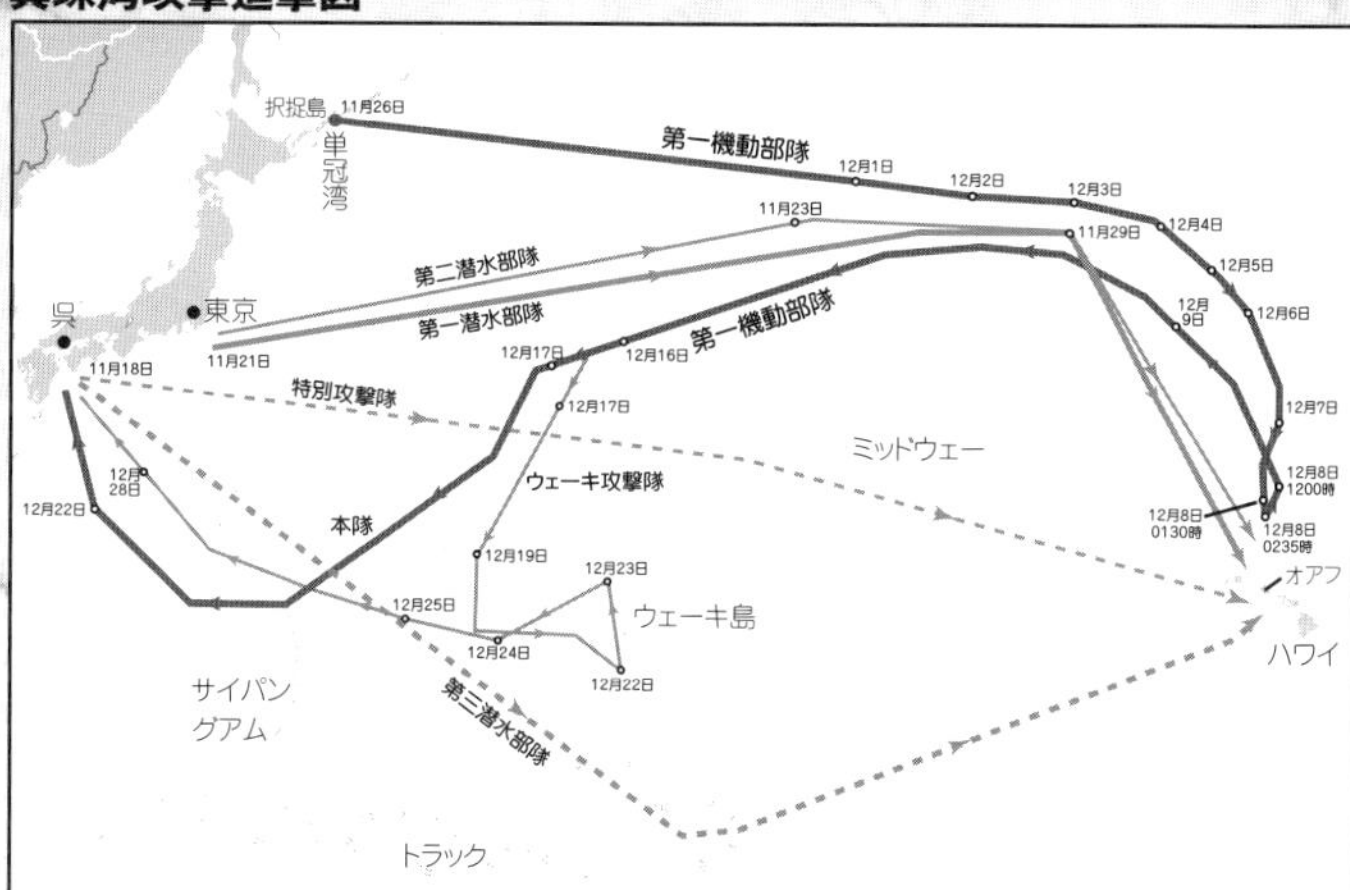

「赤城」「加賀」を含む6空母と護衛艦艇から成る第一機動部隊は、択捉島からハワイ近海までの3,500浬(約6,500km)を航行、真珠湾の米太平洋艦隊を撃滅すべく攻撃隊を繰り出した

機動部隊、転戦の日々「加賀」の座礁

年も明けた昭和17年(1942年)1月20日、第一航空艦隊は次の作戦を開始した。これが23日までに行なわれたラバウル攻略作戦である。占領軍として陸軍の南海支隊も参加した作戦だったが、守備しているのは装備貧弱なオーストラリア兵が中心であった。

一航艦(二航戦は別行動)は1月20日、ニューアイルランド島東方から攻撃隊を出撃させたが、「赤城」からは艦攻20機、零戦9機、「加賀」からは艦攻27機、零戦9機という編制だった。「赤城」艦攻隊長でもある淵田美津雄中佐は、占領後のことも考えて施設をなるべく破壊しないようにしたため、攻撃は砲台や在泊艦船におよんだ。オーストラリア軍は戦う意思がなかったので、23日にラバウルはあっけなく占領されている。

ほぼ同時(1月21日~23日)に、ラバウルに程近いカビエンも占領された。これには「赤城」が艦爆16機、零戦9機、「加賀」が艦爆18機、零戦9機を出して上陸部隊の支援としたが、オーストラリア軍が退却していたため抵抗もない代わりに、戦果もほとんどなかった。

2月1日、真珠湾攻撃で難を逃れたアメリカ空母が、マーシャル諸島に奇襲をかけてきた。たまたま「赤城」「加賀」「瑞鶴」は同方面に出撃の予定であったため、ただちに追撃に出た。だが2月3日に追撃中止命令が出され、米空母との対決は珊瑚海海戦(5月8日、参加空母は「翔鶴」「瑞鶴」)に持ち越された。

ここで、思わぬ事故が起きる。2月8日、パラオに入港した「加賀」が暗礁に触れて艦底を傷めてしまうのである。応急修理はなされたものの、3月のインド洋作戦は不参加となってしまっている。

2月19日、再び大規模な作戦が実施された。オーストラリアの要衝ポートダーウィン空襲である。

これには一航戦、二航戦が参加し、「赤城」から九七艦攻18機、九九艦爆18機、零戦9機、「加賀」からは九七艦攻27機、九九艦爆18機、零戦9機が出撃した(総数は188機)。特に「加賀」隊は地上施設攻撃に専念している。戦果は旧式艦艇ほか、輸送船、雑役船も含めると20数隻の艦船の撃沈または撃破。航空機もP-40戦闘機などを撃墜している。だが、「赤城」または「飛龍」の艦爆が病院船「マヌンダ」を攻撃しており、戦闘に誤謬はつきものだが、これは失策と言わざるを得ない。

一航艦は満足すべき戦果を挙げたとして1回で攻撃を打ち切ったが、基地よりは米艦隊を攻撃したい、という本音もあったようだ。

3月1日、一航艦(一航戦、二航戦)は陸軍のジャワ作戦にも協力した。ジャワからインド、あるいはオーストラリアへ脱出をはかる連合国(オランダ、イギリス、アメリ

ポートダーウィン空襲に赴く「赤城」「加賀」
真珠湾攻撃により米太平洋艦隊の戦艦部隊を撃滅した日本海軍は、南方要地への侵攻を支援した。ビスマルク諸島の拠点(ラバウル、カビエン)や蘭印における抵抗は微弱であり、オーストラリア本土のポートダーウィンを牽制する空襲にも乗り出した

カ）艦隊や船団を捕捉撃滅するのが任務である。発見したのは給油艦「ペコス」で、これは「蒼龍」艦爆隊が撃沈。同日、米駆逐艦「エドゾール」も「赤城」「蒼龍」艦爆隊が撃沈した。これは南雲長官の計らいで戦艦「霧島」「榛名」、重巡「利根」「筑摩」が砲撃で沈めるはずであった。しかし「エドゾール」は高速で転舵を繰り返すのみで、なかなか当たらない。仕方なく艦爆を出して沈めたわけだが、水上部隊にとっては遺憾な結果となった。

意外にも獲物が少ないと見た南雲長官は、ジャワ最大の港・チラチャップ攻撃を決意した。唯一残された避泊地で、連合国の生き残り艦船はここに逃げ込むしかなかったのだ。攻撃は3月5日だったが、一航艦が慎重に進撃している間に、目ぼしい獲物は脱出してしまっていた。そのため戦果は、巡視船や商船を5～6隻沈め、地上で組み立てを待っていたP-40戦闘機27機を撃破したのみ。攻撃隊の損失はゼロだったが、戦果も乏しい。

インド洋作戦の「赤城」
「加賀」を欠きながらも、第一機動部隊はインド洋作戦を成功に導いた。艦爆隊が驚異的な爆弾命中率により空母「ハーミズ」を撃沈するなど、「赤城」以下の空母航空隊は士気、錬度とも最高の状態にあった

ただ、チラチャップ空襲が蘭印（オランダ領東インド）のオランダ軍に与えた心理的影響は大きく、9日に彼らは無条件降伏してしまうのであった。

艦隊は3月11日、前進基地スターリング湾に帰投したが、「加賀」はパラオで傷めた艦底の修理のため、内地へ帰投していった。

インド洋作戦 無敵南雲機動部隊の絶頂期

昭和17年3月26日、「加賀」を欠くも空母5隻、高速戦艦4隻を基幹とした「南雲機動部隊」は、インド洋のセイロン島攻撃へと出撃した。ビルマへ攻め込んだ陸軍のため、敵の後方補給路を遮断することと、イギリス艦隊を一掃することが目的である。

イギリス東洋艦隊もセイロン島のコロンボ基地に集結、いずれ日本機動部隊の来襲があると予想していた。だが、なかなか敵が来ないため、ソマーヴィル大将は日本空母を求めて戦艦1、空母1ほか計10隻の艦隊を率いて出撃した。そして4月5日朝、このような状況で一航艦から128機の攻撃隊が出撃する。「赤城」からは艦攻18機、艦戦9機が出た。

先手を取ったのは、戦闘機も随伴させないイギリスのソードフィッシュだった。8機の複葉雷撃機は零戦が瞬く間に撃墜する。

一方の日本側であるが、42機のイギリス戦闘機に邀撃されながらコロンボ基地の空襲を行なったものの、先述のように主力が出撃していたため、4隻の艦船と港湾設備に損害を与えたのみであった。また、零戦隊はハリケーン戦闘機と交戦、14機を撃墜している。

同日の午後、「利根」の偵察機から「敵重巡2隻発見」の報告が入った。さっそく、53機の九九艦爆が出撃していく。「赤城」からは17機が出撃した。相手はイギリス重巡「ドーセットシャー」と「コーンウォール」であったが、両艦ともわずか約20分で沈没してしまった。攻撃隊には1機の損失もなく、「赤城」隊の爆弾命中率は94パーセント、攻撃隊全体でも88パーセントである。

4月9日、一航艦はセイロン島のもう1つの基地、ツリンコマリーを空襲すべく攻撃隊を出した。合計120機で、「赤城」隊は艦攻18機、艦戦6機である。イギリス側はレーダーで襲来を探知、戦闘機を上げていたが、日本攻撃隊は基地施設に大損害を与えて引き揚げていった。

ツリンコマリー空襲が終わった直後、「榛名」の偵察機がついにイギリス空母発見を報じてきた。敵艦隊出現に備えて空母に残していた艦爆隊と艦戦隊が、勇躍して出撃する。「赤城」からは17機の艦爆が同行した。イギリス空母「ハーミズ」はこの時カラ船の状態で、大混乱のツリンコマリーに救援を要請したものの、間に合うことはなかった。「ハーミズ」を仕留めたのは「翔鶴」「瑞鶴」「飛龍」の艦爆隊で、所要時間わずか20分。命中率は82パーセントだった。「赤城」隊は他の隊と共に随

インド洋作戦

インド洋作戦では馬来（マレー）部隊がベンガル湾で通商破壊戦を展開するとともに、第一機動部隊がセイロン島のコロンボ、ツリンコマリー基地を空襲した

インド洋作戦時の「赤城」。セイロン島空襲に出撃する九七式艦攻を、乗員たちが「帽振れ」で見送っている

伴の駆逐艦「ヴァンパイア」とタンカーを撃沈している。

しかし、華々しい戦果の中で、一航艦が犯したエラーも忘れてはいけない。たとえば4月9日の昼、「赤城」はイギリスのブレニム爆撃機の奇襲を許してしまっている。しかも搭載機に補給作業を行なっている最中であり、1弾でも命中すればただでは済まなかったろう。そして、ミッドウェー海戦では同じ状況で命取りとなるのである。

この他、イギリス空母をなかなか発見できなかった点、空母発見の際にすぐ攻撃隊を出さず兵装転換を行った点など、ミッドウェーで大敗の伏線が、すでに敷かれていた感は強い。しかしこの時期、ツキは一航艦にあり、その勢いは誰にも止められなかったのである。

ミッドウェーの惨劇「赤城」「加賀」波間に消ゆ

昭和17年4月18日のドーリットル隊による東京初空襲は、連合艦隊司令長官・山本五十六にアメリカ空母撃滅を決心させた。珊瑚海海戦を経て、再度、米機動部隊を撃滅すべく、「加賀」も復帰した一航艦（五航戦欠）は5月27日の海軍記念日に広島湾を出撃。しかし米軍は日本の暗号を解読、来襲を予期していた。

6月5日、一航艦は108機からなる攻撃隊を、ミッドウェーへ向けて放った。「赤城」「加賀」とも艦爆18機、艦戦9機である。攻撃隊はサンド島とイースタン島を空襲したが、防備を固めていた米軍の損害は少なく、対空砲火も熾烈なものとなった。そのため、指揮官である「飛龍」の友永大尉は「第二次攻撃の要あり」と打電、これが機動部隊に混乱をもたらすのである。

攻撃隊と入れ違いに、一航艦はミッドウェーから飛び立った米軍機の空襲を受けていた。陸軍機、海軍機、海兵隊機と多種の航空機によるものだったが、技量は低く、散発的な攻撃が何度も繰り返されたものの損害はない。

空襲後、南雲長官は第二次攻撃隊を送るべく、兵装転換を命じる。米空母を攻撃すべく飛行甲板に並んでいた航空機を、陸上基地攻撃の装備とするのだ。幸か不幸か、米空母発見の報告はない。だが準備には1時間以上かかる上、作業中にB-17爆撃機による空襲が開始され、これが1時間半にもおよんだ。さらにSBD艦爆も到着、現場はまさに大乱戦、大混乱の様相を呈してゆく。

空襲が終わる頃、ここで第一次攻撃隊が帰投してきた。皮肉にも、その10分ほど前に「利根」偵察機が「空母らしきもの1隻見ゆ」と打電してきたのである。間の悪いことに、「赤城」「加賀」の兵装転換はほぼ完了していた。だが、南雲長官は再度の兵装転換命令を出した。魚雷を陸用爆弾に、そしてまた魚雷に付け替えようというわけだ。作業中、今度は米空母から発艦した攻撃隊が来襲した。いずれも雷撃機で、3回に渡る攻撃で37機が失われた。

しかし！　この乱戦でがら空きとなった一航艦の上空に、米空母のSBD艦爆隊が偶然にも助けられて到達した。彼らの眼下では4隻の日本空母が航行している。急降下に入った艦爆隊は空母上空50mで投弾、まず「加賀」が4発、中央部エレベーター、右舷後部、艦橋、飛行甲板前部に命中した。岡田艦長以下の幹部は瞬時に戦死、魚雷や爆弾などが誘爆を開始した。「赤城」には2発、飛行甲板中央のエレベーター、左舷艦尾に命中、「加賀」と同様に誘爆を始めた。「蒼龍」も被弾、やはり炎上を開始した。ただ1隻健在となった「飛龍」が反撃を開始して「ヨークタウン」を大破（のちに沈没）に追い込んだが、そこまでであった。

最初に沈んだのは「加賀」となった。天谷飛行長の指揮下で総員退艦命令が出され、午後4時25分、第一次上海事変以来の古豪は沈んだ。沈没間際、米潜水艦「ノーチラス」が瀕死の「加賀」を雷撃、魚雷が命中したが不発だった、という記録もある。「加賀」の戦死者は約800名となった。

次に「蒼龍」が沈んだが、「赤城」は舵こそやられたものの機関は健在で、雷撃処分されたのは夜11時50分であった。残った「飛龍」も被弾・沈没したため、第一航空艦隊は1日にして壊滅。以後、日本機動部隊がかつての勢いを取り戻すことはなかったのである。

ミッドウェー海戦図

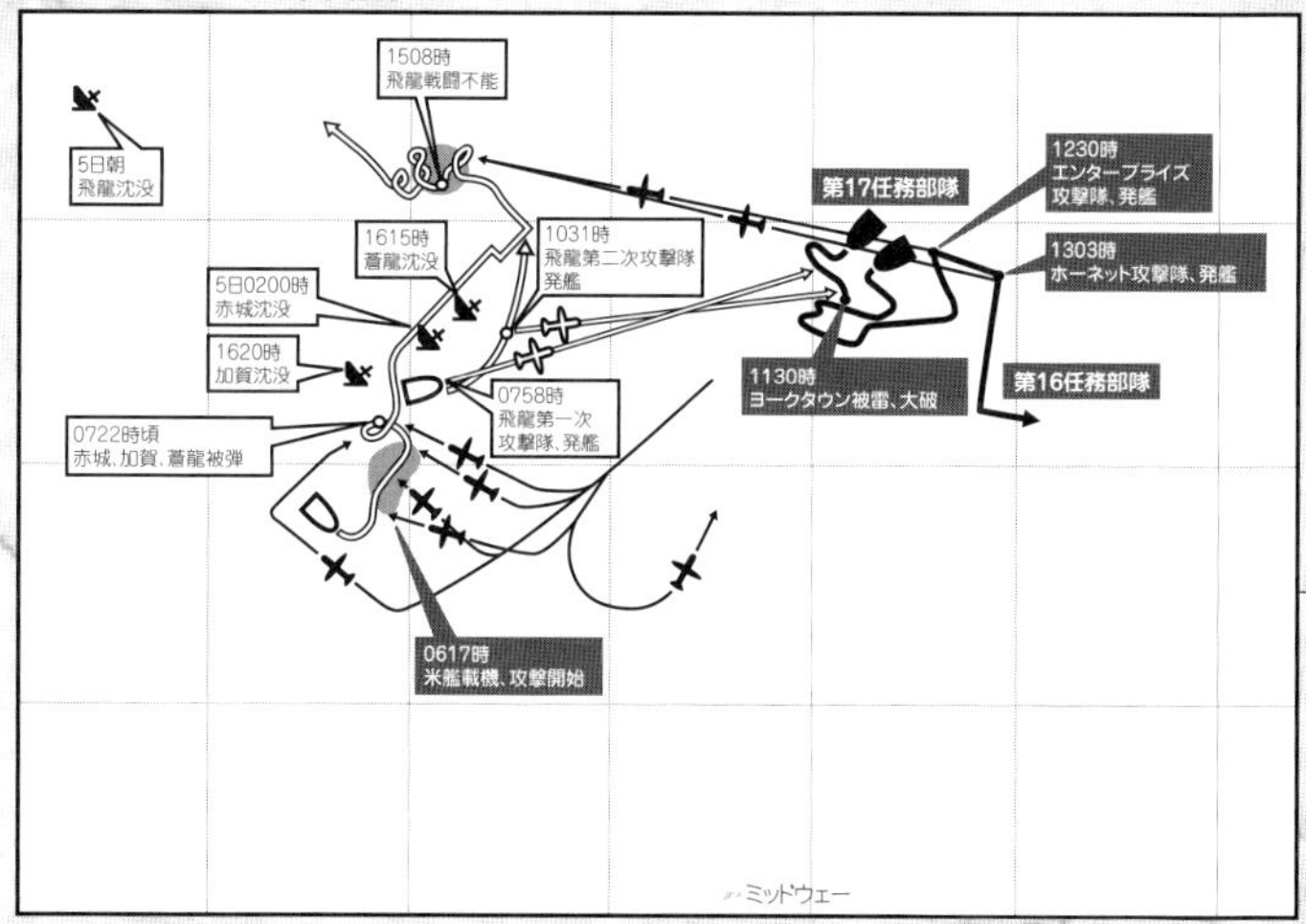

1508時
飛龍戦闘不能
5日朝
飛龍沈没
1230時
エンタープライズ
攻撃隊、発艦
第17任務部隊
1303時
ホーネット攻撃隊、発艦
1615時
蒼龍沈没
1031時
飛龍第二次攻撃隊
発艦
5日0200時
赤城沈没
1620時
加賀沈没
1130時
ヨークタウン被雷、大破
第16任務部隊
0758時
飛龍第一次
攻撃隊、発艦
0722時頃
赤城、加賀、蒼龍被弾
0617時
米艦載機、攻撃開始
ミッドウェー

ミッドウェー沖に進出した第一機動部隊に、ミッドウェー基地航空隊と米機動部隊の艦載機が五月雨式に襲いかかった。上空直衛の零戦隊の活躍により米機の多くは駆逐されたが、一瞬の隙を突いたSBD艦爆隊が「赤城」「加賀」「蒼龍」への攻撃に成功した

ミッドウェー海戦において被弾する「加賀」

ミッドウェー海戦でSBDドーントレスの急降下爆撃を受けた「加賀」。艦橋直前への被弾により、艦長以下、艦橋にいた指揮官は瞬時に戦死してしまったという。「加賀」は艦上機や爆弾、航空用燃料の誘爆・炎上により、4空母の中で最初に沈没した

「加賀」艦上機名鑑

三菱　零式艦上戦闘機[A6M]

言わずと知れた、日本海軍航空戦力を象徴する名機。燃費と実用性に優れる「栄」発動機、英知のすべてを注いだ空気力学的洗練と、驚異の軽量構造、20mm機銃の破壊力、そして一騎当千の熟練搭乗員、これらが太平洋戦争緒戦期の本機の"無敵"の活躍を支えた主要ファクターだった。

「赤城」と「加賀」に搭載されたのは初期の主力型二一型[A6M2b]で、これは昭和16年春から両艦がミッドウェー沖に沈むまで変わらなかった。零戦は二一型に続き三二、二二、五二、六二型と矢継ぎ早に改良型が登場するが、戦争中期以降は諸々の事情で苦戦に終始しており、栄光の頂点は二一型、そして「赤城」「加賀」が健在なりし日々だった。総生産数10,815機は日本航空史上の最多記録。

■諸元	※二一型を示す
全幅	12.0m
全長	9.05m
全高	3.52m
全備重量	2,389kg
発動機	中島「栄」一二型(940hp)×1
最大速度	533km/h
航続距離	3,500km
武装	7.7mm機銃×2、 20mm機銃×2、爆弾120kg
乗員	1名

愛知　九九式艦上爆撃機[D3A]

写真／編集部

■諸元	※一一型を示す
全幅	14.40m
全長	10.20m
全高	3.08m
全備重量	3,650kg
発動機	三菱「金星」四四型(1,070hp)×1
最大速度	381km/h
航続距離	1,472km
武装	7.7mm機銃×3、250kg爆弾×1 または60kg爆弾×2
乗員	2名

高速で逃げまどう艦船に、上空から50〜60度という深い角度で急降下しつつ、必殺の爆弾を叩き込み撃沈する、これが艦上爆撃機の真髄だった。零戦、九七式艦攻とともに太平洋戦争緒戦期の"花形艦上機トリオ"の1機として全世界にその名を轟かしたのが、九九式艦上爆撃機である。

本機は日本海軍最初の全金属製単葉艦爆である。アメリカ海軍のライバル、ダグラスSBDドーントレスに比較すると、固定式主脚や爆弾携行量の少なさなど、やや見劣りする面もあるが、熟練搭乗員の"神技的技倆"と相まって驚異的な命中率を示した。しかし旧式化も早く、昭和18年には第一線機としての存在感が薄らいだ。生産総数は1,515機。「赤城」「加賀」ともに、昭和16年から戦没するまで搭載した。

中島　九七式艦上攻撃機[B5N]

大正13(1924)年制式採用の一三式艦攻以降、真に満足すべき後継機を得られなかった日本海軍が、旧態依然とした複葉羽布張り構造に見切りをつけ、全金属製単葉引込脚艦上機の嚆矢(こうし)として登用したのが本機。ライバルのアメリカ海軍ダグラスTBDデバステーターに少し遅れて昭和13(1938)年に部隊就役し、折りからの支那事変における対地攻撃が実戦デビューだった。

太平洋戦争のハワイ・真珠湾攻撃であげた史上最高の戦果こそが、九七式艦攻にとって本来の艦船攻撃の最初の機会であり、同時にそれが栄光のピークでもあった。「赤城」「加賀」ともに一号型[B5N1]、三号型[B5N2]の双方を搭載した。生産総数は計1,250機。

■諸元	※三号型を示す
全幅	15.51m
全長	10.30m
全高	3.70m
全備重量	3,800kg
発動機	中島「栄」一一型(970hp)×1
最大速度	377km/h
航続距離	1,990km
武装	7.7mm機銃×1、 魚雷または爆弾800kg×1
乗員	3名

三菱　九六式艦上戦闘機[A5M]

■諸元	※四号型を示す
全幅	11.00m
全長	7.56m
全高	3.23m
全備重量	1,671kg
発動機	中島「寿」四一型(785hp)×1
最大速度	435km/h
航続距離	1,200km
武装	7.7mm機銃×2、爆弾60kg×1
乗員	1名

海軍最初の全金属製単葉形態艦上機であるとともに、外形の空気力学的洗練と軽量構造を基本にする、日本軍用機設計の概念を確立した機体としても史上に名を残す優秀機。設計者は堀越二郎技師で、本機の成功が後継機の零戦を生む下地となったことはご承知のとおり。

昭和11(1936)年に制式採用され、翌12年7月に勃発した支那事変では主に陸上基地から作戦行動し、中華民国空軍機を圧倒して日本側の航空優勢を不動のものとした。「加賀」は昭和12年、「赤城」は13年秋から本機を搭載し、16年に零戦に改変するまで使用した。生産総数は約1,000機。

文・写真提供／野原茂（特記以外）

「赤城」

愛知　九六式艦上爆撃機［D1A］

空母に搭載される艦上機のうち、艦爆は設計上の難しさもあり、最も新しい機種として登場した。日本海軍最初の艦爆は、昭和9（1934）年12月制式採用の愛知 九四式艦上爆撃機［D1A］で、本機の原設計はドイツ・ハインケル社のHe66がベースだった。

その九四式艦爆の発動機を換装してパワーアップし、各部を改修したのが九六式艦爆である。九四式艦爆が「赤城」「加賀」に搭載された期間はよくわからないが、九六式艦爆は支那事変期を通し長く搭載され、九九式艦爆に更新するまで使われた。性能、実用性ともに安定した複葉艦爆といえる。九四式艦爆の生産数は162機だが、九六式艦爆のそれは約2.6倍の428機にも達した。

■諸元

全幅	11.39m
全長	9.36m
全高	3.53m
全備重量	2,800kg
発動機	中島「光」一型（730hp）×1
最大速度	309km/h
航続距離	926km
武装	7.7mm機銃×3、爆弾310kg×1
乗員	2名

航空廠　九二式艦上攻撃機［B3Y］

■諸元

全幅	13.50m
全長	9.50m
全高	3.73m
全備重量	3,200kg
発動機	広廠九一式（750hp）×1
最大速度	218km/h
航続時間	4.5hr.
武装	7.7mm機銃×2、 魚雷または爆弾800kg×1
乗員	3名

昭和7（1932）年、海軍は不評の八九式艦攻の後継機を得るべく、七試艦上攻撃機の名称で三菱、中島両社に競争試作を行なわせたが、自らも航空廠に命じて一三式艦攻の近代化版ともいうべき“保険機”を試作した。そして不幸にも海軍の予感が当たり、三菱、中島両社機は失敗し、航空廠機が翌8（1933）年8月、九二式艦上攻撃機として制式採用された。

その経緯からして、九二式艦攻は性能的に平凡なうえに、搭載した液冷発動機の不調にも祟られて評価は低かったが、それでも支那事変初期の対地攻撃に一定の実績を残している。生産数は129機と少なく、改装時期とも重なったために「赤城」「加賀」ともに搭載期間は短い。

三菱　一三式艦上攻撃機［B1M］

日本海軍初の艦攻となった一〇式艦上雷撃機が世界的に稀な三葉形態を採った故に、実用上の不便を指摘されたことから、同機を複葉形態に再設計し、大正13（1924）年に制式採用されたのが本機。設計は三菱に招聘（しょうへい）されていたイギリス人のハーバード・スミス技師。性能、実用性ともに申し分なく、後継機八九式艦攻の不振もあり、支那事変初期頃まで実に14年近くも使用され続けた。

「赤城」「加賀」ともに竣工当時から搭載しており、昭和ひと桁時代の、“銀翼の海鷲”のキャッチフレーズを象徴する存在といえる。総生産数は各型あわせて計444機にも達した。

■諸元　※三号型を示す

全幅	14.78m
全長	10.12m
全高	3.52m
全備重量	2,900kg
発動機	三菱ヒ式（450hp）×1
最大速度	198km/h
航続時間	5.0hr.
武装	7.7mm機銃×2、 爆弾480kgまたは18インチ魚雷×1
乗員	3名

その他の艦上機

昭和2～3（1927～28）年に「赤城」「加賀」が相次いで竣工した当時、空母艦上機は複葉の一〇式艦戦と一三式艦攻のみだった。その後、艦戦は5（1930）年頃に三式艦戦に、7（1932）年頃には九〇式艦戦へと更新される。大改装の時期も絡み、九五式艦戦は「赤城」「加賀」には搭載されなかったらしい。12年5月時点でも「加賀」の艦戦隊は九〇式三型だった。

一三式艦攻の後継機八九式艦攻は、7年頃から「赤城」「加賀」に搭載され、大改装をはさんで「加賀」は12年頃まで搭載した。九二式艦攻のあとを継いだ最後の複葉艦攻、九六式艦攻は当初から九七式艦攻就役までの“つなぎ”と目され、「赤城」は搭載する機会がほとんどなく、「加賀」も13～14年にかけての短期間搭載したのみである。

中島　九〇式艦上戦闘機二型

「加賀」から発艦する三菱 八九式艦上攻撃機

「赤城」「加賀」三段飛行甲板における艦上機の取り扱い

文・図版・写真提供／野原茂

「赤城」「加賀」の艦上機を紹介したところで、次はその艦上機が実際に飛行甲板や格納庫でどのように扱われていたのかを見ていこう。全通甲板になってからは他の空母とほぼ同様なので、本項ではとくに、三段飛行甲板時代のそれに注目してみた。

発着艦を同時に行える

日本海軍の航空母艦における艦上機の運用法については、すでに「ミリタリー・クラシックス」VOL.8の「翔鶴」「瑞鶴」、および同VOL.20の「蒼龍」「飛龍」「雲龍」の特集記事中で再三にわたって紹介しており、今回の「赤城」「加賀」も基本は何ら変わるところがないので、本稿では敢えてそうした一般的な解説は割愛し、他に類を見ない、両艦の三段飛行甲板時代の艦上機とその運用に範囲を絞ってみたい。

ご承知のように、昭和2〜3年に相次いで竣工した「赤城」「加賀」は、世界に例のない三段式の飛行甲板を有していた。この特異な形態にした理由は、有事の際に（昇降機を使用しない）格納庫からの直接発艦を可能にし、同時に上部甲板を着艦に充てて、時間的ロスを省けることだった。

竣工当初、日本海軍の艦上機は、一〇式艦戦と一三式艦攻の2機種のみで、艦爆はまだ登場していなかった。計画では一〇式艦偵も併載することになってはいたが、その任務は一三式艦攻が兼務できることがわかり、生産機は練習機に転用されてしまい、空母には搭載されなかった。

飛行甲板の使い分け

上部飛行甲板（発着艦両用）

三段飛行甲板の使い分けについては、上部を発着甲板と称し、艦戦、艦攻の併用とした。甲板の広さは長さ190・2m、幅30・5mで、たとえその2／3を発艦待機用に使ったとしても、一〇式艦戦、一三式艦攻の重量はそれぞれ1280kg、2850kgにすぎず、複葉形態とも相まって滑走距離は充分確保できた。

ちなみに、「赤城」の上部飛行甲板は、前端から約2／5のラインを境に前方、後方に向けてわずかに下方傾斜している。これは離艦の際の浮揚を助けるのと、着艦の際の行き足を止める効果を狙ってのものらしい。

もっとも、「加賀」の上部飛行甲板は、「赤城」とは逆に後端に向けてやや上方傾斜しており、非常時には後方に向けて着艦させる狙いもあったらしいことなど、艦上機運用の基本がまだしっかりと確立されていなかったことをうかがわせる。

なお、竣工当時の着艦制動装置は、のちに標準となる横索式ではなく、イギリス海軍に倣った縦索式だった。上部飛行甲板の後方約100mの間に、首尾線方向に多数（100本以上）のワイヤーを15cm間隔で張り、そのワイヤーを甲板上に横方向に設置した起倒式駒板で15cmの高さに保持するというもの。

着艦機は、左右主車輪間をつなぐ支持板の下面と、尾橇の左右に取り付けた4〜6個の錨状をしたフックにこのワイヤーの何本かを引っ掛け、その摩擦抵抗と車輪が駒板を倒していくときの抵抗でブレーキがかかる仕組みになっていた（併載図参照）。

しかし、これは素人目にみても危なっかしい装置で、制動力が不充分なうえ、機体が横滑りすればたちまち傾いて下翼を甲板に接触させてしまうし、フックがワイヤーを引っ掛けてしまったあとはやり直しの浮揚も不可能で、実際に事故も起きたらしい。

そのため、日本海軍はフランスのシュナイダー社で開発された、のちの横索式の始祖ともいうべき「フュー式着艦制動装置」を購入し、昭和6（1931）年5月、まず「赤城」に装備してテストを行ない、同年末以降、他の空母も含め、これを油圧制動式に改良した国産品（萱場製作所製）を順次装備した。そして、大改装を機に海軍自ら開発した「呉式」が導入され、着艦制動装置に関する不満はなくなった。

中部飛行甲板（発艦用—のちに使用不可）

中部飛行甲板は、上部格納庫とフロアーを同じくしており、昇降機を使わずにそのまま格納庫の前端まで移動し、そこから直接発艦するものと計画されていた。とはいうものの、滑走エリアはたった15mしかなく、軽量の艦戦専用としても不充分だった。それでなくとも中部飛行甲板の左右には砲撃戦用の20cm連装砲塔が備え付けてあり、その間隔は一〇式艦戦の主翼幅（8・5m）ギリギリしかなく、接触の危険性が高かった。

結局、建造中に20cm砲塔との間は艦橋スペースに充てられることとなり、格納庫と遮蔽されたために中部飛行甲板は実際には使用できなくなった。したがって、「赤城」「加賀」ともに実際は三段ではなく、二段飛行甲板というべきかもしれぬ。

下部飛行甲板（発艦用）

下部飛行甲板は発甲板と称され、艦攻専用と計画されていた。中部格納庫とフロアーを同じくし、長さ55・2m、最大幅22・9mだった。もっとも、先端に向けて艦首平面形に沿うよう先細りになっているため、艦上機は正しく中心線上に沿って滑走しないと危険である。

中部飛行甲板と同様、その後部に20cm連装砲塔の基部があるので、一三式艦攻の主翼幅14・8mが通り抜けるにはギリギリの狭さである。したがって、実際には艦戦の発艦専用として使うしかなかったようだ。昭和5（1930）年度の特別大演習の折りに撮影された写真にも、下部飛行甲板で発艦待機する一〇式二号艦戦が写っている。

艦上機の収容

三段飛行甲板時代の「赤城」「加賀」の格納庫内（同様に三層

から成る）への艦上機収容については、具体的な公式図の類が残されていないのではっきりしたことはわからないが、当初はともかく、一〇式艦戦を前部、一三式艦攻を中～後部というのを基本にしたのは間違いない。

一三式艦攻の場合、全幅14・8mの主翼からして、そのまま格納庫に収めるのは不可能であり、必ず後方に折りたたんでから収納した。

全通甲板に改装後の「赤城」公式図面によれば、中部格納庫への飛行機収容要領は併載図のようになっている。三段飛行甲板時代は、昇降機（エレベーター）は前・後部の2基しかなかったので格納庫の区割も異なるが、幅自体は変わらないので、おおよその要領は分かる。主翼を折りたたんだ機体は九六式艦攻だが、専有面積は一三式艦攻もほとんど同じだ。

この図で前部昇降機の前方にあるのが、三段飛行甲板時代にはなかった前部格納庫である。収容されているのは同じ複葉の九六式艦爆。同機は全幅11・4mと小さいので、折りたたみ機構はもたない。この前部格納庫の上部が艦戦収容エリアだった。

空母「赤城」の三段飛行甲板配置要領

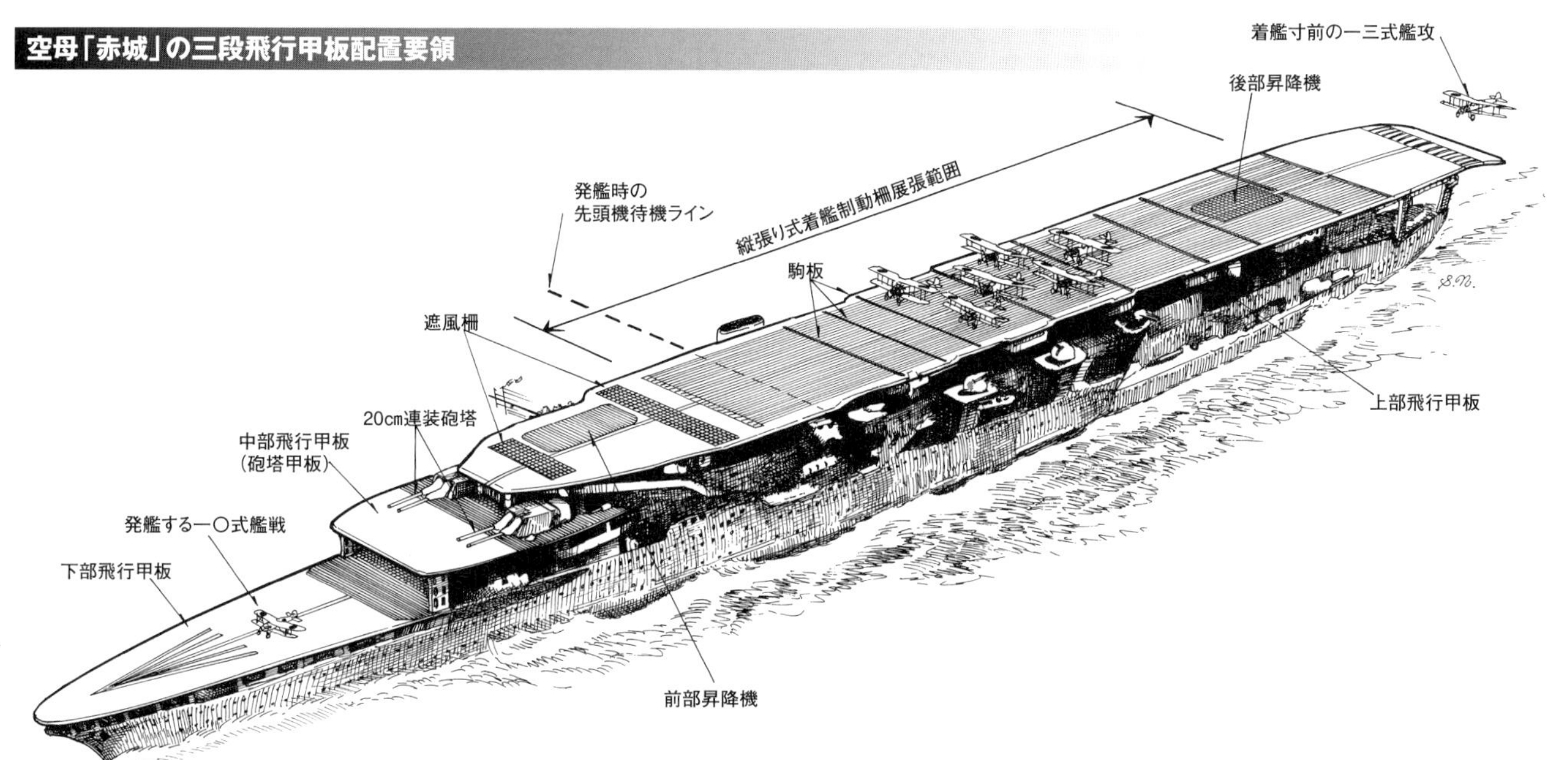

三段飛行甲板（正面）

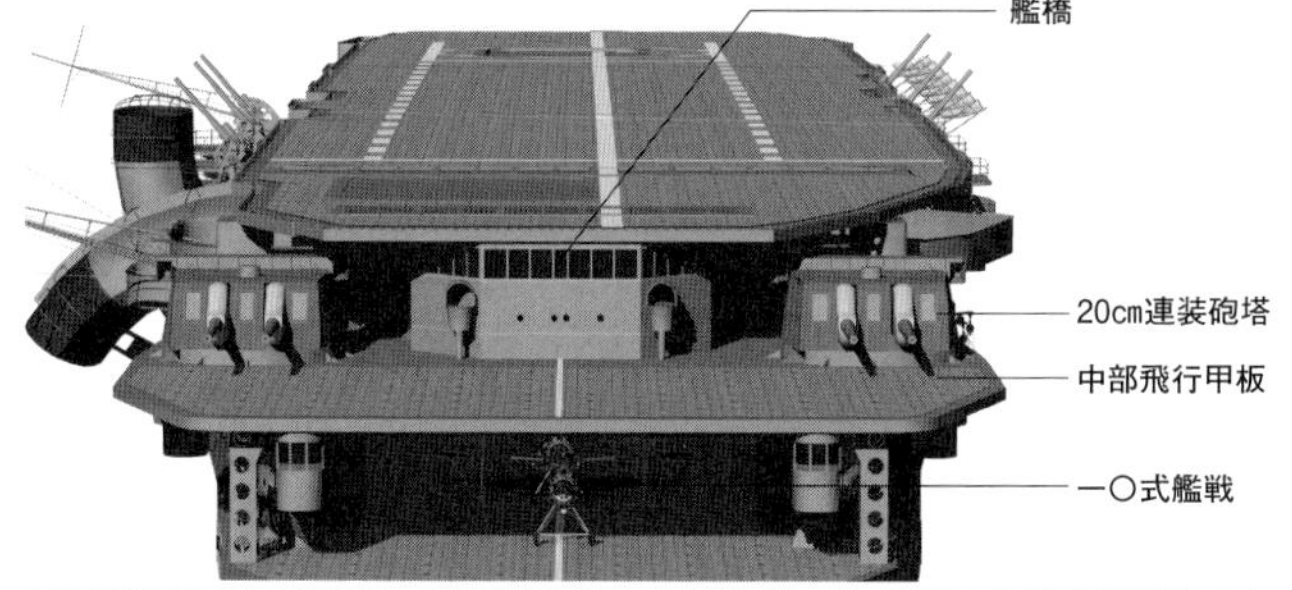

中部飛行甲板の左右には20cm連装砲塔があり、その間隔は一〇式艦戦の主翼幅ギリギリしかなかったため、結局はその間に艦橋が置かれ「使用不可」となってしまった
（CG／一木壮太郎）

一〇式二号艦戦の縦張り式着艦制動装備

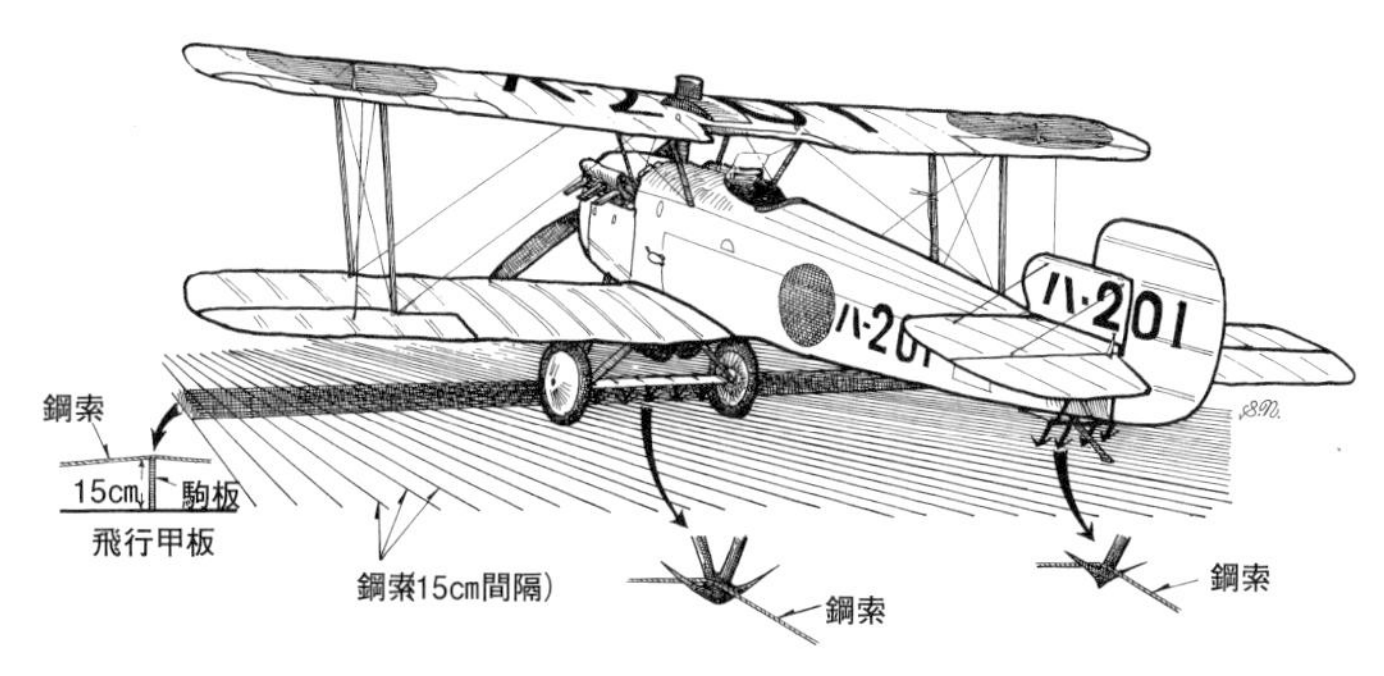

空母「赤城」中部格納庫飛行機収容要領

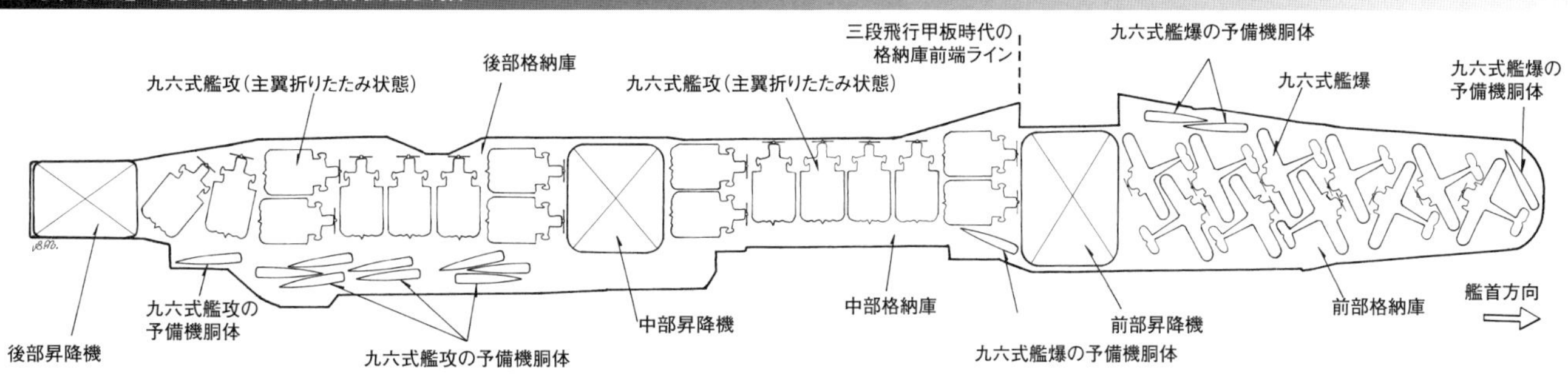

魁の母艦を駆った風雲児たち
「赤城」「加賀」関連人物列伝

文／松田孝宏（オールマイティー） 写真提供／潮書房

対米英戦が勃発してから約半年で沈没してしまった「赤城」と「加賀」であるが、初戦の快進撃の〝顔〟であっただけに、関連する人物たちも日本海軍を代表するメンツが並び、まさに綺羅星のごとしである。ここでは世界最強の機動部隊を率いた男たちの生き様を紹介しよう。

山本五十六

山本五十六大将

早くから航空主兵を唱え、連合艦隊司令長官時代には真珠湾攻撃を強行した山本五十六。開戦時は「赤城」「加賀」のほか機動部隊を指揮する立場にあったわけだが、大佐時代は「赤城」3代目の艦長を務めたこともある。

部下思いだった山本には「赤城」艦長時代、飛行甲板から転落しそうになった航空機に走り寄り、とりすがってこれを救った、という逸話が伝えられている。有名な逸話だが、奥宮正武氏などは「空母艦長が発着艦作業時にそんなことはしない」という論旨で否定しており、賛同する意見も少なくない。ただ、この真偽はさておいても、殉職した搭乗員の名簿を手放さなかったり、乗員からの敬礼には間髪いれず答礼するなど、山本が部下に慕われた艦長だったことは間違いないだろう。

一方、人の好き嫌いが激しいという性格も併せ持ち、気に入らない人物には胸襟を開こうとはしなかった。

開戦から半年後のミッドウェー海戦で連合艦隊は大敗を喫し、山本が乗った「赤城」も沈没してしまう。戦線はソロモンに移るが、昭和18年4月18日、一式陸攻に搭乗して前線移動中、米戦闘機の待ち伏せ攻撃によって戦死した。戦死後、元帥。

評価は毀誉褒貶だが、こと海軍航空に関しては功労者の1人と断言できる。また、山本が真珠湾攻撃を強行していなければ、「赤城」「加賀」の栄光もどうなっていたかわからない。

南雲忠一

南雲忠一中将

生え抜きの水雷屋として現場将兵の信頼も厚く、重巡「高雄」艦長時代の南雲を、当時は軽巡「名取」乗組だった淵田美津雄は「この有能な艦長に絶対の信頼を置いていた」と激賞している。

しかし後年、司令長官として畑違いの機動部隊を「率いることになってしまった」南雲長官は、淵田の眼には覇気のない老人としか映らなかったようだ。淵田のみならず、当時も今も南雲の評価は厳しく、断罪する意見は大半が減点法であるため、機動部隊指揮官としてはミスキャストとする声が高い。

確かに、真珠湾攻撃でみせた弱気、インド洋での兵装転換とそれを学習していないミッドウェー海戦など、指弾されても仕方ない点は多い。反面、満足な合同訓練もしていない大艦隊を攻撃隊発艦地点まで（幸運に助けられながらも）引き連れていった手腕や、南太平洋海戦でみせた堅実な指揮などは、なぜか無視されることが多い。

結局、ミッドウェーの大敗が南雲の評価を決定づけた。「弱腰で航空戦に不慣れだった指揮官」という評価は、今後もなかなか払拭されないだろう。

南雲の最期は昭和19年7月6日、サイパン島。中部太平洋方面艦隊司令長官として押し寄せる米軍を迎え撃ち、戦死したとも自決したとも伝えられる。戦死後、大将。

草鹿龍之介

草鹿龍之介中将

草鹿は水雷が専門であったが、空母「鳳翔」や「赤城」の艦長も経験した実績からも航空戦に理解を示し、参謀長として南雲を支え続けた。

剣術の達人でもあった草鹿は、この発想から真珠湾攻撃の際に一撃のみの引き揚げを具申、これは今も批判されている（とは言うものの、所期の作戦目的はほぼ達成していた）。

作戦指揮は淡白、悪く言えば消極的な草鹿は昭和19年、連合艦隊参謀長に着任。「大和」最後の出撃命令を、第二艦隊に赴き「一億総特攻のさきがけに」と伝えている。昭和46年11月23日逝去。

源田実

源田実大佐

源田サーカス、花形参謀、戦闘機無用論者と、「派手な」話題が多い源田が、「赤城」を旗艦とした機動部隊で果たした役割は大きい。とくに、真珠湾攻撃の立案に大きく関与したのは、山本長官の信任厚い源田である（ほか草鹿、黒島亀人）。

第一航空艦隊が、「源田艦隊」と揶揄されるほど源田中心で動いていたことはよく知られているが（本人は自分の意見がそのまま通るのが怖かった、とも述懐している）、「真珠湾攻撃はおれがやったんだ」と周囲に高言してまわった自信家も、ミッドウェー海戦に関してはほとんど発言がない。

カリスマを自認したが海軍内部に敵も多く、「戦闘機無用論」を戦わせた同期生の柴田武雄が著した『源田実論』に、「士官室のあちらこちらから、〝ザマー・ミヤガレ〟という罵声が」起こり（注、柴田による）、「この周囲に声は、（中略）源田ひとりだけに対するものである」という恐るべき記述が確認できる。

　ミッドウェー海戦後は空母「瑞鶴」飛行長、大戦末期は最後のエース部隊と宣伝された三四三航空隊司令となり、米軍に一矢を報いた。戦後は国会議員となり、平成元年8月15日に没した。

淵田美津雄大佐

淵田美津雄

　昭和16年当時、第三航空戦隊参謀であったが、源田に請われて「赤城」の飛行隊長に着任、真珠湾攻撃では攻撃隊の総隊長を務めた。淵田の「赤城」飛行隊長就任は2回目で、昭和14年11月も同様の職に就いたことがある。この時、第一航空戦隊の司令官は小澤治三郎で、小澤・淵田コンビは空母の集中配備、急速着艦方法など画期的な母艦運用方法を建策。翌15年、淵田の率いる雷撃隊が夜間雷撃訓練を実施した際は、連合艦隊司令長官となっていた山本五十六は「作業見事なり」と賞賛している。元「赤城」艦長として、山本は満足だったに違いない。

　淵田は攻撃隊を率いてハワイへ進撃中、雄大な光景に感激する一方、少尉候補生時代に訪れたホノルルに手をかけるうしろめたさも感じている。インド洋作戦までは総飛行隊長として一航艦の航空隊を指揮したが、ミッドウェー海戦では虫垂炎に倒れ、愛機は燃える「赤城」と運命を共にした。

　戦後、キリスト教に入信した淵田はアメリカも訪れており、「真珠湾攻撃の英雄」と遇されることも多かったという。

　著作や手記も遺した淵田は、山本五十六と南雲忠一には遠慮のない批判を浴びせた。近年、生前に書き残した回想録が『真珠湾攻撃総隊長の回想』として出版され、今まで公表されなかった「真珠湾九軍神の捏造」「戦後、ニミッツとの出会い」などが記されている。昭和51年5月30日逝去。

村田重治少佐

　「赤城」飛行隊長として雷撃を指揮した村田のあだ名は「ブーツ」（「ブツ」とも）。由来には、いつも長靴を履いている、彼自身の魚雷が大きかったから、仏のような人柄、と3つほどの説がある。

　ジョークが好きで、穏やかできめ細かい人柄のため、村田の周囲には笑いが絶えなかった。慣れぬ航空戦隊の指揮で緊張していた南雲の気を、何度となく晴らせたのも村田である。飛行学生を卒業した昭和9年、土浦から配属先に転任する際、なじみの芸者が見送りにきていた。村田は両手で新聞を広げていたが紙面が逆さまで、同期生たちが顔を覗き込むとその顔は涙でぐしゃぐしゃになっていた。情味あふれる村田らしい逸話だ。

　昭和12年、支那事変の際にアメリカ砲艦「パネー号」を誤射してしまう（「パネー号事件」）。村田にお咎めはなかったが、心に深い傷を負ったようだ。

　昭和13年、「赤城」分隊長を経て14年には横須賀航空隊飛行隊長となり、雷撃の特修科学生。この時期、すでに魚雷沈下度安定器を研究しており、2年後の真珠湾攻撃では浅沈度魚雷を米戦艦群のドテッ腹に命中させるのである。

　村田の最期は昭和17年10月26日の南太平洋海戦。空母「ホーネット」を雷撃した村田機が、対空砲火によって炎に包まれたという証言がある。村田の戦死は昭和18年に全軍に布告され、のちに南雲忠一が弔問のため、島原の生家を訪れている。戦死後大佐に2階級特進。

志賀淑雄少佐

志賀淑雄

　開戦時、空母「加賀」で戦闘機隊先任分隊長を務めた志賀淑雄大尉は、戦闘機乗りとして抜群の功績を残した。真珠湾に戦い、南太平洋海戦では3回も攻撃隊指揮官として出撃。空母「ホーネット」の沈没を確認したのは志賀である。
　源田実が司令となった三四三航空隊では、飛行長として司令を補佐する一方、特攻の打診を受けた際は自身と司令がまず行くべき、と断言している。
　戦後は警察官の護身具の開発に利益度外視で没頭、「特殊警棒」は志賀が会長を務めたノーベル工業株式会社の製品であり、商標登録もなされている。戦時の勲功を誇ることのなかった志賀は平成17年11月25日、91歳の長寿をまっとうした。

生田乃木次少佐

　第一次上海事変において、日本海軍で初の敵機撃墜を果たしたのが「加賀」乗組の生田大尉であった。昭和7年2月22日、数日前から日本戦闘機を悩ませていたボーイング218を、2機の僚機（いずれも三式艦戦）で邀撃した生田大尉はこれを撃墜。3対1だったが、高速を誇るボーイング218はそれほどの強敵であったのだ。

　生田は撃墜後も勝利感はなく、帰投時は恐怖にかられたと戦後のインタビューで答えている。初撃墜の妬みに嫌気がさした生田は海軍を辞め、昭和52年には撃墜したパイロットであるロバート・ショートの弟、エドモンドを訪ね兄の勇敢な戦いを賞賛した。教育にも力を入れた生田は、保育園をいくつも開設。平成14年2月22日死去、97歳だった。

大戦時の艦長たち

　開戦時の「赤城」艦長は、長谷川喜一大佐。水雷を専攻していたが、昭和16年3月の着任以前にすでに、航空隊の司令や空母「龍驤」艦長を歴任していた。歴戦の航空屋として「赤城」艦長は適任だったが、単冠湾出港時、艦はスクリューにロープが巻きつくトラブルに見舞われている。「赤城」退艦後はふたたび航空畑を転々としたが、昭和19年3月戦死した。

　運命のミッドウェー海戦では、「赤城」艦長は青木泰二郎大佐が務めていた。艦と運命を共にしなかったとして、青木大佐は左遷され、終戦を元山（朝鮮）航空隊司令として迎える。元山にはソ連軍が迫っていたが、青木司令は8月15日（11日とも）、搭乗員らを脱出させ、自らも幕僚と共に帰国。「逃亡」という批判が今もなされている。だがミッドウェー海戦後、同期生から「面汚し」と酒の席で痛罵された青木の心情は斟酌できない。

　開戦時、そして沈没時の「加賀」艦長を務めた岡田次作艦長を伝える資料は少ない。ただ、真珠湾では最多の未帰還機を出し、出撃途上で水兵が波にさらわれるなど、開戦時から「加賀」には不幸の影がつきまとっていた感は否めない。インド洋作戦も艦底座礁で参加できず、今ひとつ戦機に恵まれなかった感がある。昭和17年6月5日のミッドウェー海戦で、艦橋が吹き飛ばされて戦死した。

機動部隊を率いるスーパーキャリア

空母「赤城」イラストレイテッド

イラスト・解説／こがしゅうと

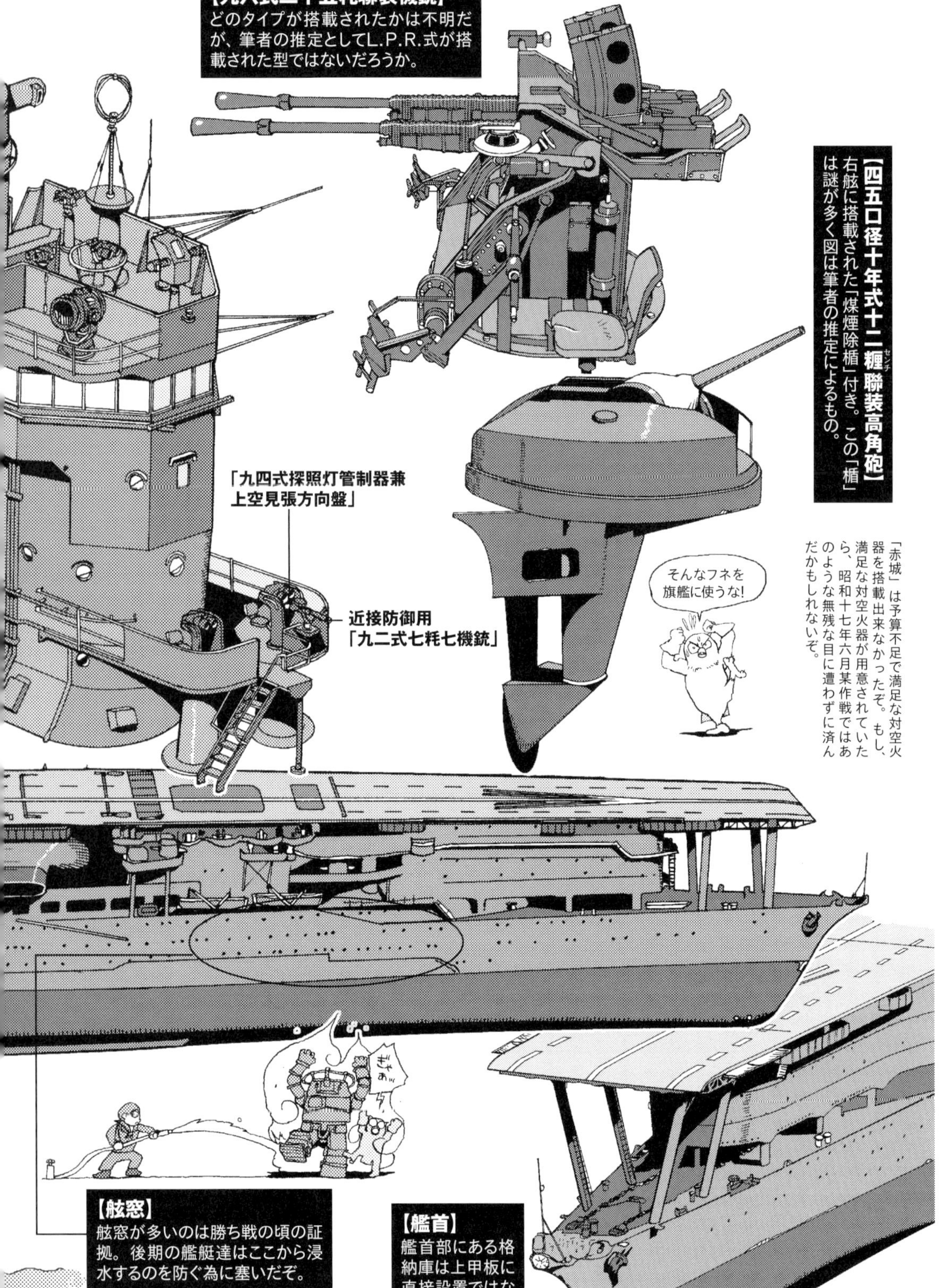

【九六式二十五粍聯装機銃】
どのタイプが搭載されたかは不明だが、筆者の推定としてL.P.R.式が搭載された型ではないだろうか。

【四五口径十年式十二糎聯装高角砲】
右舷に搭載された「煤煙除楯」付き。この「楯」は謎が多く図は筆者の推定によるもの。

「赤城」は予算不足で満足な対空火器を搭載出来なかったぞ。もし、満足な対空火器が用意されていたら、昭和十七年六月某作戦ではあのような無残な目に遭わずに済んだかもしれないぞ。

【舷窓】
舷窓が多いのは勝ち戦の頃の証拠。後期の艦艇達はここから浸水するのを防ぐ為に塞いだぞ。

【艦首】
艦首部にある格納庫は上甲板に直接設置ではなくかさ上げしてあるぞ。緑の下部分を錨鎖が通る構造になっているぞ。飛行甲板を支える支柱は四本だぞ。

排煙が飛行甲板に上がると視界不良になり発着が不能になるのを防止する為に排煙温度を下げる工夫が必要。そこで煙突口先端に勢いよく海水を噴きかける「海水シャワー」が搭載されているぞ。他の空母達はこの「海水シャワー」に消火ホースを接続出来る改造を施し、火災発生の折りに備えたぞ。「赤城」にもこの改造が施されていたら…あの戦没は防げたかもしれないぞ。

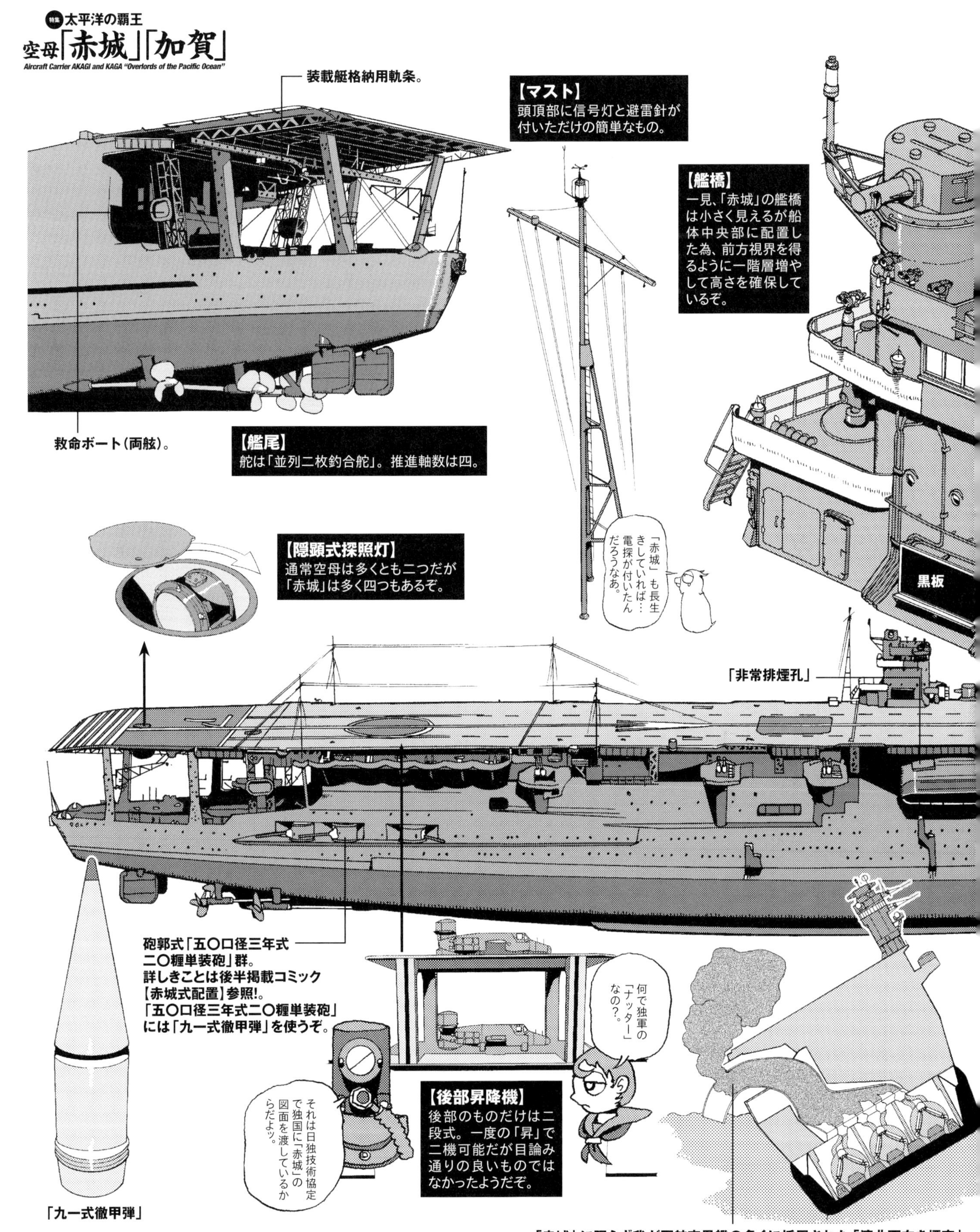
装載艇格納用軌条。

【マスト】

頭頂部に信号灯と避雷針が付いただけの簡単なもの。

【艦橋】

一見、「赤城」の艦橋は小さく見えるが船体中央部に配置した為、前方視界を得るように一階層増やして高さを確保しているぞ。

救命ボート(両舷)。

【艦尾】

舵は「並列二枚釣合舵」。推進軸数は四。

【隠顕式探照灯】

通常空母は多くとも二つだが「赤城」は多く四つもあるぞ。

「赤城」も長生きしていれば…電探が付いたんだろうなあ。

黒板
「非常排煙孔」

砲郭式「五〇口径三年式二〇糎単装砲」群。

詳しきことは後半掲載コミック【赤城式配置】参照!。

「五〇口径三年式二〇糎単装砲」には「九一式徹甲弾」を使うぞ。

何で独軍の「ナッター」なの?。

それは日独技術協定で独国に「赤城」の図面を渡しているからだよッ。

【後部昇降機】

後部のものだけは二段式。一度の「昇」で二機可能だが目論み通りの良いものではなかったようだぞ。

「九一式徹甲弾」

「赤城」に限らず我が国航空母艦の多くに採用された「湾曲下向き煙突」だが大傾斜をした場合は海面に浸かり排煙できなくなってしまう可能性があるので上部に「非常排煙孔」を設けてあるぞ。

貴様等に問うッ。
空母「赤城」ならではの装備とは何だッ。
んーと、三段空母。
最期は味方駆逐艦魚雷で処分かなあ。
…
魚雷
ゴゴゴ
ウウウソ
やたらと背の高いトップヘビーな船体ッ!。
赤城式配置
by こがしゅうと
右舷に配置された巨大な誘導煙突!
F.W.D.
船体後部には砲郭式に六門、「五〇口径三年式二〇糎単装砲」群!。
空母界では僅かに「飛龍」と「赤城」のみが採用した左舷艦橋!(しかも中央部!)。
…マ、こんなトコロでしょうか。

ウムッ。今、挙げたモノはッ「赤城」が空母としてどう運用すべきなのかをッ
試行錯誤した証でもあるッ。
その最たる証が艦尾の「五〇口径三年式二〇糎単装砲」だッ。
るッ!?
あれッて巡洋戦艦からの改装で撤去忘れでは?
カイグンは当初、「赤城」を艦隊決戦の折りに「偵察艦」として使うツモリで居たッ。
本隊
スナワチ、単艦で本隊から離れてだッ。
途中、敵偵察巡洋艦と鉢合わせしても艦尾の三年式二〇糎単装砲」でッ返り討ちだッ。
るッ!?
空母を単艦で!?
ギッ
カイグンも無茶なことを考えるなあ。
今の常識では正気とは思えない案だがッ。
当時は真剣に考えられたハナシだッ。

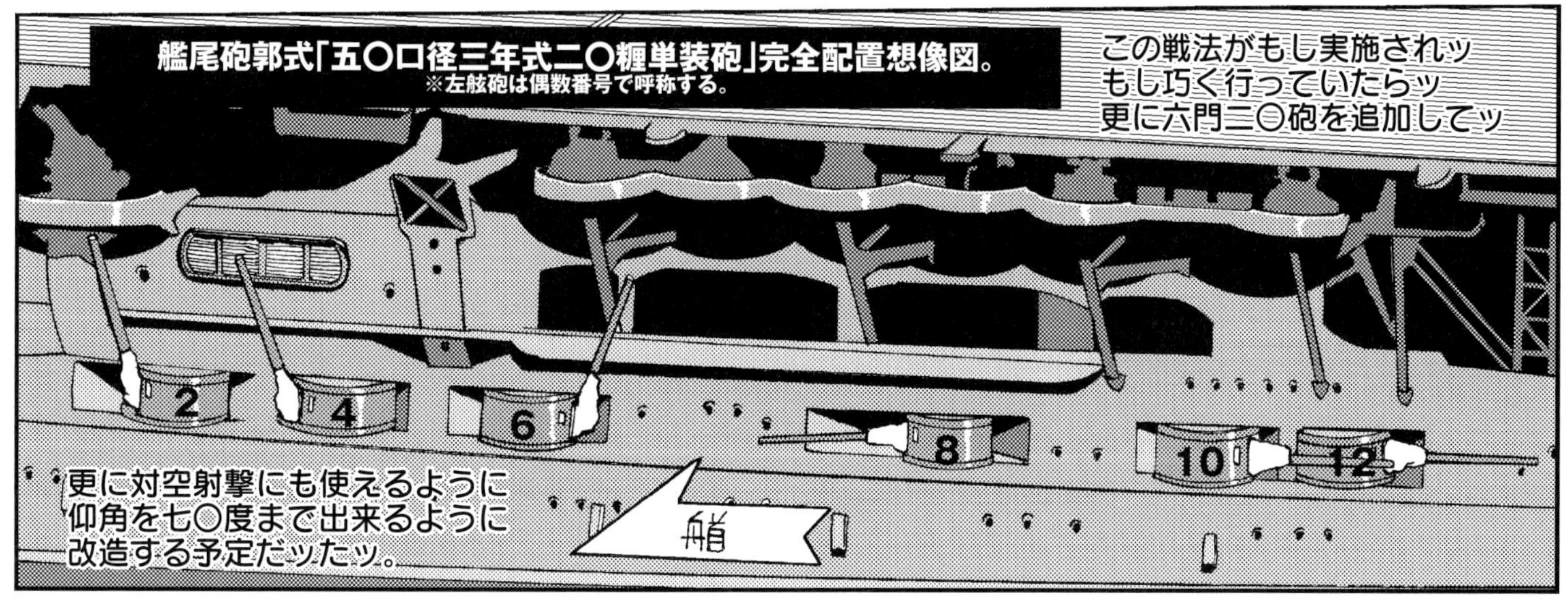
艦尾砲郭式「五〇口径三年式二〇糎単装砲」完全配置想像図。
※左舷砲は偶数番号で呼称する。
この戦法がもし実施されッもし巧く行っていたらッ更に六門二〇砲を追加してッ
2
4
6
8
10
12
更に対空射撃にも使えるように仰角を七〇度まで出来るように改造する予定だッたッ。
艏

二〇糎砲のことは判ったけど、どーして「赤城」の艦橋は左舷にあるのかなあ？。
プシュ
ウムッ。良いトコロに気付いたな、マリンくんッ。
これも「赤城」がどう運用出来るかッのッ
証だッ。
艦上機はペラの回転方向都合でッ
どーしても左に曲がる傾向にあるッ。
だから左舷に艦橋があるとッ
激突するッ
ダメじゃん
…人のハナシは最後まで聞けッ。
グググ
通常、艦尾から着艦するが「赤城」は恐ろしいことに艦首側からの着艦を想定していたッ。
タダでさえ「赤城」は背の高いフネで不安定だッ。巨大な煙突が右舷にあるッ。
左舷艦橋ならバランスがとれて好都合だッ。

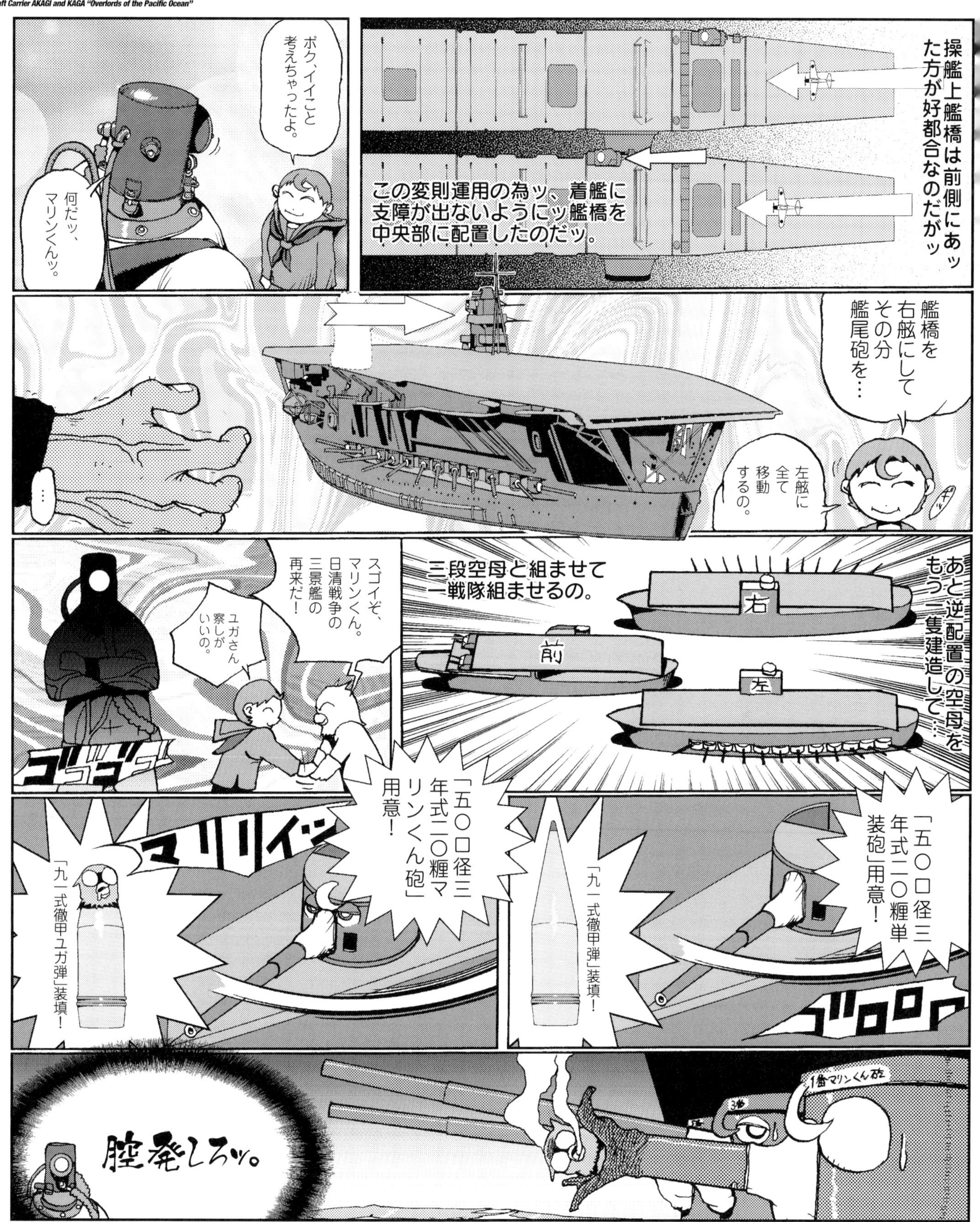
操艦上艦橋は前側にあった方が好都合なのだがッ
この変則運用の為ッ、着艦に支障が出ないようにッ艦橋を中央部に配置したのだッ。
ボク、イイこと考えちゃったよ。
何だッ、マリンくんッ。
艦橋を右舷にしてその分艦尾砲を…
左舷に全て移動するの。
…
あと逆配置の空母をもう一隻建造して…
三段空母と組ませて一戦隊組ませるの。
右
前
左
スゴイぞ、マリンくん。日清戦争の三景艦の再来だ!
ユガさん察しがいいの。
ゴゴゴゴ
「五〇口径三年式二〇糎単装砲」用意!
「九一式徹甲弾」装填!
ゴロロロ
「五〇口径三年式二〇糎マリンくん砲」用意!
マリリイーン
「九一式徹甲ユガ弾」装填!
1番マリンくん砲
腔発しろッ。

おしまい

文／雨倉孝之（海軍史研究家） イラスト／竿尾悟

バーチャル体験企画

空母「赤城」の艦長になってみよう

乗組員1630名を数える空母「赤城」には、様々な役職の将兵たちが乗り組んでいる。では、彼らを統括する〝艦長〟とは、どのような仕事をしているのだろうか。九州南部、大隅半島東岸の志布志湾にて演習に励む「赤城」を訪れ、空母艦長の役割を体験してみよう。

戦前空母の艦長

先だって、「飛龍」の飛行長になってみたいといって訪問したのは君か。で、今度は「赤城」の艦長になってみようというわけですな。よろしい、ご案内しよう。私が本艦艦長海上嘉朗、大佐になって満5年、最古参大佐の古狸だよ。

だとすると、航空母艦飛行科の大よその仕組みは分かっていますな。明日は珍しい出動訓練があるからそれはぜひ見てもらうとして、その前に空母の艦長とは如何なる仕事をするのか説明しておこう。

ここは九州東南岸の志布志湾、海軍の作業地である。昭和16年秋10月下旬、平成の世からタイムスリップした青年は、錨泊している「赤城」の第二中甲板艦長室に海上大佐と向き合っている。

『軍艦』というのは、海上戦闘部隊の基本的単位でね、海軍では最も重要視されているエレメントなんだ。だから艦長は別名「基本長」とも言って、「部下ヲ統率訓練シ軍紀風紀ヲ維持シ艦ヲ整備シ且艦ノ保安ニ任ジ艦務ヲ総理ス」と定められている。つまり、こと自分の艦に関する一切合財が艦長の責任に帰するということだな。したがって、戦闘や遭難でフネを見捨てなければならなくなった時でも、「乗員ノ生命ヲ救助シ且重要ナル書類物件等ヲ保護シテ最後ニ退艦スベシ」と規定されているんだ。

ただ、空母の場合は、戦艦や巡洋艦など普通の水上艦艇といささか違うところがある。一般の艦ならば、砲戦にせよ魚雷戦にしろ、長の眼前で行われる。教練や戦技演習も然りだ。けれど、飛行機の訓練は貴君も知っての通り、しじゅう母艦に置いていたのでは極端に効率が悪い。発着艦させるにしても、いちいちフネを走らせなければならないからね。油が勿体ないし、他の機関科とか航海科、運用科にも余計なロードがかかる。

そこで、昔から、母艦は港湾に入泊する際は可能な限り近くの航空隊に整備員をつけて飛行機隊を居候させ、訓練するのが例になっていた。私は昭和10年度に「鳳翔」の副長をやっておったが、この頃の母艦機はまだ一般には夜間飛行は出来なかった。優秀な搭乗員が薄暮黎明に発着艦できる程度だった。

山縣正郷艦長（後年、戦死後大将）はこれを心配されて、前期訓練終期の4月末には〝全攻撃機夜間攻撃可能〟を目標に飛行訓練計画を飛行長に立てさせた。そして、年度始めの2月、鹿屋飛行場に飛行機隊を揚げ、計器飛行の訓練を開始した。操縦席に幌を被せてね、外が見えないようにして飛ばせたんですよ。

飛行長は艦と飛行場を行ったり来たりしてネジ巻きだ。3週間後には飛行長から、全機計器飛行が出来るようになったと報告してきました。山縣艦長は喜んでね、一番下手な飛行機を出させて九州西方海上に航路を指定し、これに同乗された。約2時間飛んで、立派に出発点に帰着したので、艦長として自分の飛行機隊に自信を持たれたようでした。そうする一方、通信長には飛行機方位測定装置の整備と訓練を命じ、さらに薄暮黎明の発着訓練を命じて4月上旬には予定どおり夜間飛行可能の程度に達した。こういう時はもちろん「鳳翔」も出港し、全艦あげての訓練だよ。

というわけで航空母艦では教育訓練が艦と陸に分かれてしまう。わたしも「赤城」に来る前、小型空母「龍驤」の艦長を務めたんだけど、母艦艦長として、とかくバラバラになりがちな部下士官の兵術思想を統一する必要があると考えた。そこで、飛行機が陸上基地で訓練を行っている時は艦内に残留している士官に基本戦術、戦務の講義をし、夜は基地へ出かけて飛行科の士官にまた同じ事を話したもんだ。

それにしても、空母の宿命とはいえ、艦長が目前で絶えず飛行機隊の訓練を指導監督出来ないのは歯がゆいですなあ。

曳航給油教練

翌日早朝、「赤城」は志布志湾を抜錨すると、都井岬沖海上を南へ航走していた。風速2mくらいか、軽風、海面に小波がある程度だ。四万トンの船体は揺るぎもしない。海上艦長は羅針艦橋の前寄り右舷側に立ち、その脇に青年が立っている。

青年君、昨日「明日は珍しい訓練を見せてあげる」と言ったが、これから我々は《洋上曳航給油》という作業の演練を行うんだ。日本海軍は今まで余り遠洋へ長期間出動することを想定していなかったので、こうした作業には重きを置いていなかった。ましてや、数万トンもの戦艦や空母に洋上で重油を補給する訓練などしたことがなかった。

だが、今後はその必要もあろうというわけで、給油作業の研究を開始しているんだ。しかし、いざやってみるとなかなかに難しい。『曳航給油教範』と名づけた教科書があって、その通りに「供給艦」（タンカー）が走り、その後ろに我われ「受入艦」が曳索を結んで定距離で続き、蛇管を張って油を受け取る。これを「縦曳き給油」というのだが、大型艦への補給はこの方法しかないんだ。駆逐艦への給油のように、タンカーの横に並ぶ「横曳き給油」では両艦の間の気圧が下がって吸引され、ぶつかってしまうんだよ。

　で、まず「受入艦」がタンカーの後方に接近する。タンカーから曳航用曳索と送油蛇管を吊るす主索を結んだ、スチールワイヤの導索を小さなボートに入れ、流して寄こす。それを拾い、引っ張り上げて曳索、主索を繋ぎ、蛇管を連結する。準備すべてOKとなったら油を送り出すのだ。

　ところが、こちらは基準排水量ですら3万6500トンの大艦だ。赤黒（機関の回転数=速力を変更する際の信号。赤は回転数減少、黒は同増加を示す）を使い分け、100m弱の両艦水面距離を保持するのは航海長も機関科も至難の業です。下手をすれば「供給艦」の艦尾に突っかけちゃうからね。

　この間まで何とかこの方法でやろうとして、苦労したが遂にお手上げになっちゃった。みんな頭を抱えたんだが、ふと思いついたのが、「受入艦」を前方に置き、その後ろにタンカーを走らせるというやり方だった。これなら大戦艦、大空母でも、艦首をコンパスに縛り付けたようにひたすら振らせたりせずに済み、速力も通信器通りピシャリの回転数を保っていけば良いんだ。試しにこの方式でやってみたらウマくいったんだよ。特設給油艦「極東丸」から提案された方法らしいが、タンカーの航海長、機関長は商船出のベテラン予備士官。ツーカー

特設給油艦「極東丸」（左）から「国洋丸」「日本丸」「神国丸」を臨む。日本海軍は戦時に徴用することを前提として、民間会社の高速油槽船の建造を助成していた。写真の給油艦はすべて、この助成のもとに建造されたものである

戦艦や空母の洋上給油は試行錯誤の末、「逆縦曳き」方式の曳航給油とすることになった。なに? なぜ洋上給油の演習が必要になったかって? マァ、それはそのうち分かることでしょう

で事が運び出した。ただタンカー側はディーゼルエンジン、あんまり急激に低速に落とすと停止する恐れがあるので、苦労したらしいけれど。

この方式を「逆縦曳き」と名前を付け、給油要領も諸元がほぼ決まった。両艦の水面距離95m、準備作業・終了作業中の速力9ノット、給油中速力12ノット、ただし曳航されるタンカーは1～1.5ノット下げて航走する、とね。

というわけで、ただ今より本艦も5回目の給油作業訓練をやってみる。ご覧なさい、後部デッキでは導索やら、ワイヤ、ホーズを並べて準備に大童だ。整備旗があがるのも間近いよ。「供給艦」は「国洋丸」。では作業針路に定針、定速させせよう。

青年君、この〝カンペ〟を渡すから、書いてある通りに号令をかけてみたまえ。前にもやったことがあるだろう?　1つ号令をかけたら、その復唱、応答を待ってから次の号令に移る。

航海長から舵をもらうと、青年は羅針儀の後ろに立った。緊張して、カンペを右手に持っている。

青年（以下、青）「取お～りかあじ」

操舵室では操舵員長が舵輪を握っている。

操舵員長（以下、操）「取お～りかあじ　取舵15度」

艦はチョッと左へ肩を落としたがすぐ右へ傾いて、やおら左へ回り出す。10度、20度と左前方へ回り進む。40度——50度、この辺で抑えないと回り過ぎるぞ。

青「戻～せぇ」

操「戻～せぇ　舵中央」

まだ左転が続く。あて舵をとるんだ。右へ反対の舵を。

青「面舵にあて～」

操「面舵にあて～　面舵7度」

青「戻～せぇ」

操「戻～せぇ　舵中央」

予定新針路まであと3度——2度——1度、やがて艦首がピッタリ止まった。コンパスは95度を指している。

青「今の針ヨ～ソロ～」

操「今の針ヨ～ソロ～　宜候95度ッ」

青「はい、ようそろ」

や～結構、けっこう。ピシャリ本艦は予定針路に乗って、半速・9ノットで走っている。後は運用長たちにまかせておこう、油が蛇管の中をドクドクと送られてくるよ。

開戦当時の空母艦長

曳航給油作業を終えた「赤城」は、夕方、志布志湾への帰路についた。海上艦長と青年は艦橋後部の艦長休憩室に坐している。

フネの大小を問わず艦長の重要な仕事の1つに、操艦があるのを知っているかな。

しかし、航海中ズット一人でフネを操縦し続けるわけにはいかない。そこで「適宜航海長又ハ当直将校ヲシテ操縦ニ任ゼシムルコトヲ得」と規則では定められているんだ。だから、さっきの給油作業なんかも、いつもなら航海長が操艦していたわけだよ。

昔は、出入港の際は必ず艦長自ら操縦することに決められていたが、現在は専門家の航海長に任せても良いことになっている。けれど、私は出港、入港のときは自分自身でやるがね。ただ、航空母艦というフネはご覧のように変った形をしているから、なかなか操艦が厄介なんだ。

〝おもて〟(＝船首部)から〝とも〟(＝船尾部)まで全長にわたって背が高いだろ、したがって帆掛け舟みたいに風の影響を受けて流されやすい。それに本艦もそうだが「島型」の艦橋を持つ母艦は、それが艦の中心線から外れて座っているため、慣れないうちは回頭や運動のとき見当が狂うことがある。初めのうちは、航海長がハラハラして手を出しかけたこともあるよ。

僕は、もともと通信学校の高等科学生を出た通信屋です。飛行機の社会に入ったのは、少佐になってからの昭和5年、佐世保航空隊分隊長が最初でした。それから4年ばかり航空本部に居座って、10年に「鳳翔」副長、ついで大佐進級と同時に呉航空隊の司令に転出しました。

支那事変が勃発すると「第二十一航空隊」という隊の司令になった。この部隊は変った水上機航空隊でね、特務艦「鳴戸」を母艦にして華北方面に出征したんだ。帰還すると、また航空本部へ戻って課長。昭和14年末に「龍驤」の艦長に補職された。念願のカンチョウだ。しかしこのときの「龍驤」は第一予備艦で艦隊には入っていなかった。15年の後半は艦上機の「第十二航空隊」の司令を命じられて再度大陸に出征し、16年春、この「赤城」艦長に転勤して来たというわけさ。

僕が少佐の古参になった頃はちょうど航空界の拡張期にぶつかったので、僕のように〝転向組〟の飛行機屋が増えた。この一航戦、二航戦、五航戦、6隻の母艦を見ても「加賀」艦長の岡田次作大佐、「蒼龍」の柳本柳作大佐、「瑞鶴」の横川市平大佐がともに砲術屋、「翔鶴」の城島高次大佐が航海屋で、「飛龍」艦長の加来止男大佐だけが生え抜きのパイロット出身なんだ。空母の艦長には、空がよく分かり自分でも飛べる生粋の飛行機乗りが望ましいのだが、人手がなくやむを得なかった。特に、これまでの航空戦隊、航空母艦にあってはね。

ところが、最近、海上航空部隊の様相が変化してきたんだ。

昭和15年度の第一航空戦隊の母艦は「赤城」だけだったが、そこの飛行隊長・淵田美津雄少佐(のち大佐、真珠湾攻撃時の総飛行隊長)は、航空が著しく進歩してきた状況を見て、もはや〝制空権下の大艦巨砲による艦隊決戦〟なんかではなく、一歩踏み込んで〝航空主導の、航空による艦隊決戦〟を目指すべきだと考え始めたんだな。

それで彼は、小澤治三郎司令長官(のち中将、連合艦隊司令長官)に申し入れて、一航戦研究項目の中に「母艦航空部隊の集団攻撃」という一項を書き加えてもらっているのだ。何隻もの空母をまとめ、各母艦から発進した飛行機隊を機種ごとに統合し、さらにそれら各隊を集結すれば、スゴイ破壊力を持った攻撃集団ができる。そのためには、こんな大攻撃隊を敏速に整斉と形成する訓練、演習を早急に開始する必要があるとね。

小澤サンも〝ウン〟と了承したらしい。6月に「航空艦隊編成ニ関スル意見」を大臣に宛て、進達したんだ。たまたまその頃、軍令部でも空母を〝群〟として使用する考えを持っており、小澤具申の趣旨にほぼ同意だった。ところが、なぜか山本五十六司令長官の連合艦隊司令部では最初、反対だったらしいんだな。が、結局は連合艦隊司令部も頷いて、今年(昭和16年)4月に「第一航空艦隊」編成の運びになったんだ。

戦略・戦術思想の大転換。となると、空母の訓練方針を変え

第一航空艦隊の各空母はそれぞれ数十機の航空機を搭載し、「母艦航空部隊の集団攻撃」を行うとなれば、航空隊の集団は数百機に上る。空母の艦長がそれぞれの航空隊を指導していては、この大集団の指揮は不可能だと分かるだろう。空母の艦長の役割は、こうして変わっていったのサ

なければいけない。きのうも話したけれど、今までは飛行機隊はたとえ陸上基地に上がって訓練する時も、艦長の管理下で間接、直接の指導を受けていた。だが、新しい方式では航空艦隊の全飛行機隊を一括統合し、何人かいる飛行隊長のうち1人を総隊長格に擬して、彼が訓練の総指揮を執ることに改めたのだ。他の飛行隊長は機種別の訓練を分担して、総隊長の補佐をする。

ということは、艦長の手から飛行機隊を取り上げ、一中佐か少佐に任せることになる。だから、母艦艦長の中には「一体、統率ということを司令部はどう考えているのか」とカンカンに怒る人もいた。

しかし、どんな物事でも、進歩の前に多少の摩擦、犠牲はやむを得ない。現在では、司令部の斬新なやり方に則って、飛行機隊も母艦側も猛訓練に夜を日に継いでいる。今日の曳航給油なぞもその一環だよ。

「赤城」、真珠湾に向け出撃

「赤城」以下6隻の空母を核とする第一航空艦隊を主力とした「機動部隊」は、昭和16年11月26日、単冠湾を出撃した。向かうは米太平洋艦隊が、目下根城としている真珠湾軍港である。奇襲成功を最大眼目としているので、攻撃開始点への到達までは絶対に我が部隊の被発見を避けなければならない。ために、わざわざ荒れる冬の北太平洋航路を選んだ。かつ、きわめて厳重な「無線封止」を行なっている。

海上艦長は単冠湾抜錨以来、艦橋に立ちっぱなし。寝るときも軍服のまま艦長休憩室でゴロ寝に近い。ここでの一服の時、彼は青年にこう語った。

これから攻撃隊を発進させるまでの僕の任務は、その地点まで無事に本艦を持っていくこと。それには「電波戦闘管制」と言ってね、最高度に完全な無線封止を実行することだけだ。送信機は完封、これはもう当然です。いざという時、果たして電信機がうまく働くか心配になるほどだよ。

しかし、艦隊の行動を秘匿するには、僕は知っての通り通信屋だからそれ以外にどうすればよいかヨーク分かっている。大本営、連合艦隊司令部からの重要電報はすべて東京通信隊からの打ちっぱなし放送に頼る。返信はしない。一方、瀬戸内海西部と九州方面所在の艦隊や基地航空部隊相互間で偽電報を交わし、相変わらず空母などがその辺で訓練中であるかのような状況を作っている。

また、特務艦「摂津」に「赤城」のと同じ送信機を装備し、偽電を発信しながら南方に向け行動させている。違う形式の送信機だと、傍受してオシログラ

フ（電気信号の波形を観測する測定器）にかければすぐ偽だ、とバレてしまうからね。それも、出撃前まで我々が使用していた「呼出し符号」をそのまま使って電報を打っている。

　こんな風に通信関係では超厳重な警戒態勢に入っているから、この面から奇襲攻撃企図が敵に察知されることは〝絶対〟にない。

真珠湾へ攻撃隊、発艦！

12月8日黎明、南雲忠一中将率いる「赤城」以下の「機動部隊」は、懸念された洋上給油も無事遂行され、また極めて厳しい電波管制の甲斐あって敵に動静を覚られることなく、攻撃飛行機隊発進予定点に到達した。出発の時間は迫る。各母艦から、次々に整備完了の報告が「赤城」艦上作戦室の艦隊司令部に届く。「赤城」飛行隊の搭乗員も搭乗員待機室に詰めかける。青年は海上艦長の傍らから離れない。これから開始される、世紀の舞台の幕開けを観察だ。


羅針艦橋にいた艦長は搭乗員待機室に降りる。待機室の黒板には〇一三〇（日本時間）における、旗艦「赤城」の現在位置が書かれている。オアフ島の真北、230浬だ。

　飛行隊総隊長の淵田美津雄中佐（10月進級）は海上艦長の姿を認めると、

「気をつけ〜ッ」

と号令した。そして艦長に挙手の敬礼をする。艦長は答礼を返すと、一段声を張り上げて、

「所定命令に従って出発ッ！」

と、簡潔に命令を与えた。クダクダは言わない。空中に上がれば、全飛行機隊は艦隊司令部作成の筋書き通りに奮戦するのみなのである。艦長は再び艦橋に戻った。全艦の指揮を執らなければならない。増田正吾飛行長は発着艦指揮所に立つ。

「赤城」のマストに「飛行機隊発進せよ」の旗Aが揚がった。全部隊は一斉に風向に立って増速する。発着艦指揮官である飛行長は忙しい。飛行甲板から全機整備の報告が届くと、艦橋に「発艦用意よろしい」を伝える。受けた海上艦長は、

「発艦はじめッ」

と命じた。まだ辺りは暗い。飛行長は青ランプを大きく弧を描くように振った。最前方の戦闘機から、発動機をふかして甲板の縁を切っていった。

　艦橋の脇を通過する時、搭乗員は敬礼して行く。偵察員はニッコリ笑って挙手し、操縦員はスティックから手が離せないのか、ピョコピョコお辞儀をしていくのもいる。海上艦長はそれに対し、万感思いを込めて答礼を返している。

　全空母より発艦した戦闘機、艦爆、艦攻183機から成る第一波攻撃隊が艦隊上空を大きく旋回しながら集合を終えたのは、発進開始後わずか15分であった。新方式訓練の賜物である。翼を揃えて進撃する。彼らが真珠湾軍港上に達し、見事奇襲に成功、挙げた戦果は敵も味方も驚倒するほど甚大だった。

　総隊長機が帰艦したのは、第一波、第二波を通じて最後に近かった。淵田中佐は帰投すると先着していた他の飛行隊長、分隊長の報告を受けて戦果を整理し、海上艦長に報告するため艦橋に上がった。

　それが、空母指揮統制上のスジというものだったが、艦橋にいた司令部ではもう第二次攻撃をすべきかどうか、議論していた。それで私は淵田隊長に目顔で合図し、直接南雲司令長官に報告させたんだよ。

　結果、反復攻撃はしない。反転、避退ということに決まったんだ。

　まあ、戦争2年目頃までの航空母艦艦長のありようは、大体こういうようなものだったんだよ。翌年にはさらに変わるがね。

【主要参考資料】
「ある提督の回想録」山縣正郷 著
「曳航給油教範」海軍省 刊
「機動部隊を動かした予備士官」竹田盛和 著
海洋会「海洋」七〇五号
「ハワイ作戦」防衛研修所戦史室
「艦橋夜話」丸山一雄 著
「元軍令部通信課長の回想」鮫島素直 著

「赤城」の艦上機たちは勇躍真珠湾を目指して飛び立ってゆく。ことここへ至れば艦長の役割といっても、発艦の許可を下すのみ。あとは各科の長と飛行隊長、攻撃隊指揮官の指揮に委ねよう。攻撃隊の戦果を祈るばかりだよ

空母「赤城」「加賀」ランダムアクセス

日本海軍が手に入れた初の大型空母となった「赤城」「加賀」。本稿ではここまでの両艦に関する解説以外の小項目について取り上げる。

文／本吉隆

昭和５年（1930年）の空母「加賀」。戦艦から改装された本艦は「赤城」とともに日本海軍にとって初の大型空母建造となり、建造費の概算を超過して建造されるに至ったようだ。なお、発艦甲板に駐機しているのは三式艦戦、着艦甲板に駐機しているのは一三式艦攻である

建造コストと空母への改装コスト

大正6年（１９１７年）度の八四艦隊完成計画の際に海軍省が出した予算説明では、「加賀」を含む戦艦3隻の建造費用は1隻当たり２６９２万５４０４円、天城型巡洋戦艦は２４６９万１４８０円とされている。ただし、当時の物価上昇等の要因もあり、この翌年成立の八六艦隊完成計画案の中で、当時建造中の戦艦及び巡洋戦艦の艦型改良費として、前者に１６６５万１４９６円、後者は１７４３万１１６８円の追加予算が取られたことを含めて、実際の建造費用はこれを大きく上回った。「加賀」は建造中止時点での建造費の累計支出は約６７５１万円（うち兵装費約２７５６万円）、「赤城」は約４３１５万円という記録が残されている。

当初の空母改装・完工時までの予算は、大正11年（１９２２年）度の工事中止による実行不用額（約1億１００８万円）の中から支出されており、空母竣工時点での概算建造費は両艦共に約５３００万（恐らく船体のみ）とする資料があるので、これから考えれば両艦共に改装費用として約１０００万円程度の上積みがなされたものと推察される。この追加額は同時期に新造された古鷹型、青葉型巡洋艦の建造費の約7割に当たるが、「赤城」「加賀」の空母化改装は最初の大型空母建造であったことも影響して予算の見積もりが甘かったきらいがあり、建造途上で予算が尽きた結果、「赤城」では「加賀」を含む他艦艇の建造費用と一般修理予算の流用を行って竣工するに至り、「加賀」は竣工直後に予備艦として、他予算の流用で残工事を1年半続けてようやく就役することができた。この事実から見て、実際の建造費は当初の概算建造費を大きく上回ったものと考えられる。

大改装の費用については、「赤城」については船体のみで７３１万７６４４円という数字が出ている。ただし、これに砲熕および航空兵器等の改装費が加わるので、近い時期に予算化された翔鶴型の各費用から見て、上記額を約１５００万～２０００万円程度上積みする程度の額が必要だったと考えられる。

「加賀」は手持ちに明確な資料がないが、本艦の場合、航空艤装のみならず、機関及び砲熕兵器の完全刷新等が図られただけに、改装費用は「赤城」を大きく上回ったはずだ。あくまで筆者の推測だが、恐らくは「赤城」の改装費用及び翔鶴型の建造費用から見て、翔鶴型建造費の約半額に匹敵する合計４０００万円程度か、これを超える額が必要だった可能性があったと考える。

敵味方からの評価

竣工時より「赤城」と「加賀」は日本海軍の艦隊航空兵力を支える二大空母であると認識されていたが、共に多段式空母という設計に起因する不具合が多いことは欠点と見なされていた。特に「加賀」は、より低速で高速艦隊型空母として使用するのに困難があることや、煙路配置の問題で艦内居住性が悪いことを含めて、「赤城」に比べて欠点が多い艦であると見なされている。

さらに、米英海軍で研究された「高速空母部隊」の運用に倣う形で日本海軍の空母運用思想が変化すると、「赤城」「加賀」の航空作戦能力が米のレキシントン級空母に比べて大きく見劣りすることが一大欠点と見なされるようになっている。

また両艦は、速力が不足とされて、戦前の一時期には空母撃滅戦用の艦として扱われない事態も生じたが、レキシントン級に対抗可能な大型艦隊型空母とすることを念頭に置いて実施された大改装後は、概ねそれに使用しうる能力を確保できたと高く評価されている。そして、艦隊決戦兵力として第一航空艦隊が編成された際には、両艦は同艦隊の中核となる大型空母として扱われることになり、以後、喪失するまでこれは変わらなかった。

海外では多段式空母時代の「赤城」「加賀」については、速力等で日本側が公表する要目に疑問があるとも思われていたが、両艦の改装に当たり、英側から提供された「新フューリアス」の資料を元に改装計画がまとめられたことが把握されており、同時期の英海軍における改装艦隊型空母と同等の航空機運用能力を持つ、当時としては有力な航空母艦であると見なされていた。

大改装後は、日本側から艦容を明瞭に把握できる公式写真が発表されなかったこともあり、両艦共に「似ているが正確とは言い難い」艦容で海外に知られるようになった。また、両艦が昭和一桁代に搭載機数を30機代で運用していたことがこの時期に伝わったのか、「最大で60機程度を運

用できるが、常用30～40機程度で運用されているとされたように、大きさの割に航空機運用能力が低い艦とも見なされていた。

「赤城」「加賀」は戦争初期のミッドウェー海戦で喪失したため、以後、両艦に対する情報訂正等がなされなかったこともあり、この「艦型の割に航空作戦能力が低い」空母であるという誤解に基づく評価は、終戦まで米海軍を含めた連合国各国における公式評価として認知され続けた。

「赤城」の同型艦「天城」「加賀」の同型艦「土佐」

八四艦隊完成案で第四号巡洋戦艦として計画され、巡洋戦艦天城型一番艦となった「天城」は、同型の「赤城」と共に41cm砲10門を搭載し、「戦艦と戦列を組める」防御力を持つ「高速戦艦」と言える能力を持つ巡洋戦艦として計画された。本艦は大正9年（1920年）12月6日に横須賀工廠で起工され、大正12年（1923年）11月の竣工を予定していたが、ワシントン条約締結により巡洋戦艦としては建造取り止めとなった。その後、同条約の特例により、「天城」も「赤城」と共に空母改装予定艦となるが、大正12年9月1日の関東大震災により船台上で損傷、復旧不可能と判断され、空母改装取り止めの上で解体されることが決定されて、大正13年（1924年）4月14日に除籍処分となった。

加賀型戦艦の二番艦（第一〇号戦艦）として計画された「土佐」は、やはり八四艦隊完成案で整備されたものだ。「土佐」は「加賀」の起工より7カ月早い大正9年2月16日に三菱長崎造船所で起工され、大正10年12月19日に進水に至るが、やはりワシントン条約の締結に伴い建造中止となり、同条約の未成艦廃棄の条項により大正12年6月8日に自沈処分となった。

ただし、本艦の進水後の船体は、自沈処分前に実艦的として利用され、戦艦主砲弾に対する耐弾試験及び艦内での魚雷弾頭爆発の影響調査等を含めて有用に使用されている。そして、この当時最新式の船体防御を持つ艦だった「土佐」を用いた各種実験の成果は、水中弾の発生確率を高めた新型徹甲弾の開発や艦艇の水中弾防御の確立をはじめとして、以後の主力艦を含む日本艦艇の設計の発展と、各種兵器の発達に大きく寄与することになった。

大正11年（1922年）7月31日、船体のみが完成した状態で長崎港に係留中の戦艦「土佐」。ちなみに、炭鉱があったことで知られる長崎県端島は、本艦に外観が似ていることから「軍艦島」と称されるようになった

他国の戦艦／巡洋戦艦／大型巡洋艦 改装空母

第一次大戦期からワシントン条約の制限下で空母改装された主力艦は意外と多く、英米仏の3カ国合計で5級7隻に達する。

このうち英海軍には3級4隻が属しており、これらの艦の中で最初に空母化改装されたのが、世界最初の空母として扱われる「フューリアス」である。第一次大戦時に行われた本艦の第一次改装は空母として適正なものとは言い難いものであったが、1918年7月以降、本艦は作戦に投入されて、世界最初の実戦を経験した空母という記録も持っている。第一次大戦後には、当時の最新の構想に基づく二段式飛行甲板を持つ全通甲板型空母として改装されて1925年に再就役、以後、その設計に起因する不具合に悩まされ続けることにもなるが、第二次大戦時にも貴重な艦隊型高速空母として活動しており、1944年9月に予備役編入されるまで少なからぬ活躍を見せている。

第一次大戦時の艦隊型空母増勢計画では、当時英国で未成状態に置かれていたチリ戦艦「アルミランテ・コクレイン」の改装も企図され、これは戦後に「イーグル」として完工する。本艦は「ハーミーズ」とともに、一段甲板式の島型空母という近代空母の形態を確定した始祖の艦である。改装完了後、搭載機数こそ少ないが、設計の優良さもあって「空母として良き艦」と評されており、第二次大戦時にも極東・地中海・南大西洋の各水域で活動、英艦隊の作戦を支える活躍を見せた。だが、1942年8月の「ペデスタル」作戦で上空直掩用の護衛空母として活動中、独潜水艦の雷撃を受けて失われた。

本を正せば「フューリアス」の準姉妹艦であったカレイジャス級2隻は、ワシントン条約の特例に基づいて空母化改装されたもので、その出自もあって空母改装の試案は「フューリアス」の第二次改装を参考にまとめられている。ただし、その改装に当たっては「イーグル」の公試結果等を受けて飛行甲板部に煙突を内包する大型上構を採用するなど、様々な改正が行われており、その結果、艦容及び性能面で「フューリアス」とは相応の相違が生じており、また、就役後の実績も「フューリアス」より優良だと評価されている。就役後、「フューリアス」

と共に高速空母の運用法を確立するのに貢献したカレイジャス級の2隻は、第二次大戦初期まで英海軍高速空母部隊の主力として活動するが、「カレイジャス」は第二次大戦開戦直後に独潜水艦の雷撃により喪失、1940年4月中旬以降、ノルウェー作戦での空母作戦で活躍した「グローリアス」は、ノルウェーからの撤退作戦中に独戦艦との交戦で失われてしまった。

米海軍でこの分類に属するのは、ワシントン条約での主力艦改装条項により、未成の巡洋戦艦から改装されたレキシントン級2隻である。本級は「個艦排水量上限は主力艦改装の2隻に限り、3万3000トンを上限とする」という特例の元で、米海軍が望んだ「理想の艦隊型空母」の具現化を図るべく計画され、大規模な航空機搭載数と、巡洋艦に追随可能な高速力を持つことを含めて、当時の艦隊型空母として最優良と言える艦として完成している。就役後には「理想の艦隊型空母」が具現化された艦として活動を行い、その実績が以後、各国の高速空母機動部隊の構想発展に大きく寄与したように、空母の歴史の中で非常に重要な地位を占める艦となっている。

また、太平洋戦争時には米空母部隊の中核として活動しており、「レキシントン」は珊瑚海海戦で喪失に至るが、「サラトガ」は戦争末期まで各種作戦に参加し続け、その中で度々損傷しつつも終戦まで生き残り、戦後、ビキニ環礁での原爆実験で最期を遂げている。

フランス海軍では、やはりワシントン条約下で廃棄対象となったノルマンディー級戦艦の「ベアルン」を空母へと改装している。本艦は二段式格納庫の採用及び世界初の横索式着艦制動装置の装備を含めて、フランス海軍独自の仕様で行われた設計及び艤装に注目すべき点が多い艦である一方で、比較的小型で飛行甲板長が短く、搭載機関の問題から速力が低いなど空母としては致命的な欠点も抱えていた。本艦は第二次大戦の開戦後、第一線艦としての使用が困難となり、戦争初期より航空機輸送艦等の任務で主として使用されるようになり、以後は輸送艦や宿泊艦等の任務で長期にわたって使用が続けられ、1967年までその姿を洋上に留め続けていた。

大型巡洋艦として建造され、空母へ改装された「フューリアス」。艦前部に発艦用甲板、後部に着艦用甲板を備えたが、中央部に艦橋と煙突がそびえ、気流の乱れから着艦はほぼ不可能とされた。本艦は1922年6月以降の第二次改装で、全通式飛行甲板を持つ空母に改装された

巡洋戦艦を改装して建造された米海軍の「レキシントン」。姉妹艦「サラトガ」とともにワシントン海軍軍縮条約の主力艦改装空母の“例外”として認められた艦で、33.25～34.59ノットの速力、70～80機（補用機含め100機以上）の航空機搭載能力を持ち、戦前の艦隊型空母の理想形となった

ノルマンディー級戦艦5番艦として建造され、空母へ改装された「ベアルン」。基準排水量は22,146トン、飛行甲板長が176.8mとやや短く、速力が21.5ノットと低いなど、艦隊型空母として使用するには能力不足で、主に航空機輸送の任務に充当された

黎明の空母、大洋を疾る!

「赤城」「加賀」関連年表

年	月日	事項
大正6年(1917年)	7月20日	第39回帝国議会において「八四艦隊完成案」追加予算案が成立、公布。 主力艦として、「陸奥」、「加賀」型戦艦2隻、「天城」型巡洋戦艦2隻の建造予算獲得が決まる
大正9年(1920年)	2月16日	「加賀」型戦艦二番艦「土佐」、三菱長崎造船所において起工
	7月19日	戦艦「加賀」、神戸川崎造船所において起工
	12月6日	「天城」型巡洋戦艦二番艦「赤城」、呉工廠において起工
大正10年(1921年)	11月17日	「加賀」進水
	12月18日	「土佐」進水
大正11年(1922年)	2月5日	ワシントン海軍軍縮条約により「加賀」型戦艦と「天城」型巡洋戦艦の建造中止が指示される
大正12年(1923年)	1月12日	「天城」「赤城」の空母改造着手
	9月1日	「天城」、関東大震災により損傷
	11月19日	「赤城」「加賀」の空母改造が訓令される
大正13年(1924年)	9月2日	「加賀」の空母改造着手
大正14年(1925年)	2月9日	「土佐」、標的艦として使用された後、沈没処分
	4月22日	空母「赤城」進水
昭和2年(1927年)	3月25日	空母「赤城」竣工
昭和3年(1928年)	3月31日	空母「加賀」竣工(翌年11月に残工事完了)
昭和7年(1932年)	1月28日	第一次上海事変
	2月5日	「加賀」艦上機、初の喪失機
	2月22日	「加賀」艦上機が初の撃墜を達成
昭和9年(1934年)	6月25日	空母「加賀」、佐世保工廠において改装工事開始
昭和10年(1935年)	6月25日	空母「加賀」の改装工事完了
	10月24日	空母「赤城」、佐世保工廠において改装工事開始
昭和12年(1937年)	7月7日	支那事変勃発
	9月19日	「加賀」航空隊、南京爆撃を開始
	9月23日	「加賀」航空隊、第二連合航空隊と協同で中国海軍「平海」「寧海」を撃沈
	11月5日	「加賀」、杭州湾上陸作戦を支援
	11月13日	「加賀」、白茆口上陸作戦を支援
昭和13年(1938年)	8月31日	空母「赤城」の改装工事完了
	10月12日	「加賀」、白耶士湾上陸作戦を支援
昭和14年(1939年)	1月	「赤城」、南支作戦を支援
昭和16年(1941年)	4月10日	第一航空艦隊、編成
	11月26日	第一機動部隊、ハワイ沖へ向けて択捉島単冠湾を出航
	12月8日	真珠湾攻撃
	12月23日	第一機動部隊(第二航空戦隊を除く)、呉へ帰投
昭和17年(1942年)	1月20日	第一機動部隊(第二航空戦隊を除く)、ラバウル・カビエン攻略作戦を支援
	2月8日	「加賀」、パラオで暗礁に接触、損傷
	2月19日	第一機動部隊、ポートダーウィン空襲
	3月1日	第一機動部隊、米駆逐艦「エドソール」を撃沈
	3月5日	第一機動部隊、ジャワ島チラチャップを空襲
	3月11日	「加賀」、スターリング湾より内地へ帰投
	4月5日	第一機動部隊(「加賀」を除く)、セイロン島コロンボを空襲、英重巡「ドーセットシャー」および「コーンウォール」を撃沈
	4月9日	第一機動部隊(「加賀」を除く)、セイロン島ツリンコマリーを空襲、英空母「ハーミズ」を撃沈
	5月27日	ミッドウェー攻略へ向け、第一機動部隊(第五航空戦隊を除く)が呉を出航
	6月5日	米艦載機による急降下爆撃により「赤城」大破、「加賀」沈没(ミッドウェー海戦)
	6月6日	「赤城」雷撃自沈処分
	8月10日	「加賀」除籍
	9月25日	「赤城」除籍

空母「赤城」「加賀」「翔鶴」「瑞鶴」完全ガイド

1944年10月25日、ルソン島北東のエンガノ岬沖にて、米空母から襲来した攻撃隊と交戦する「瑞鶴」。右舷前部からは新装備の噴進砲（ロケット砲）を発射している。高速・大型の艦隊型空母の決定版である翔鶴型2隻は、太平洋戦争直前に竣工し真珠湾攻撃に臨んだ。ミッドウェー海戦後は空母機動部隊の大黒柱として各空母決戦で奮闘したが、「翔鶴」はマリアナ沖海戦で、「瑞鶴」はレイテ沖海戦で力尽きた。日本海軍は幾多の武勲艦を輩出したが、この翔鶴型こそ太平洋戦争での日本海軍の最高殊勲艦と言えるだろう。

画／佐竹政夫

※59～124ページの記事は、季刊「ミリタリー・クラシックス VOL.64」(2019年冬号)に掲載された記事を再構成し、加筆修正したものです。

日本海軍は昭和12年度の㊂計画（第三次海軍軍備補充計画）にて、
海軍軍縮条約明けを見越し、排水量制限を考慮しない空母の建造を決定。
この計画に従って建造されたのが翔鶴型空母「翔鶴」「瑞鶴」であった。
翔鶴型は戦艦改造の「赤城」「加賀」、排水量の制約下で建造された「蒼龍」「飛龍」とは異なり、
排水量を気にせず、当初から空母として建造された大型空母だった。
それまで蓄積された日本海軍の空母建造技術が無理なく注ぎ込まれた設計であり、
航空機運用力、速力、防御力、対空火力など全般的に優れた性能を持っていた翔鶴型は、
太平洋戦争開戦時においては世界最高峰の空母の一つといえるだろう。
太平洋戦争開戦直前の昭和16年8月と9月に竣工した2隻は、真珠湾攻撃、珊瑚海海戦、南太平洋海戦など、
ミッドウェー海戦を除く多くの大海戦で空母機動部隊の中核として戦い大きな戦果を挙げたが、
「翔鶴」は昭和19年6月のマリアナ沖海戦で、「瑞鶴」は同年10月のレイテ沖海戦で戦没した。
開戦時から大戦末期まで、日本海軍機動部隊の大黒柱として戦った翔鶴型は、
太平洋戦争における日本海軍の最殊勲艦と言っても過言ではない。
ここからは太平洋戦争における日本海軍の栄光と廃滅を象徴した、伝説の空母「翔鶴」「瑞鶴」を特集。
建造計画、運用思想、メカニズム、戦歴など多角的に翔鶴型を解説していく。

巻頭特集 大洋を翔けた伝説の不死鳥

空母「翔鶴」「瑞鶴」

Aircraft Carrier "SHOKAKU" "ZUIKAKU"

昭和16年（1941年）12月8日の真珠湾攻撃において、九九艦爆を発艦させる「翔鶴」（奥）と「瑞鶴」（手前）。初陣となったこの作戦で翔鶴型2隻は第五航空戦隊を組み、「赤城」「加賀」の第一航空戦隊や「蒼龍」「飛龍」の第二航空戦隊より軽い任務を与えられたが、翌17年6月のミッドウェー海戦によりその4隻が一挙に失われたことで、機動部隊最精鋭の大型正規空母として戦うことになる

画／吉原幹也

珊瑚海海戦

昭和17年5月7日～8日

「翔鶴」と「瑞鶴」は昭和17年4月上旬のインド洋作戦に参加、大勝を収めた。その1カ月後、日本海軍はニューギニア島南東の要衝・ポートモレスビーの攻略を狙うMO作戦を発動。原忠一少将に率いられた第五航空戦隊の「瑞鶴」と「翔鶴」はMO機動部隊の主力として作戦に参加。輸送船団を援護するMO攻略部隊主隊には小型空母「祥鳳」が配されていた。

米海軍はこれを暗号解読で知り、大型空母「レキシントン」「ヨークタウン」を擁する第17任務部隊（フレッチャー少将）を珊瑚海に展開させた。

5月7日7時30分、「翔鶴」の偵察機が敵空母発見を報告。8時15分に78機（「瑞鶴」から37機、「翔鶴」から41機）が発艦した。また重巡「古鷹」の偵察機、「衣笠」の偵察機からも機動部隊発見の報告が入る。その後、翔鶴機が発見した「空母」は油槽船であることが判明し、艦攻隊は帰還。艦爆36機はそのまま油槽船「ネオショー」、駆逐艦「シムス」を撃沈した。

一方、米海軍も日本空母を発見すると、141機の攻撃隊を発進させ、MO攻略部隊の「祥鳳」を魚雷7本、爆弾13発で滅多打ちにし撃沈した。

原少将は夜間攻撃を決心し、16時15分から27機（瑞鶴15機、翔鶴12機）の艦爆と艦攻を発進させた。しかし攻撃隊は米空母を発見できず帰路についたが、数機が夜間のため敵味方の空母を間違えてしまい、「翔鶴」の3機が「ヨークタウン」に、「瑞鶴」の数機が「レキシントン」に着艦しようとし、瑞鶴機1機が撃墜されてしまった。

翌8日8時ごろ、日米の偵察機がほぼ同時に敵空母を発見。「翔鶴」の飛行隊長・高橋赫一少佐指揮の69機（瑞鶴31機、翔鶴38機）が発艦。索敵に出ていた「翔鶴」の九七艦攻の菅野兼造機長は自機が燃料切れになることを知りながら攻撃隊を米空母に誘導、未帰還となった。

珊瑚海海戦で対空戦闘を行う「翔鶴」。「ヨークタウン」のSBDドーントレス艦爆の1,000ポンド(454kg)爆弾を飛行甲板左舷前部に被弾している。続いて2発目を飛行甲板右舷後部に、3発目を右舷艦橋後部の機銃台付近に被弾、エレベーターも陥没し発着艦不能となった。そのため、翔鶴機は無傷の「瑞鶴」に着艦した

画／吉原幹也

米空母部隊に到達した攻撃隊は、「レキシントン」に爆弾2発と魚雷2本を命中させ、至近弾5発を与えた。また「ヨークタウン」には爆弾1発、至近弾3発を与え、中破させている。この攻撃により「レキシントン」は12時45分、気化した航空機用ガソリンに引火して大爆発を起こし、のちに魚雷で処分された。「ヨークタウン」は戦場を離脱した。

日本側の攻撃隊は、翔鶴機は高橋少佐を含む12機、瑞鶴機は7機が撃墜され、母艦に帰還した機体も14機が不時着して救助、12機が着艦後投棄された。

一方、米機動部隊も9時15分に82機の攻撃隊を発艦させていた。10時30分にはヨークタウン機が日本機動部隊上空に到達したが、「瑞鶴」はスコールの中に隠れたため、「翔鶴」のみが攻撃を受け、3発の爆弾を被弾、至近弾8発を食らう。飛行甲板が破壊され炎上したものの、重要部には損害はなく、戦場を離脱した。

この海戦で五航戦の航空隊は大きな損害を受け、作戦終了後に稼働機は40機しか残らなかった。また、ポートモレスビーの攻略も断念されてしまった。数字だけで見ると、米海軍は大型空母1隻喪失、1隻中破、航空機喪失69機に対し、日本海軍は小型空母1隻喪失、大型空母1隻中破、航空機喪失93機で、日本側の勝利にも見える。だが、日本軍は本来の戦略目標を達成することができなかったため、局地的には日本軍の勝利、大局的には米軍の勝利と判定されるべき海戦であった。

南太平洋海戦

昭和17年10月26日

昭和17年10月、日本陸軍の第二師団がガダルカナル島に上陸すると、米飛行場への総攻撃を支援するため、海軍の第二艦隊と第三艦隊もガ島沖に出撃。南雲忠一中将が指揮する第三艦隊は第一航空戦隊（南雲中将直率）の空母「翔鶴」「瑞鶴」「瑞鳳」を基幹とする機動部隊であり、第二艦隊は高速戦艦2隻と第二航空戦隊の中型空母「隼鷹」が基幹であった。

一方、米海軍も第17任務部隊の大型空母「エンタープライズ」と第18任務部隊の「ホーネット」をサンタ・クルーズ諸島沖に展開させる。25日、陸軍の総攻撃に合わせて日本艦隊は南下を開始。翌26日朝4時50分、「翔鶴」の索敵機が米機動部隊を発見、ほぼ同時に米空母の索敵機も日本機動部隊を発見した。

5時25分、一航戦から攻撃隊62機が発艦。内訳は「翔鶴」から九七艦攻20機と零戦4機、「瑞鶴」から九九艦爆21機と零戦8機、「瑞鳳」から零戦9機である。

ほぼ同時に、米機動部隊も73機の攻撃隊を発艦させていた。

第一次攻撃隊は途上で米攻撃隊19機と遭遇、「瑞鳳」の零戦が13機を撃墜するも4機が被撃墜、5機が弾切れで引き返す。その後攻撃隊は米機動部隊に到着、「ホーネット」に250kg爆弾3発と魚雷2本を命中させ、艦爆1機と艦攻（攻撃隊長の村田少佐機）1機が体当たりし、「ホーネット」は大火災を生じた。しかし米軍の対空火網も熾烈で、攻撃隊は零戦3、艦爆12、艦攻10を失い、帰還できたのは27機。その内の零戦2、艦爆5、艦攻6が不時着水（乗員は救助）した。

続いて、一航戦の第二次攻撃隊44機（翔鶴隊24、瑞鶴隊20）が6時10分から発進。この間、「瑞鳳」が索敵中のSBD艦爆

第一次攻撃隊の九七艦攻を発艦させる「瑞鶴」。奥の駆逐艦は「天津風」。この戦いで「瑞鶴」は３度攻撃隊を発進させるなど、角田覚治少将指揮下の「隼鷹」とともに粘り強く戦い、ついにライバル「ホーネット」の撃沈に成功した

画／舟見桂

の爆弾2発を飛行甲板後部に食らい、着艦不能となった。第二次攻撃隊は、翔鶴隊が「エンタープライズ」に命中弾2発と至近弾1発を与えて中破せしめ、駆逐艦1隻を撃沈したが、44機中20機が撃墜され、4機が不時着水した。

対して、7時19分には米攻撃隊29機が「翔鶴」上空に達する。「翔鶴」は25分から直撃弾4発（飛行甲板左舷後部に3発、右舷後部に1発）と至近弾3発を受け、通信施設が破壊されたため南雲中将は「瑞鶴」に移乗、「翔鶴」は「瑞鳳」とともに撤退した。

7時14分、第二航空戦隊の「隼鷹」から第一次攻撃隊29機が発艦、「エンタープライズ」に至近弾1発を与えると、「エンタープライズ」は撤退を始める。11時16分、「隼鷹」から14機の第二次攻撃隊が発進、「ホーネット」に魚雷1本を命中させた。

11時15分、「瑞鶴」は13機（零戦5、艦爆2、艦攻6）の第三次攻撃隊を発進させ、炎上する「ホーネット」に800kg爆弾1発を食らわせた。さらに13時33分、「隼鷹」から10機の第三次攻撃隊（零戦6、艦爆4）が発艦、250kg爆弾1発を命中させた。米軍も「ホーネット」曳航を諦め、到着した日本の駆逐艦が雷撃で処分した。

日本空母機動部隊は、6度にわたり攻撃隊を発進させるという激しい闘志を発揮し、この海戦に辛うじて勝利した。日本の空母喪失はゼロだが、航空機92機を失い、米軍はドーリットル空襲の立役者「ホーネット」と航空機81機を失った。そして、これが日本空母機動部隊にとって最後の勝利となったのである。

昭和17年（1942年）の激戦で翔鶴型2隻の航空隊は大きく消耗したが、その再建途上、昭和18年の「い」号、「ろ」号作戦などに航空隊が投入され再度消耗してしまう。そして昭和19年6月15日、日本が絶対国防圏と定めたマリアナ諸島に米軍が来寇すると、19日には連合艦隊は「あ」号作戦を発令した。

日本海軍の第一機動艦隊（小澤治三郎中将）は空母9隻（うち小型空母4隻）、艦上機は計430機に上る日本史上最大の機動部隊で、翔鶴型2隻は新鋭の装甲空母「大鳳」と3隻で第一航空戦隊を編成、機動部隊の中核として決戦に臨むことになった。しかし米海軍の第58任務部隊（ミッチャー中将）は空母15隻（うち軽空母8隻）、艦上機891機という圧倒的航空戦力を有し、さらにレーダーやVT信管の能力、搭乗員の練度なども加味すると、総合戦力は日本艦隊の数倍と言えた。

6月19日朝、日本側が先んじて米機動部隊を発見すると、7時25分、第三航空戦隊（「千歳」「千代田」「瑞鳳」）から攻撃隊64機が発艦、7時45分には第一航空戦隊から128機が発艦した。内訳は「大鳳」から零戦五二型16、彗星艦爆17、天山艦攻9、「瑞鶴」から零戦16、彗星18、天山9、「翔鶴」から零戦16、彗星18、天山9である。

9時5分には第二航空戦隊（「隼鷹」「飛鷹」「龍鳳」）から49機、10時15分には二航戦から50機、10時20分には一航戦から18機（零戦4、爆装零戦10、天山4）が発艦。計309機が米機動部隊に向かった。

しかし米艦隊は日本軍の攻撃隊をレーダーで探知、約50浬手前でF6F艦戦が迎撃し、日本機の大半を撃墜。それを切り抜けた攻撃隊もVT信管が内蔵された高角砲弾に多数が撃墜される。一航戦の第二次攻撃隊は空母「エンタープライズ」「レキシントンⅡ」「プリンストン」、戦艦「サウスダコタ」などに攻撃をかけたが、2機が空母「バンカーヒル」に至近弾を与え、戦艦「インディアナ」を損傷させた程度で、天山24、彗星42、零戦31、計97機を失う惨状となった。二航戦、三航戦の攻撃隊もほとんど戦果は挙げられず、小澤長官の秘策「アウトレンジ攻撃」は、米艦隊の鉄壁の防御の前に敗れ去った。

遡って一航戦が第二次攻撃隊を発艦させた後の11時20分、潜んでいた米潜水艦「カヴァラ」が「翔鶴」に900mの距離から6本の魚雷を発射、4本が右舷に命中。復旧作業も空しく「翔鶴」は14時10分に沈没した。幾度の被弾にも耐え、不死鳥のように復活した「翔鶴」も、海中の暗殺者の前に斃れたのである。また「大鳳」も8時10分に米潜の魚雷を被雷し、16時28分に沈没した。「瑞鶴」も艦橋後部の飛行甲板に1発爆弾を食らって炎上、これが就役以来初めての被弾となったが、消火に成功した。

翌20日には攻守が変わり、米艦隊が215機の攻撃隊を発艦させ「飛鷹」を撃沈。一航戦（「瑞鶴」）の航空機は追撃する米攻撃隊と交戦してさらに消耗、戦場を離脱した20日夕方には残存稼働機は7機（零戦4、天山1、彗星1、九九艦爆1）となっていた。

日本海軍はこのマリアナ沖海戦において、最新鋭の装甲空母「大鳳」、武勲に輝く大型空母「翔鶴」、中型空母「飛鷹」の3隻と航空機291機を失った。これをもって日本機動部隊は事実上壊滅し、その後二度と復活することはなかった。

マリアナ沖海戦

昭和19年6月19日～20日

6月19日朝、空母「翔鶴」から勇躍発艦する艦上爆撃機 彗星。彗星は戦闘機並みの高速を発揮する急降下爆撃機で、「あ」号作戦においても大きな期待がかけられていた。しかし一航戦の彗星隊は、前方の第三航空戦隊の上空を飛行していた際、味方の誤射により彗星1機が被弾して引き返し、1機が不時着水するという、海戦の行く末を暗示するような被害に遭う。そして歴戦の「翔鶴」も、この海戦でついに力尽きることになった

画／福村一章

エンガノ岬沖海戦

昭和19年10月24日～25日

アメリカ軍は昭和19年（1944年）10月、フィリピン奪回作戦を開始。対する連合艦隊は残存するほぼすべての戦力を結集し、迎撃作戦「捷一号」を発動した。それは空の空母部隊を囮として米機動部隊を吊り上げ、その隙をついて戦艦「大和」らの水上打撃部隊がレイテ湾の

多数の魚雷と爆弾を食らいながら応戦する「瑞鶴」。高角砲と機銃、また新装備の噴進砲で激しく応戦した「瑞鶴」だが、米艦載機の第三次攻撃では速力が低下しており、また直掩機が燃料切れで丸裸だったこともあり、魚雷を次々に被雷、その巨体は海中に沈んでいった。奥は噴進砲を発射する戦艦「伊勢」

画／舟見桂

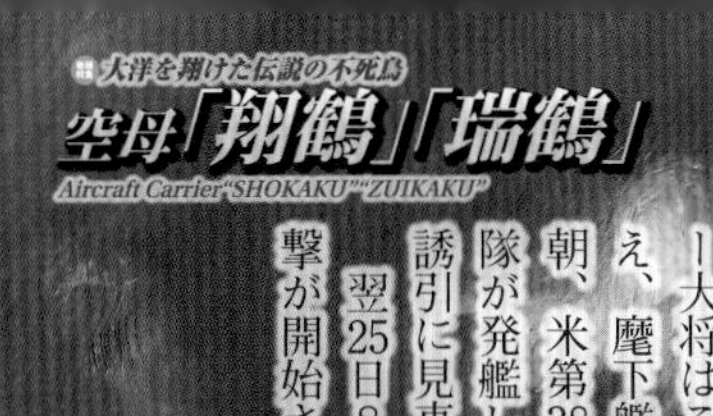

米上陸船団に殴り込むという作戦だった。空母機動部隊が壊滅した連合艦隊は、米艦隊と真っ向からの勝負はできず、この捨て身の奇策に頼らざるを得なかったのだ。

囮となる艦隊は小澤治三郎中将が率いる第三艦隊、通称「小澤艦隊」。空母「瑞鶴」「瑞鳳」「千歳」「千代田」を中核に、航空戦艦「伊勢」「日向」、軽巡3、駆逐艦8が従っていた。だが航空戦艦は艦載機を持たず、空母4隻の搭載機も合計116機とわずかで、搭乗員の錬度も低下しており、強大な米機動部隊に比べると蟷螂（とうろう）の斧といえた。「瑞鶴」は零戦五二型28機、爆装零戦16機、天山14機、彗星7機、合計65機を搭載していた。

小澤艦隊は10月24日にルソン島北東のエンガノ岬沖に進出。朝6時から「瑞鶴」から8機、「瑞鳳」から2機、「大淀」から1機の索敵機を発進させる。11時15分に「瑞鶴」の彗星艦偵が敵艦隊を発見すると、攻撃隊57機が敵空母に向かった。内訳は、「瑞鶴」24機（零戦10、爆装零戦11、天山1、彗星艦偵2）、「瑞鳳」13機、「千歳」11機、「千代田」9機。これが、日本空母機動部隊が最後に送り出した攻撃隊であった。攻撃隊は「エセックス」「ラングレーII」に至近弾を与えるのみにとどまり、損害は17機で、生き残った機の大半が陸上基地に帰還した。

同日16時41分、小澤艦隊は米軍機の触接を受ける。米第3艦隊を率いるハルゼー大将はこの艦隊を日本艦隊の主力と捉え、麾下艦隊を全力で北上させ、25日早朝、米第38任務部隊から180機の攻撃隊が発艦した。小澤艦隊は米機動部隊の誘引に見事成功したのだ。

翌25日8時15分、米艦載機の第一次攻撃が開始された。計18機の直掩零戦（うち13機が瑞鶴機）も17機を撃墜するなど奮闘したが、攻撃はまず「千歳」に集中し、同艦は9時37分に沈没した。8時35分には「瑞鳳」が2発被弾。「瑞鶴」も8時21分から59分まで艦爆40機、艦攻10機の攻撃を受ける。35分に爆弾1発を被弾、2分後には魚雷1本を左舷に被雷し左舷2軸を失い、最大速力は23ノットに低下、送信能力も失った。

10時前から36機による第二次攻撃が開始。「瑞鶴」に被害はなかったが、「千代田」が被弾、炎上した。この後小澤中将は「瑞鶴」から「大淀」に移乗した。

13時頃からの第三次攻撃では約200機の米軍機が飛来、13時5分から艦爆約70機、艦攻約10機が「瑞鶴」と「瑞鳳」に殺到した。「瑞鶴」は13時15分から数分で7本の魚雷を被雷、飛行甲板に爆弾4発を被弾。艦は左舷に急速に傾斜し、27分には貝塚艦長が「総員発着甲板ニ上レ」と下令する。そして25日14時14分、稀代の幸運艦「瑞鶴」は、ついに波間に消えていった。「瑞鳳」は15時26分に、「千代田」も16時47分に沈没。小澤艦隊の空母4隻は全て喪われ、栄光の日本海軍空母機動部隊は潰え去った。

「瑞鶴」たちは囮の役割を十二分に果たし、その任務を達成した。だが栗田艦隊はレイテ湾への突入を断念、4空母の犠牲は全くの無駄となってしまう。このレイテ沖海戦の大敗により、連合艦隊は実質的に壊滅したのであった。

読者のちびっ子のみんな、空母「瑞鶴」艦長の貝塚おじさんだよ〜。
おじさんは戦艦の砲術長をいろいろやってきたけど、
なんかこの前から「瑞鶴」の艦長をやることになったんだよね。
で、空母っつーのは、戦艦や巡洋艦の射程のはるか遠くから飛行機を飛ばして、
一方的に爆弾や魚雷でボコボコにできるのがいいところなわけ。
おじさんが乗ってる翔鶴型は、世界でもトップクラスの性能の空母で、
飛行機はたくさんつめるし足ははやいし防御もイイ感じで、
戦艦「大和」にも劣らないすごい船なんだ。
「翔鶴」と「瑞鶴」のSho & Zuiデュオがそろえば、
しぶといアメちゃん空母も一ひねりさ！
紫電改…フロート付きの水上戦闘機「強風」を改造した局地戦闘機「紫電」をまたもや改造した戦闘機。お仕事は敵機をやっつけることで、よくアニメやマンガに出てくる大人気キャラ。なお、もともと陸の上でつかっていたが、空母にのっけて「艦上戦闘機」（「艦上」とは空母で使う航空機ということ）としてもつかうことになっていた。史実では空母で運用されることはなかったが…？
流星…主翼が逆ガル翼（前から見るとゆるいW型）になっているのが目印の艦上攻撃機で、魚雷や爆弾で敵艦をぶっとばすのがおしごと。雷撃もできて急降下爆撃もでき、20ミリ機銃も撃てる激ヤバアタッカーだ。史実では空母で運用されることはなかったが…？
彩雲…長くてほそくて足が速い艦上偵察機。敵の艦隊を見つけて、みんなに知らせるのがおしごと。口ぐせは「われに追いつくグラマンなし」。史実では空母で運用されることはなかったが…？
烈風…ゼロ戦の後輩として作られた艦上戦闘機。エンジンがちゃんとうごけばたぶんつよい。史実では空母で運用どころか実戦に投入されることさえなかったが…？
いいところ：翼がでかい
悪いところ：翼がでかい
秋月…新型の長10センチ高角砲を8門そうびして、敵の飛行機をやっつけてやる気合いじゅうぶんの防空駆逐艦だ。
瑞鶴…要領がいい弟。兄貴が爆撃されているときにスコールの中に隠れてちゃっかり無傷だったりする。
煙突…ななめ下向きの煙突2本が、船の右側の真ん中あたりについている。日本の空母は煙突を下向きにして、煙や乱れた空気の流れが飛行機のじゃまをしないようになっていた。
エセックス級空母…男子中学生にあらぬ妄想をいだかせる名まえを持つアメちゃんの超つよい空母。すまない、日本空母以外は沈んでくれないか！
格納庫…飛行甲板の下には飛行機をしまっておく格納庫がある。翔鶴型はだいたい70機から80機くらい乗っけることができた。うわぁ…瑞鶴さんの中…すごくあったかいナリ…
（※）じっさいには翔鶴型は紫電改や烈風、流星や彩雲を搭載したことはありませんでした。あとエセックス級は1隻も沈没しませんでした

これが不死身の最強空母
「翔鶴」と「瑞鶴」だ！

え／上田信
彗星…日本ではめずらしい、液冷エンジンをそうびした艦上爆撃機。液冷とは、アツイアツイなのだったエンジンを液体などで冷ますこと。急降下して500キロ爆弾をブッパすることができた。

レーダー…艦橋のいちばんうえには「二一号電探」というレーダーをそうびしていた。これで敵の飛行機を探知するのだ。網みたいなかたちなのでお魚を焼いたりもできそうだ。

艦橋…艦長たちが指揮をとる、艦の脳みそといえる場所。飛行甲板の右側の前のほうにちょこんとくっついている。

飛行甲板…飛行機が発進したり着艦したりする、海の上の滑走路だ。長さは242メートル、幅は29メートル。

高角砲と機銃…翔鶴型は12.7センチ連装高角砲を8基、計16門そうびしていた。高角砲とは上にむけて撃ち、敵の飛行機をたたきおとすための大砲だ。それから戦争のさいごのほうは、対空用の25ミリ機銃をハリネズミのように100挺くらいそうびしていた。

貝塚武男艦長
『なん…だと…？……こ、この光景は…「瑞鶴」がマリアナ沖で沈んだはずの「翔鶴」と共に新型機を満載して米機動部隊を撃滅…している……？　あの絶望の運命から帝国海軍を救い出す時間軸に、ついにたどり着いたというのか……!?』

レイテ沖海戦当時は少将で「提督艦長」だった貝塚艦長も、大戦を戦い抜いた歴戦の翔鶴型空母に敬礼だ！

翔鶴…運が悪い兄。しょっちゅうアメちゃんの爆弾を食らって飛行甲板がめくれることで有名だ

図版／田村紀雄

翔鶴型空母の塗装と艦型図

ここでは翔鶴型2隻の艦容をカラー図面で紹介していく。ほぼ新造時の開戦時は日本空母で一般的な木甲板と軍艦色だが、最終時の「瑞鶴」には特徴的な迷彩塗装が施されていたことが知られている。

翔鶴 昭和16年

太平洋戦争開戦時の「翔鶴」。飛行甲板の木甲板部最前方、中心線上に対空識別標識として艦名の頭文字「シ」が記入されている。

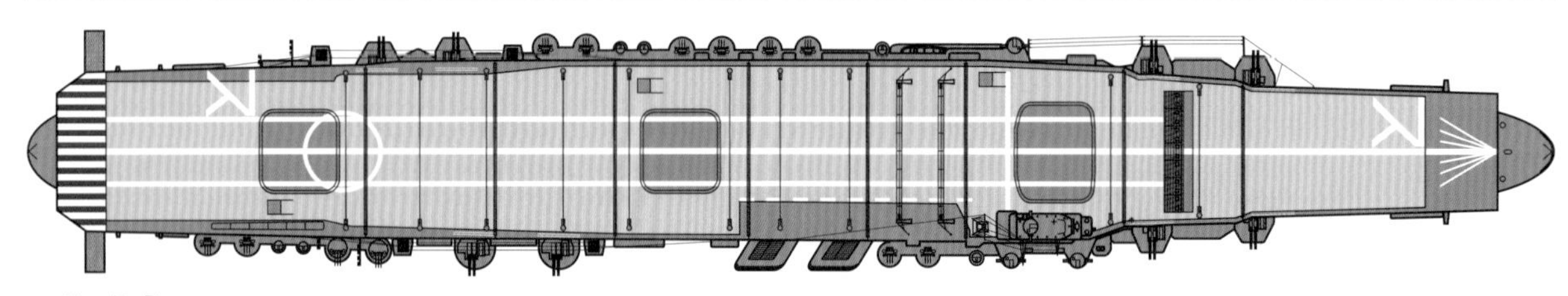

瑞鶴 昭和16年

「瑞鶴」開戦時の上面図。艦型は上掲の「翔鶴」とほとんど相違ないが、対空識別標識の「ス」が左舷寄り、飛行甲板最前部の風向標識の白線がやや短い等の違いがあった。「瑞鶴」飛行甲板外縁部には高角砲位置を示す「白赤白」の警戒線が記入されていたことが、当時の写真から判明している。また、飛行甲板後方にも対空識別標識「ス」が記入されたという説もある。

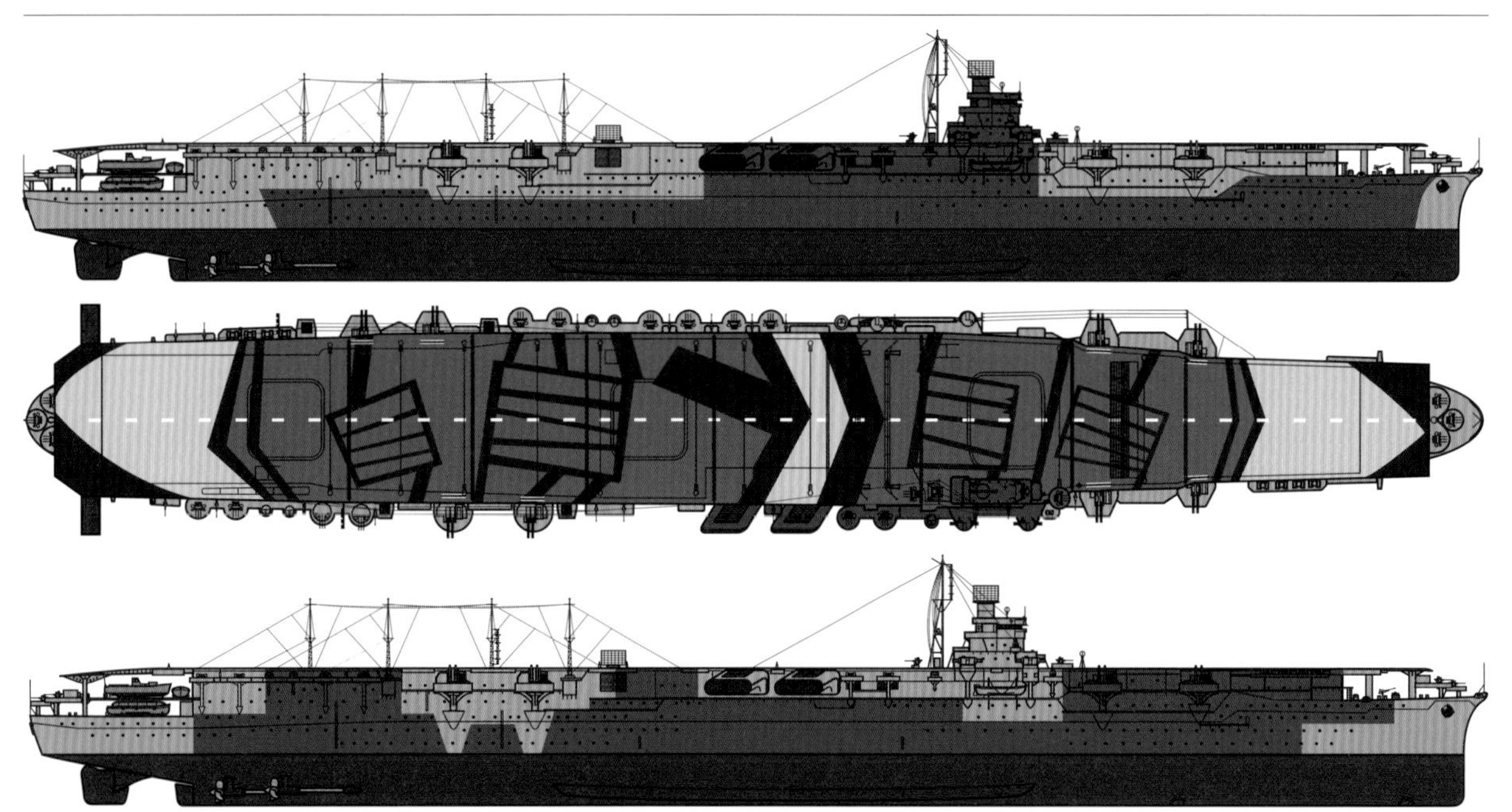

瑞鶴 昭和19年10月

昭和19年10月、捷一号作戦（レイテ沖海戦）に出撃した際の「瑞鶴」。米軍機が撮影した写真から、飛行甲板には迷彩が施されていたことが判明している。迷彩パターンには諸説あるが、本図は最新の考証に基づいた上面図と、2通りの側面図である。

CG解説 翔鶴型空母のメカニズム

日本海軍を代表する大型空母、翔鶴型。本稿ではそのメカニズムについて、3DCG等を用いて詳細に解説する。

文／本吉隆　3DCG／一木壮太郎

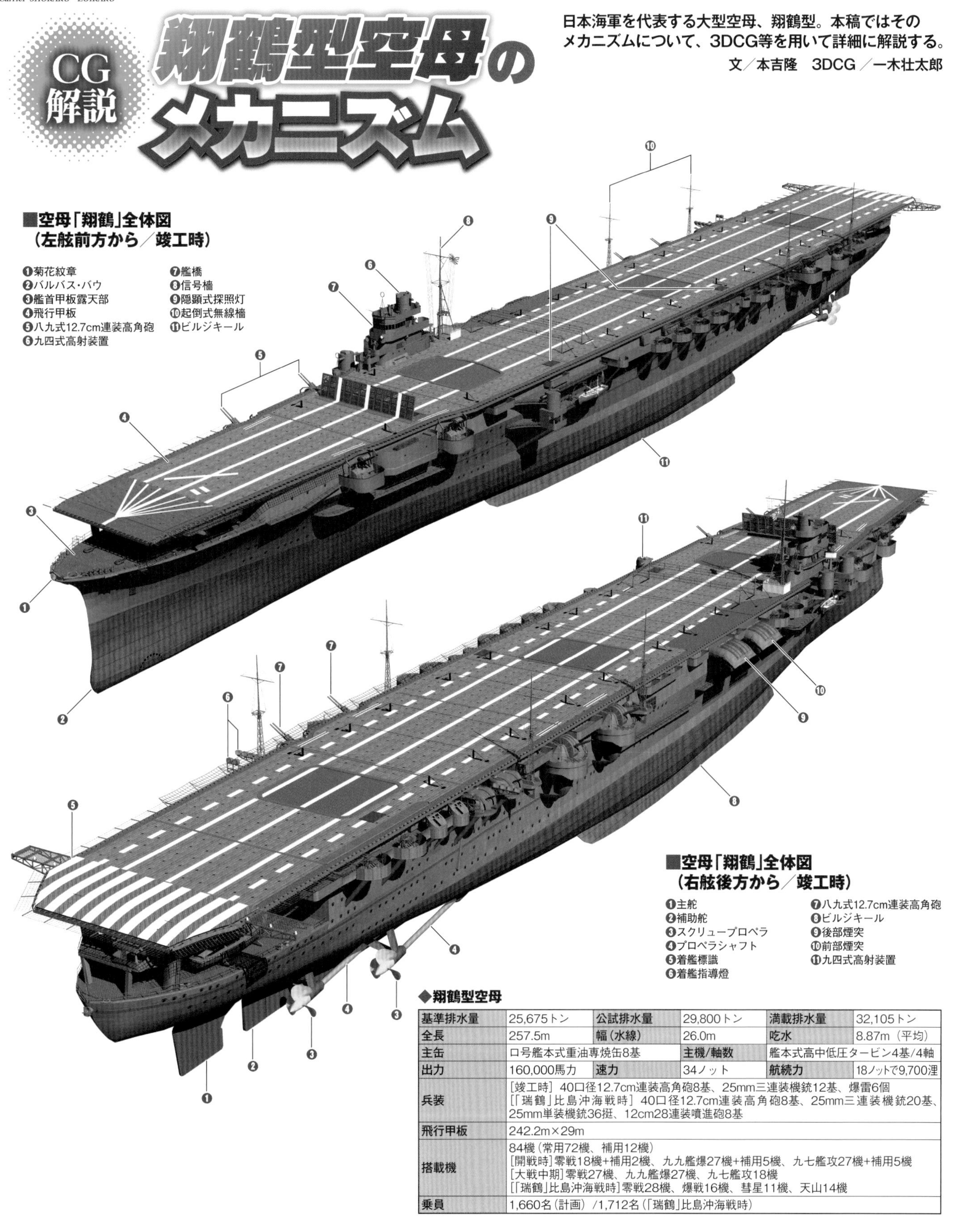

◆翔鶴型空母

基準排水量	25,675トン	公試排水量	29,800トン	満載排水量	32,105トン
全長	257.5m	幅（水線）	26.0m	吃水	8.87m（平均）
主缶	ロ号艦本式重油専焼缶8基		主機/軸数	艦本式高中低圧タービン4基/4軸	
出力	160,000馬力	速力	34ノット	航続力	18ノットで9,700浬
兵装	[竣工時] 40口径12.7cm連装高角砲8基、25mm三連装機銃12基、爆雷6個 [「瑞鶴」比島沖海戦時] 40口径12.7cm連装高角砲8基、25mm三連装機銃20基、25mm単装機銃36挺、12cm28連装噴進砲8基				
飛行甲板	242.2m×29m				
搭載機	84機（常用72機、補用12機） [開戦時]零戦18機+補用2機、九九艦爆27機+補用5機、九七艦攻27機+補用5機 [大戦中期]零戦27機、九九艦爆27機、九七艦攻18機 [「瑞鶴」比島沖海戦時]零戦28機、爆戦16機、彗星11機、天山14機				
乗員	1,660名（計画）/1,712名（「瑞鶴」比島沖海戦時）				

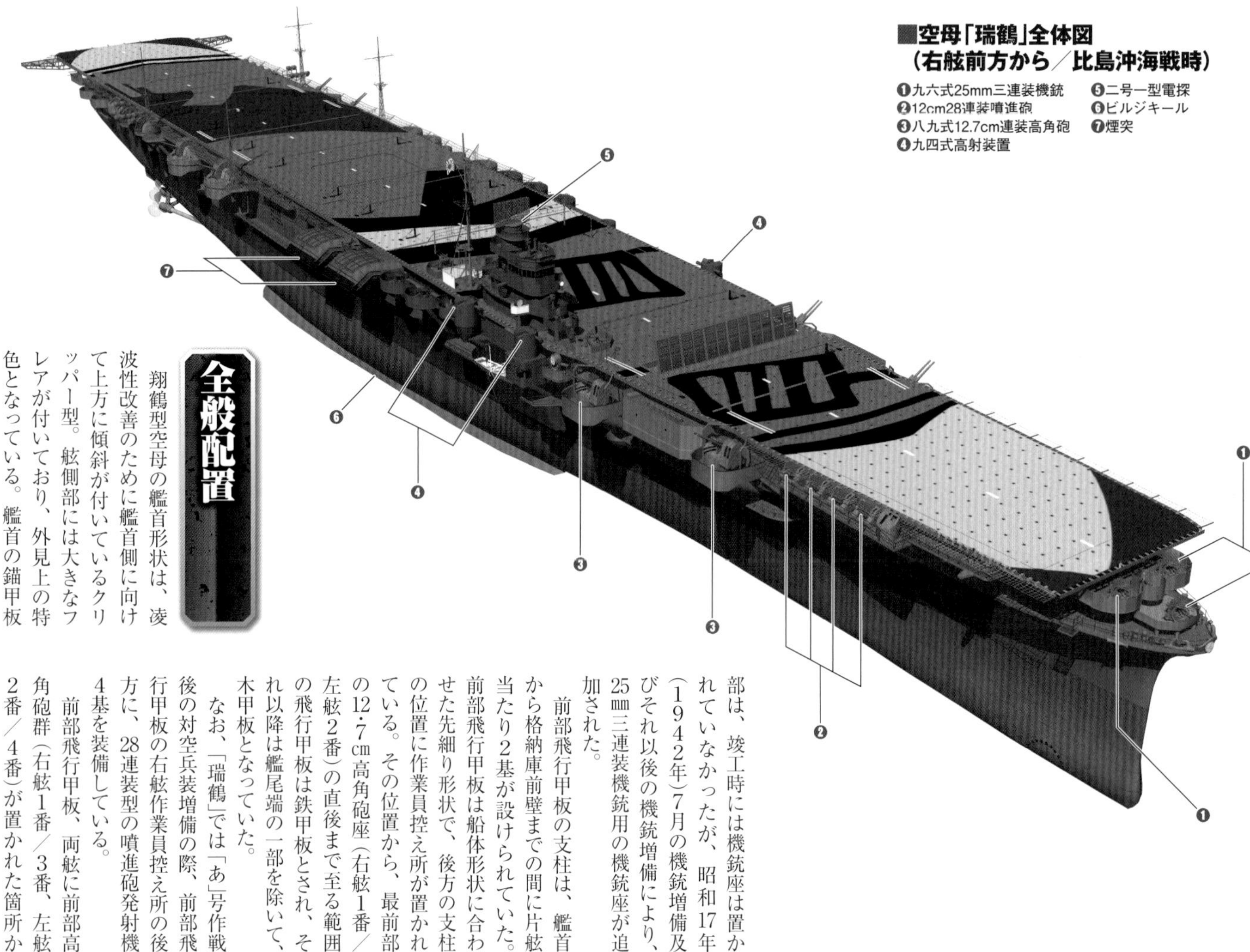

■空母「瑞鶴」全体図（右舷前方から／比島沖海戦時）

全般配置

翔鶴型空母の艦首形状は、凌波性改善のために艦首側に向けて上方に傾斜が付いているクリッパー型。舷側部には大きなフレアが付いており、外見上の特色となっている。艦首の錨甲板部は、竣工時には機銃座は置かれていなかったが、昭和17年（1942年）7月の機銃増備及びそれ以後の機銃増備により、25㎜三連装機銃用の機銃座が追加された。

前部飛行甲板の支柱は、艦首から格納庫前壁までの間に片舷当たり2基が設けられていた。前部飛行甲板は船体形状に合わせた先細り形状で、後方の支柱の位置に作業員控え所が置かれている。その位置から、最前部の12・7㎝高角砲座（右舷1番／左舷2番）の直後まで至る範囲の飛行甲板は鉄甲板とされ、それ以降は艦尾端の一部を除いて、木甲板となっていた。

なお、「瑞鶴」では「あ」号作戦後の対空兵装増備の際、前部飛行甲板の右舷作業員控え所の後方に、28連装型の噴進砲発射機4基を装備している。

前部飛行甲板、両舷に前部高角砲群（右舷1番／3番、左舷2番／4番）が置かれた箇所からは制動索（横索）の配置が始まり、右舷前部の3番高角砲の後方からは飛行甲板の幅が広くなっている。さらに、その後方の中心線位置には前部エレベーターが置かれており、右舷側側面には艦橋と信号檣が置かれた。艦橋の前方および信号檣後方の飛行甲板部は、昭和17年7月の対空兵装増備で25㎜三連装機銃座の装備位置となった。

前部エレベーター後方のエキスパンション・ジョイント（伸縮継手）の左舷側直前には隠顕式の探照灯があり、同部のエキスパンション・ジョイントと、1番煙突前側にあるエキスパンション・ジョイントとの間の飛行甲板には、第1と第2の滑走制止装置が置かれている。また、この部位の右舷舷側部には、25㎜三連装機銃座が2基設けられていた。

その後方の右舷舷側部には後方傾斜式の1番／2番の煙突が並んで設置されており、反対舷には25㎜三連装機銃座が4基連続して設けられている。後部2基の機銃座の側方、中心線位置には中部エレベーターが配されている。中部エレベーターの右舷側の飛行甲板部には隠顕式探照灯が装備されており、同部は昭和18年（1943年）、二号一型電探（隠顕式）の増設場所としても使用された。

中部エレベーターの後方、左舷舷側部には25㎜三連装機銃座2基があり、その後方には12・7㎝連装高角砲2基が置かれている。右舷側は逆に12・7㎝連装高角砲2基が配された後方に25㎜三連装機銃座2基が設けられている。なお、右舷側の高角砲座と25㎜機銃座には、煙突の煤煙除けの覆いが付けられている。

飛行甲板の最後部の横索（10番横索）の後方には後部エレベーターが置かれており、その後方、右舷側には最後部の25㎜三連装機銃座が2基設置されている。

飛行甲板の最後部には左右に突き出た部位があり、飛行機着艦標識が施されている。なお、飛行甲板の最後方15mは、後方に向かって下方に傾斜が付けられている。

飛行甲板下方の露天部分は、最上甲板部（上側）と後甲板部（上甲板）の二段配置。最上甲板部は艦尾の飛行甲板支柱の後方まで伸びており、その後端はほぼ飛行甲板の後端位置となっている。最上甲板部の露天部の最前部には高角砲の装填演習砲が置かれ、その後方は艦載艇置き場とされた。最上甲板部の下方にある後甲板部も同じく艦載艇置き場として使用された。艦尾後端部の中心線には水面見張方向盤が置かれている。

艦尾甲板部は中心線に艦尾錨が置かれており、竣工時はクリアな状態だったが、艦首の錨甲板部と同様、昭和17年7月以降は機銃増備の場所として使用された。

後部飛行甲板の支柱の下方、水線下の中心線には半釣り合い式の主舵があり、その前方13mの位置には補助舵が設けられている。

推進軸は両舷合計4軸で、推進軸の先端には補助舵より前に直径4・2mの4翼型スクリューが配されていた。

艦橋／上構

翔鶴型の艦橋は当初、「船体が左右均等になるので造艦上有利になる」「士官室から艦橋への交通が便利となる」「飛行機格納庫の形状が良好となる」との理由により、「赤城」「飛龍」同様の左舷側配置とされる予定とされていた。だが、大改装後の「赤城」の再就役後の公試結果を受けて、右舷配置に変更されたという経緯がある。

本艦の艦橋位置変更はかなりの設計変更を要したが、既に建造が進んでいたため対処できない部分もあった。福井静夫造船少佐は戦後の著書で、先に竣工した「翔鶴」に比べて、「瑞鶴」の方が左舷側の船体形状がスマートだったと述べられている。

翔鶴型の艦橋は、左舷配置予定時の公式図面では、「飛龍」同様に左舷中央配置で操艦指揮を執るだけの視界が得られる5層式として記されているが（「ただし形状未定」とのただし書き付き）、右舷移設時には設計が改められて、頂部の防空指揮所から最下層の飛行甲板部までの甲板数を4層としたものへと変更された。

最上部の防空指揮所は、最前部には無線電話機用のアンテナと遮風装置が設置されており、全周には対空・対水上警戒兼務の12㎝高角双眼鏡があった。そのうち、最前部中心線のものは直掩機指揮官用、測距儀の左舷側直前方のものは対空見張班の指揮官用とされていた。竣工時には中央部後方に九四式高射装置が置かれていたが、ここは昭和17年7月以降に二号一型電探の設置場所となり、同部にあった九四式高射装置は左舷に移設されている。

大きなグラスエリアを持つ羅針艦橋は、前部に航海関連用の機器を含めた航海用の設備があり、最後部の露天部は発着艦指揮所として使用された。なお、羅針艦橋右側後部に設置された信号橋は、「翔鶴」と「瑞鶴」で上下の形状が逆になるような形となっており、これは両艦の識別点の一つでもある。

下部艦橋甲板は最前部に操舵室があり、その中央部右舷側に方位測定室と電話室、左舷側に消火装置管制機等の装備位置があり、後部に海図格納室等がある。後方の露天部分には、後部の探照灯管制器兼方向見張盤が左右両舷に各1基、右舷側には60㎝探照灯の架台が置かれている。

最下層となる飛行甲板部は、前側にかなり広いスペースを取った作戦室兼海図室があり、その後方に気象作業室と信号旗格納所が置かれている。なお、旧い資料等では最下層部には「飛龍」のように艦長休憩室や司令官休憩室があるとするものがあるが、実際にはそのような区画は設置されていない。これは恐らく、原計画の5層式艦橋から4層式艦橋への設計改正の際に変更されたものと思われる。

本型は竣工時の図面によれば、飛行甲板下の格納庫前部に予備艦橋が設置されている。これは甲板上の艦橋が機能を喪失した場合に使用されるものと思われるが、後にその前方、艦首甲板の露天部に大型の機銃座が設置されて視界が制限される格好となったため、恐らくは使用が諦められたのではないかと考える次第だ。なお、前部エレベーター左舷の張出し部も予備艦橋として指定されており、あるいはこれは前部の予備艦橋の機能喪失に伴う改正だったのかも知れない。

艦橋後方には三脚式の信号檣があり、その中段位置にはケーブル展張用の十字型の桁がある。信号檣上部の単檣部分の上側には信号桁があり、当初は水平に配されていたが、「瑞鶴」ではレイテ沖海戦前の電探装備等による改正で、上方に開いたY字型のものに変更された（これは当時の映像から確認できる）。

起倒式の無線檣は、後部の高角砲座を挟む形で片舷当たり2基（計4基）が装備されていた。

■空母「翔鶴」艦橋（竣工時）

■空母「瑞鶴」艦橋（比島沖海戦時）

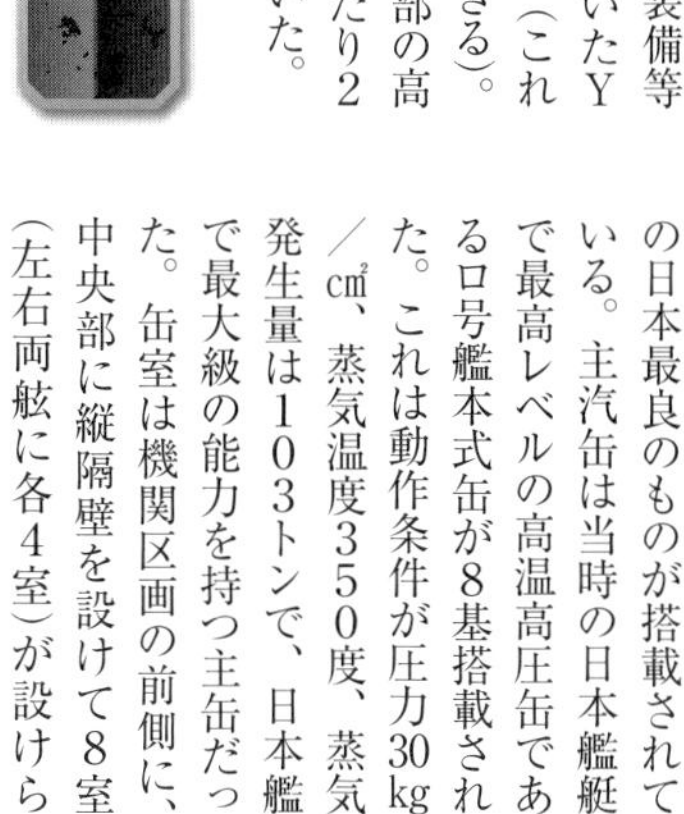

機関／煙突

汽缶／主機

高速の艦隊型空母として計画されたこともあり、翔鶴型の機関は主汽缶・主機械共に、当時の日本最良のものが搭載されている。主汽缶は当時の日本艦艇で最高レベルの高温高圧缶であるロ号艦本式缶が8基搭載された。これは動作条件が圧力30㎏／㎠、蒸気温度350度、蒸気発生量は103トンで、日本艦で最大級の能力を持つ主缶だった。缶室は機関区画の前側に、中央部に縦隔壁を設けて8室（左右両舷に各4室）が設けられ、各室当たり1基の主缶が置かれている。

本型は主機械4基の4軸艦で、主機械は1基当たり4万馬力の艦本式ギヤード・タービン

昭和17年7月14日の「瑞鶴」。三脚式信号檣の中段には「瑞鶴」のみが装備した信号燈がある

珊瑚海海戦後、被害状況を確認中の「翔鶴」の艦橋付近。三脚式信号檣の付近にも被弾し、三脚のうち二脚が切断されている

が搭載された。機関出力の合計は16万馬力で、これは竣工に至った日本艦艇では基本的に同型の主機械を搭載した「大鳳」と並んで、最大の出力でもある。

■翔鶴型空母 艦内断面図（右舷）

図版／おぐし篤

①上部飛行機格納庫
②下部飛行機格納庫
③前部エレベーター
④中部エレベーター
⑤後部エレベーター
⑥第1缶室
⑦第3缶室
⑧第5缶室
⑨第7缶室
⑩前部右舷機械室
⑪後部右舷機械室
⑫軽質油タンク
⑬エレベーター室
⑭魚雷調整室
⑮前部高角砲弾薬庫
⑯前部爆弾庫
⑰後部爆弾庫
⑱後部高角砲弾薬庫

　本型の主機械には、巡航時の推進抵抗軽減により高速巡航時の燃料消費量を低減すること、機関操作を容易にすることなどを目的として、全基に巡航タービンが設けられたという特色もあった。巡航最大速力時の出力は1基当たり最大出力は1万4000馬力（4軸合計5万6000馬力）で、巡航タービンのみで無風状態での発着艦に必要と見做された速力26ノットを発揮可能な能力があった。機械室の配置は、缶室後方の左右両舷に前部機械室と後部機械室が各1室ずつあり（計4室）、各機械室に主機1基が置かれる格好となっていた。本型は各主機械で推進軸1基を駆動する4基4軸艦で、前部機械室の主機は外舷軸を、後部機械室の主機は内舷軸を駆動する形となっていた。

　なお、本型の機関重量は油・水を含まない状態（ドライ）で2750トンだが、これはヨークタウン級の2770トンとほぼ合致する数値で、主缶の動作条件も近いものだ（同級の主缶の動作条件は圧力28・1kg／㎠、蒸気温度342度。機関出力12万馬力）。その上で本型の方が機関出力は勝るので、本型の機関性能はヨークタウン級と同等以上と評することもできる。ただし、翔鶴型の竣工時にヨークタウン級の機関は既に米側では「旧式である」と見做されていたように、以後の米の機関技術の進化は早く、続くエセックス級の機関はより重量は重く（3123トン）、最大出力も高いが、より高温高圧の主缶と二段減速式ギアードタービンの採用により、航続力では大きく勝るという差異が生じてもいる（エセックス級の主缶の動作条件は圧力39・7kg／㎠、蒸気温度454度。機関出力15万馬力）。

速力／航続力

　翔鶴型の速力と航続力は軍令部要求に沿って、最高速力34ノット、航続力は18ノットで9700浬として計画された。速力については、当時の日本艦艇で最強の機関を搭載した甲斐があり、公試時に本型は34・2ノットを発揮、これにより本型は「蒼龍」「飛龍」等と共に、空母撃滅戦で共同作戦を行う巡洋艦以下の軽快艦艇と活動するのに当たり、これらの艦の速力性能発揮を阻害しない高速艦隊型空母として理想と言える速力を保持した格好となった。

　艦の大型化に対処しつつ、要求された航続力を達成するため、燃料搭載量は公称で5000トンとなった。これは「蒼龍」と比べて1600トン、「飛龍」と比べて1250トン増大した数値だ。ただし、昭和19年（1944年）5月の機動部隊司令部の幕僚諸元とされた「海軍主要艦艇速力別燃料消費額・満載量表」によれば、燃料搭載量は「翔鶴」が5070トン、「瑞鶴」が4900トンで、両艦で差異があるとされる。

　航続力についても本型は要求された航続性能を達成したと言われているが、この資料の燃料消費率の数値から計算すると、本型の18ノットでの巡航時における航続性能は約8600浬（「瑞鶴」）〜約8900浬（「翔鶴」）と、計画値を下回る数値となる。蛇足ながら、この資料によれば、翔鶴型と同様の機関を搭載したとされる「大鳳」では、艦の大型化も影響しているが、主機械の改設計を行ったことが裏目に出たのか、翔鶴型に比べて各速力の燃料消費量が大きく増大している。このため、「大鳳」は「翔鶴」に比べて約1200トン燃料搭載量が勝るものの、各速力の航続力は同等かやや短いという結果が生じてもいる（同資料の燃料消費率の数値から計算すると、「大鳳」の18ノットでの航続力は約8440浬で、30ノットでは「翔鶴」の約3770浬に対して、「大鳳」は約3750浬と、いずれも「大鳳」の方が若干低い）。

煙突

　各缶室から伸びる煙路は、機関区画の装甲甲板となる下甲板

■空母「翔鶴」煙突（竣工時）

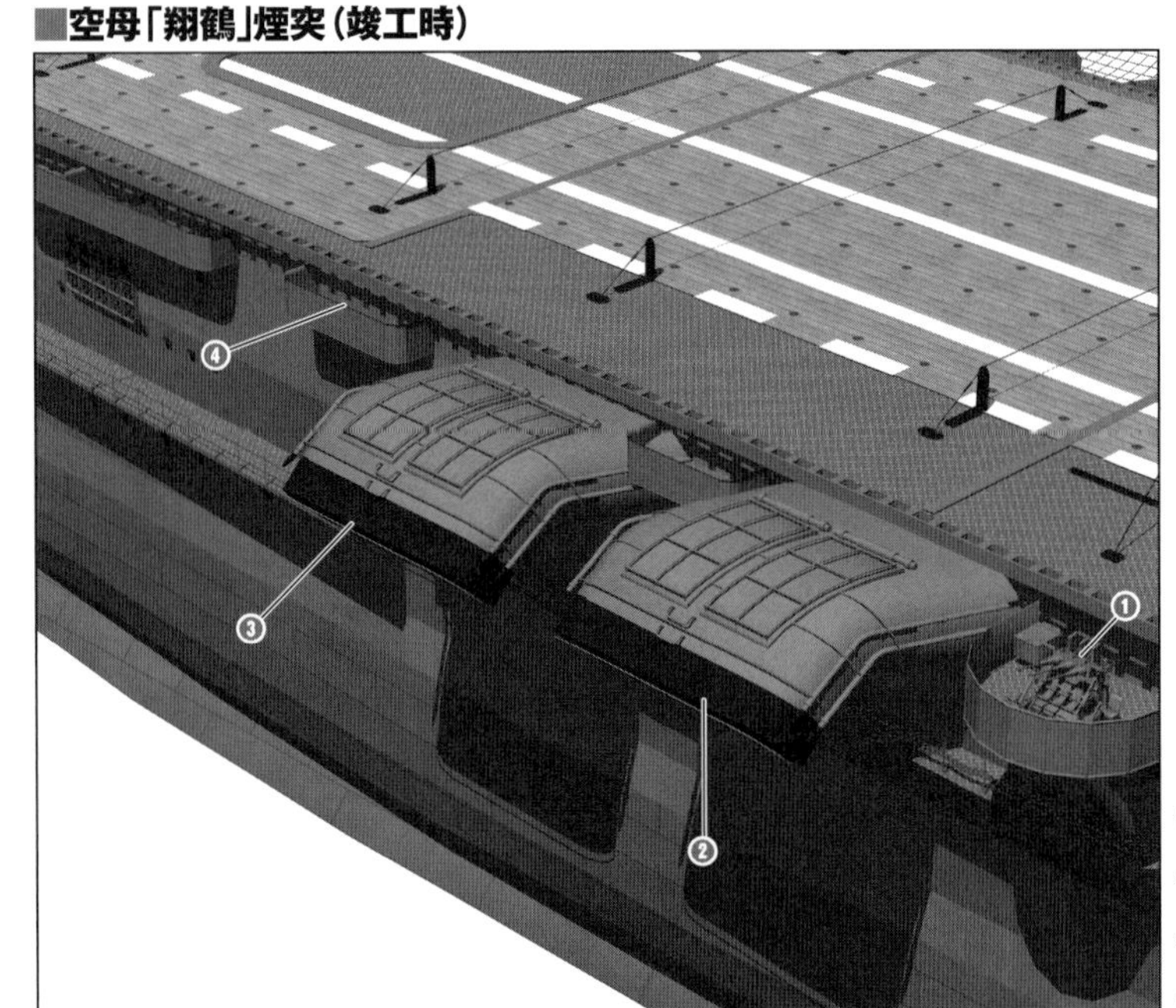

①九六式25mm三連装機銃
②前部煙突（第1～第4缶室）
③後部煙突（第5～第8缶室）
④作業員控え所

と機関区画の天井となる最下甲板の間を通って、煙突のある右舷側に導かれる。この煙路の設置のため、汽缶室区画の下甲板は煙路の形状に沿う形で右舷側に向かって一旦上向きの角度が付けられ、右舷の格納庫側壁に連なる縦隔壁の部位を頂点として、右舷舷側部に向かって下向きの角度で設置されている。

本型の煙突は、着艦機に対する排煙・気流の影響を抑えることを目的として、改装後の「赤城」「加賀」や、「龍驤」「蒼龍」「飛龍」と同様に、右舷舷側から突出した下方湾曲式が採用されている。下方湾曲式の煙突は装備位置が低く、艦が損傷で右舷に大傾斜した場合、煙突の先端が海水に浸かってしまって排煙不能となる恐れがあるため、煙突の上部には緊急用の排気口が設けられており、本型のそれは「瑞鶴」公試時の写真で良く確認することができる。

本型は2本煙突艦で、このうち前部煙突は第1／第2缶室と、第3／第4缶室から導かれて集合された煙路2本を、後部は同様に第5／第6缶室及び第7／第8缶室の煙路を統合した煙路2本の排煙を受け持つ集合式煙突となっていた(なお、煙路の前部・中間・後部には、右舷側の通風路4基も設けられている)。艦のバランスを考慮して煙突の装備位置は概ね艦の中央部とされ、艦橋移設の影響で原計画からは1フレーム後方に設置されている。

昭和16年秋、訓練中の「瑞鶴」。煙突内部に噴霧状の海水を吹き付けて排煙の温度を下げ、海面に排出するようにしている

日本空母の下方湾曲式煙突は、熱い排煙が上昇して艦後方の気流を乱すことを抑制する目的で、熱煙冷却装置が設けられるのが特色となっている。これは煙突内部の煙突先端部近くに多数の海水シャワー用のノズルを設けて、煙突内部に多量の海水シャワーを放出して熱煙を冷却することで、排煙による気流の乱れを抑制することを狙ったもので、これの効果は、やはり「瑞鶴」の公式時の映像で良く確認することができる。

飛行甲板／格納庫

本型の飛行甲板サイズは、航空本部資料の記載によれば、最大長242・2m、最大幅29m(中央部)とされ、船体に合わせて先細りとなる前端部の最大幅は18m、対して後端部は26mとされる。

これは前型の「飛龍」に比べて全長で25・3m、最大幅で2m大きく、「赤城」の全長249m／最大幅30・48m、「加賀」の全長247・7m／最大幅30・48m(共に航空本部資料記載値。「加賀」は全長248・6m説あり)に比べて若干劣る。ただし、船体規模が近い米のヨークタウン級の全長244・4m、有効使用可能最大幅26・2mに比べて、全長では若干劣るが、最大幅では勝っていた。

飛行甲板面積も、「飛龍」(5443・1㎡)に比べて約15%増となる6296・3㎡に達するが、「赤城」(6492・5㎡)と「加賀」(7001・7㎡)に比べると若干もしくは1割程度狭い勘定となる。一方、航空本部の資料によれば、艦橋部の有効最大幅は28mと、「加賀」の29・5mよりは狭いが、「赤城」(27m)「飛龍」(24・8m)よりは広かった。また、艦首の飛行甲板高は「蒼龍」「飛龍」より高められて14・15mとなり、「レンジャー」以降の米正規空母より低いが、レキシントン級の13・7mよりは高く、悪天候時に飛行甲板が波浪で叩かれるという問題は、少なくとも「蒼龍」「飛龍」よりは改善されていたと思われる。

本型の飛行甲板の構造は、従前の日本空母同様、軽め孔を開けた支柱と梁材に鋼鈑を乗せ、その上に木甲板を張る軽構造のもので、強度甲板ではないためエキスパンション・ジョイントが8カ所設けられていた。

飛行甲板の被爆時の抗堪性は、被爆時の爆風対策として、格納庫側壁に強度が脆弱な部分を設けて爆風を逃す工夫もなさ

■空母「翔鶴」飛行甲板（竣工時）

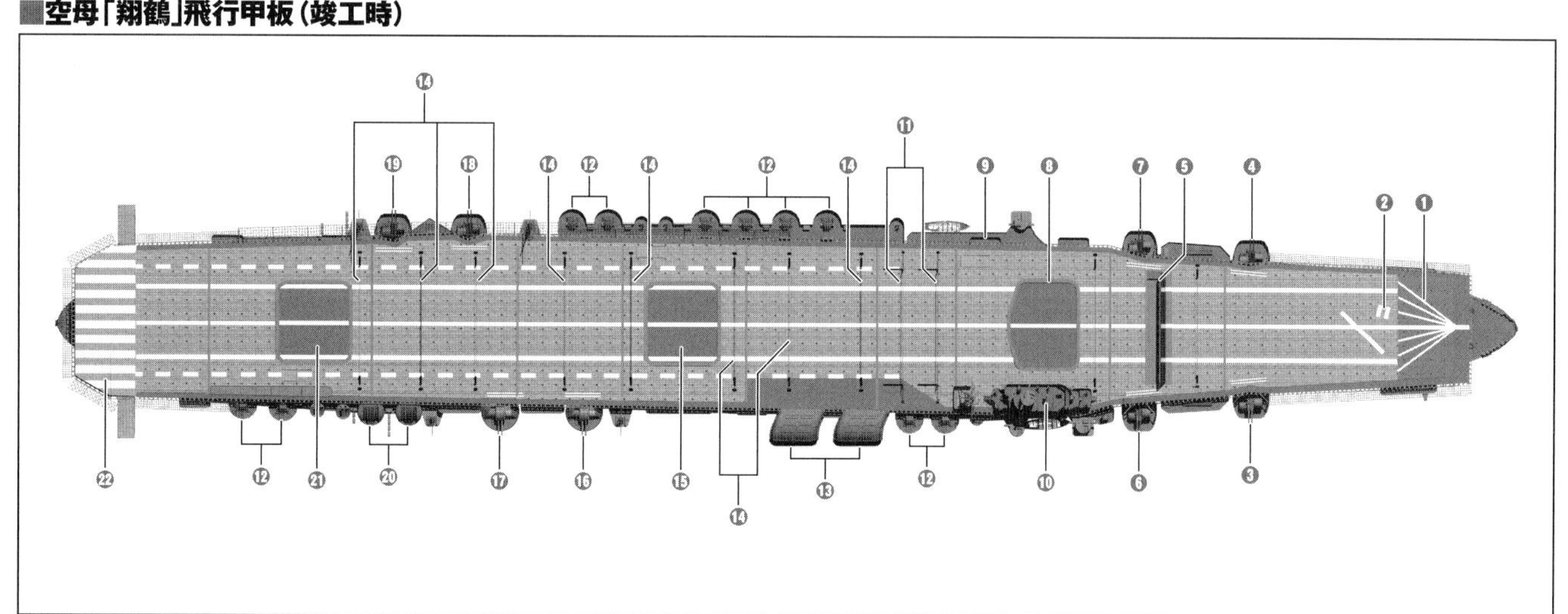

①風向標識
②対空識別標識
③一番高角砲
④二番高角砲
⑤遮風柵
⑥三番高角砲
⑦四番高角砲
⑧前部エレベーター
⑨予備艦橋
⑩艦橋
⑪滑走制止索
⑫25mm三連装機銃
⑬煙突
⑭制動索
⑮中部エレベーター
⑯五番高角砲（煤煙除盾付）
⑰七番高角砲（煤煙除盾付）
⑱六番高角砲
⑲八番高角砲
⑳25mm三連装機銃（煤煙除盾付）
㉑後部エレベーター
㉒着艦標識

■空母「瑞鶴」飛行甲板（比島沖海戦時）

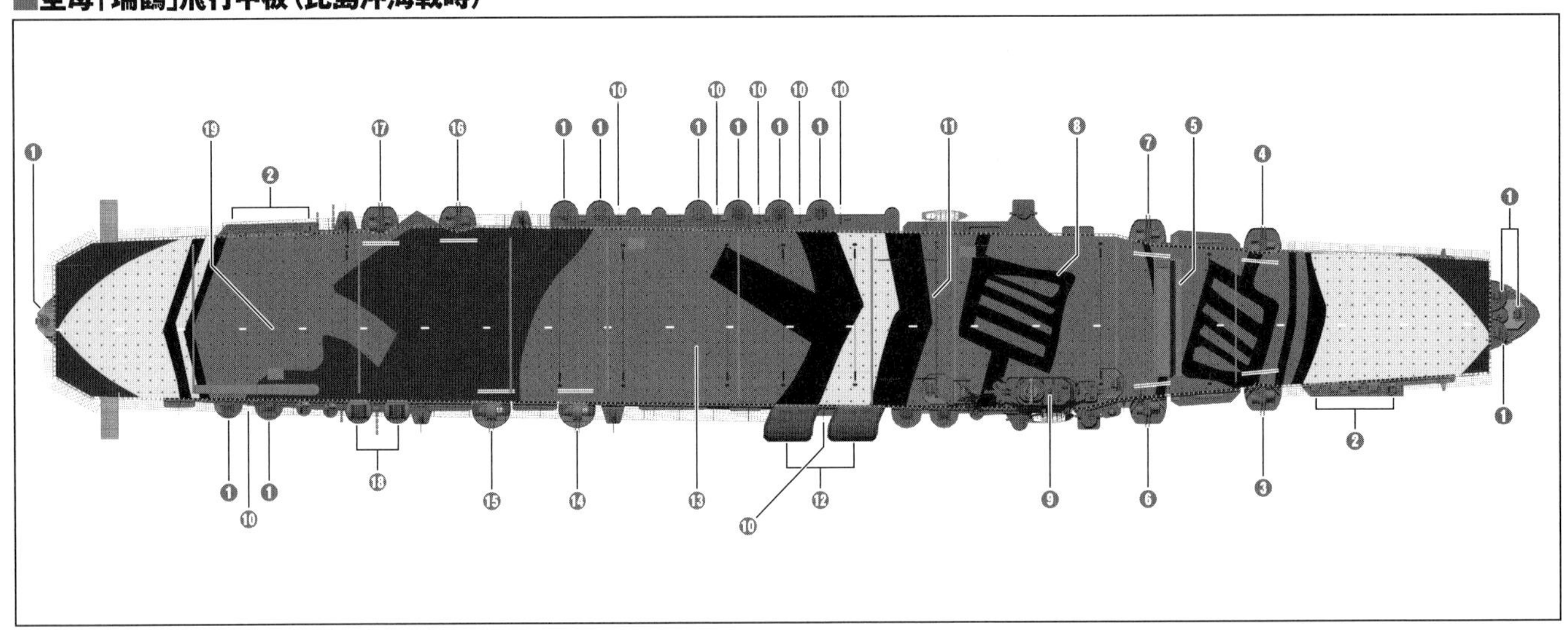

❶25mm三連装機銃
❷12cm28連装噴進砲
❸一番高角砲
❹二番高角砲
❺遮風柵
❻三番高角砲
❼四番高角砲
❽前部エレベーター
❾艦橋
❿25mm単装機銃
⓫滑走制止索
⓬煙突
⓭中部エレベーター
⓮五番高角砲（煤煙除盾付）
⓯七番高角砲（煤煙除盾付）
⓰六番高角砲
⓱八番高角砲
⓲25mm三連装機銃（煤煙除盾付）
⓳後部エレベーター

戦中の映画『雷撃隊出動』より、「瑞鶴」から天山艦攻が発艦するシーン。昭和19年秋に内海で撮影されたもので、飛行甲板の様子も見て取れる

れていたが、珊瑚海海戦や南太平洋海戦の「翔鶴」の例を見れば分かるように、軽構造ゆえに爆弾が飛行甲板を容易に貫通して格納庫内で炸裂、飛行甲板が吹き上げられて発着不能となる等、基本的に脆弱だった。その結果、戦前に空母の宿命と思われていた「爆弾一発で航空作戦能力を失う」艦となったことは、本型のみならず、「大鳳」を除く日本空母に共通する一大欠点と見なせるものだった。

なお、本型の飛行甲板は、十六試以降の新型の大型大重量の機体を運用するのに必要な強度に欠けている面があったとも評されている。

格納庫／爆弾庫 軽質油タンク

格納庫は「蒼龍」「飛龍」の一層半形式から、本型では二層式へと変更された。格納庫の高さは上下共に4·9mで、航空本部資料によれば、格納庫長は上部が191·9m、下部が192·1m、最大幅は上下共に19mとされている。

格納庫が二層式となったことで、格納庫の床面積は「飛龍」の5663·1㎡から、本型では6712·6㎡と約18·5%拡大しており（航空本部資料による）、これは「加賀」の7693㎡よりは狭いとはいえ、「赤城」の6521·1㎡を上回るという、日本空母では最大級の数値となっている。ただし、現存する公式図の「翔鶴 瑞鶴 一般艤装大体図」によると、格納庫面積は常用機5545㎡+補用機247㎡の計5792㎡とされており、これが実際に使用可能な格納庫の有効面積を示しているのかも知れない。

本型は格納庫の床面積が広いこともあり、搭載機数は当初、九六式艦戦16機（常用12機+補用機4機）、九六式艦爆32機（常用24機+補用機8機）、九六式艦攻32機+16機（艦攻として常用24機+補用機8機、艦偵としての常用12機+補用機4機）と、補用機含めて計96機（常用72機+補用機24機）を搭載するものとされていた。太平洋戦争開戦時でも、零戦20機（常用18機+予備機2機）、九九式艦爆36機（常用27機+補用機9機）、九七式艦攻36機（常用27機+補用機9機）と、やはり計92機を補用機含めての定数とするなど、「加賀」には負けるが（「加賀」は昭和14年／1939年の航空本部資料に曰く、常用81機、補用機21〜27機）、当時の日本空母では、最大級の搭載能力を持つ艦の一つであることは確かだった。

なお、昭和13年（1938年）11月に「甲板繋止は『蒼龍』以上の艦で認める。使用機は定数の3分の1」という通達が出された際、本型の甲板繋止数は艦戦14機、艦爆／艦攻共に8機の計30機とされていた。

太平洋戦争中には基本定数となる常用72機を超える機数を搭載して活動する例が報じられており、一例を挙げれば、マリアナ沖海戦で「翔鶴」は零戦34機、天山艦攻12機（うち3機は偵察機）、彗星艦爆18機、二式艦偵10機、九九式艦爆3機の計77機を搭載していたと戦闘詳報に記載されている。

本型の爆弾庫は、前部は第二船艙甲板／船艙甲板部に、後部は第一船艙甲板／第二船艙甲板部の二層に渡って設けられており、前部爆弾庫の船艙甲板部には、水雷火薬庫（魚雷庫）と爆雷庫が隣接して設置されていた。

揚弾装置は前部昇降機の手前左舷側に揚魚雷及び爆弾筒が1基、左舷側の6番高角砲後方の格納庫内に揚爆弾筒が1基置かれ、共に上甲板（下部格納庫の天蓋部）まで通じていた。ミッドウェー海戦後には被害局限のため、雷爆装を飛行甲板で実施することが通達されたため、これら揚魚雷及び爆弾筒／揚爆弾筒の付近の上部格納庫床面から、飛行甲板に通じる揚魚雷筒及び爆弾筒／揚爆弾筒が設置されたものと思われる。なお、本型の航空爆弾・魚雷の搭載量は、800kg×60発（当初予定90発）、500kg×60発、250kg×312発（当初予定306発）、60kg×538発（当初予定540発）、

■翔鶴型空母 格納庫

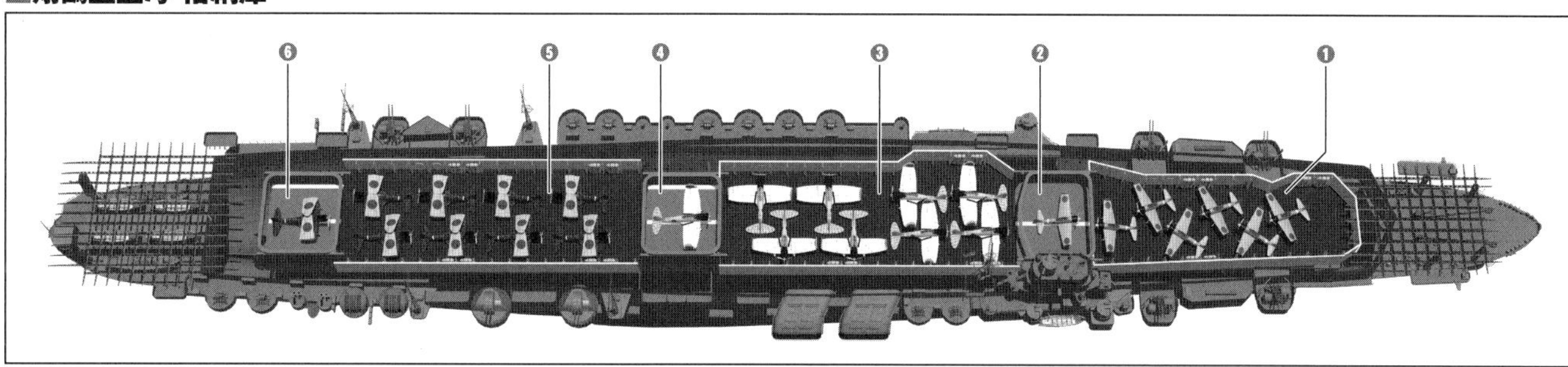

❶上部飛行機格納庫(前部)
❷前部エレベーター
❸上部飛行機格納庫(中部)
❹中部エレベーター
❺上部飛行機格納庫(後部)
❻後部エレベーター

30kg×148発、九一式航空魚雷×45本と言われている。

航空燃料用の軽質油タンク(航空ガソリン庫)は、前部は前部爆弾庫(船艙甲板/第二船艙甲板)の前方に4基、後部は12・7cm高角砲弾薬庫の後方(第二船艙甲板)、右舷及び左舷の内側軸室に挟まれた位置(船艙甲板)に4基が置かれている。被雷・被爆時の被害局限のため、軽質油庫は水中防御区画の内側に設置された装甲バルクヘッドで囲われており、また、軽質油庫の横隔壁・縦隔壁と軽質油タンクとの間に空隙を設けるなど、相応の対策がなされている。ただ、米空母のように、航空燃料を消費した分を海水で補完して、タンク内にガソリンガスが充満する空隙を生じさせない海水置換式のタンクではないことを含めて、被害時における軽質油タンクの抗堪性の面では、米空母に比べて劣る面があったのは否めない。

なお、予定した搭載機数が多いこともあり、翔鶴型の航空燃料搭載量は艦政本部四部の図面によれば745トンと、日本海軍の空母では「大鳳」に次ぐ大きなものだった。米空母と比較しても、ヨークタウン級の竣工時(約543トン)より大きく、より大型艦のエセックス級の計画値(約750トン)と同等で、同級の海水置換式タンクへの更新後の610トンよりも大きいなど、世界的に見ても大きな航空燃料搭載量を持っていた。ただし、新型艦上機の運用を考慮すると、これでもやや不足と見なされている。

なお、福井静夫氏の著作によると、捷号作戦前の防爆・水防区画整備の実施で、前後部軽質油タンク・弾薬庫部の外舷側水線部に対して約60cm～80cm幅のバルジを設置し、同バルジ空隙部へのコンクリートの充填等が実施されており、その際に後部軽質油タンクは使用禁止となったとされている。

エレベーター

航空機用のエレベーターは、この時期の日本空母では標準的な5トン級のものが搭載されていた。本型では前部・中央部・後部の3カ所にエレベーターが設けられており、それぞれのサイズは前部が幅16m×長さ13m、中央部と後部は幅12m×長さ13mとなっている。エレベーターは上下二層からなる格納庫からの航空機移送の便宜を考慮して、飛行甲板と連なる天蓋部を持つ二段式のものとなっており、各エレベーター下方の下部格納庫の床面より一層下の下甲板に昇降機室が置かれていた。

この他に、本型は設計段階から戦闘機の急速発艦用として、艦発促進装置(カタパルト)の装備を計画しており、これの搭載を考慮して、艦首前端部から遮風柵直前まで左右両舷にハの字に開く形で、カタパルト用のレールが各1基装備される予定だった。これは当時の図面から把握でき、実際にカタパルトの搭載を前提とした予備工事も建造中に実施された。なお、カタパルトの機構部分は、その一層下の機銃甲板部に収められる予定だった。

だが、カタパルトは九六式艦戦程度の機体の射出を考慮した能力しかなく、試作型の空廠式空気式射出機が「加賀」に装備されて実験が行われた昭和15年(1940年)には、各種の機構的な問題発生に加えて、既に能力が陳腐化していると考えられたため、搭載が見送られてしまう。この後も日本海軍はカタパルトの開発を続けるが、要求を満足させる能力のものが開発できず、その結果として本型を含めて、戦時中の日本空母のカタパルト装備は実現せずに終わった。

■翔鶴型空母 着艦装置

❶遮風柵
❷滑走制止索
❸制動索
❹前部エレベーター

着艦装置

飛行甲板の最前部に設置された制動索の後方にあった遮風柵（※）は、前部エレベーター前面に1基が置かれている。着艦制動装置は当時の日本空母の標準装備と言える呉式四型が搭載されており、制動索（横索）は遮風柵の直後から後部エレベーターの直前まで10基が設置された。

制動索で止められない艦上機を制止させるのに使用する滑走制止索（着艦バリヤー）は、当初は前部飛行甲板の前側、作業員控所の位置に1基を装備することを含めて、固定式3基と移動式2基の搭載が予定されていたが、実際には艦橋の後方に固定式のものが2基搭載されるに留まっている。ちなみに、左舷艦橋配置時の本型の設計図では、滑走制止索の装備位置は実艦よりやや後方にあり、艦橋の設置位置の変更に伴う改設計では、滑走制止索と横索の位置の変更も行われている。

日本海軍が他国に先駆けて、昼間時の着艦作業にも使用していた光学着艦誘導装置の着艦指導燈も装備していたが、対空火器装備が優先された影響で、最適な位置に配することができなかったと航空本部から批判を受けている。なお、艦上機の発動機の調整場所は、後部エレベーター後方の格納庫後端部（竣工時は艦尾側最後部の第5群／第6群機銃座2基の間）に置かれていた。

本型の装備した着艦関連艤装は、呉式四型（最大制動速度30m／秒、対応着艦機最大重量4トン。後に、最大制動速度40m／秒、対応着艦機最大重量5トン）にしても、滑走制止索（最大制動速度15m／秒、対応着艦機最大重量は基本的に呉式四型に同じ）にしても、太平洋戦争開戦時に運用していた各機種や、戦時中に登場した彗星艦爆、天山艦攻には対応できたが、流星等の6トン以上の重量を持つ艦上機運用には対応できなかった。

本型で大重量艦上機の運用を可能とするなら、電磁式の呉式系列とは構造が全く異なる油圧式の三式着艦制動装置の装備が必須となってしまった。更に元々4～5トン級の搭載機の運用を前提としていただけに、飛行甲板の強度も流星の運用には不足している面があった。このため流星が実用化されて艦隊配備となった場合、本型は同機を含む大型かつ大重量の艦上機運用に備えて、着艦制動装置の三式着艦制動装置への換装や、飛行甲板の最大荷重強化を含む艦の強度改善、エレベーターの最大荷重向上など、大規模な改装が必要になったはずだ。

対空兵装

高角砲／機銃／噴進砲

高角砲は㈣計画以前の大型艦では標準装備とされていた八九式12・7cm連装高角砲が搭載された。装備位置は両舷前後に各2基の計8基（16門）で、戦時中の日本空母では「加賀」と「信濃」と並んで最多の高角砲を装備した艦となっている。なお、各高角砲のうち、右舷後部の高角砲群の2基のみは、公式図曰く「煤煙除盾附」とされるシールド装備とされている。本艦竣工時の海軍の公式資料では、八九式の1門当たりの弾薬定数は200発とされるが、本型の定数は250発で、他に年度の演習用弾薬として12発が搭載されたと言われている。

高角砲の射撃指揮装置は九四式高射装置が両舷前後の各高角砲群（各舷2群）の指揮用として4基が装備されており、竣工時にはうち1基は艦橋上、2基は右舷中央部、1基は艦橋側方の左舷側に置かれて、各1基が一つの高角砲群の指揮を執っており、艦橋上と左舷側配置の各1基が、左舷の高角砲群2群を指揮していた。ちなみに、艦橋を左舷中央部に配置している初期設計案では、左舷の高射装置は艦橋の側方前後に各1基を配する予定だった。また、艦橋上の九四式高射装置は二号一型電探搭載時にその位置を電探に明け渡しており、その際に左舷舷側部へと移設された。

竣工時、対空機銃は25mm機銃の三連装型が12基（36挺）搭載されており、この数は開戦時の日本空母では最大だった。本型では竣工時、急降下爆撃機の阻止に有効な位置となる艦首・艦尾の露天甲板部に銃座を有していないが、これは発着艦時に艦上機と銃座が接触するのを防ぐためだったと言われており、また艦首の銃座は、恐らくは予備艦橋の視界を塞ぐのを防止するという観点もあって非装備とされたと思われる。

竣工時の25mm三連装機銃はいずれも舷側に片舷各6基（18挺）ずつ搭載されており、右舷側後方に設置された4基のうち煙突に近い2基については、「防弾及煤煙除盾附」のシールド装備型が搭載されていた。

機銃射撃指揮装置は、竣工時点では片舷3基（計6基）搭載されており、25mm三連装型機銃各2基で構成される各機銃群に1基ずつ配されていた。なお、本型が竣工時に装備した高角砲・高角機銃は12度以上（一部15度以上）の仰角であれば、反対舷

■八九式12.7cm連装高角砲（煤煙除シールド装備）

◆四十口径八九式十二糎七高角砲

口径	127mm	砲身長	40口径
初速	720m/秒	最大射程	14,600m
最大射高	8,100m（または9,400m）		
発射速度	14発/分		
弾量	23kg		

■九六式25mm三連装機銃

◆九六式二十五粍機銃

口径	25mm	砲身長	60口径
初速	900m/秒	最大射程	8,000m
最大射高	5,250m		
発射速度	最大230発/分（実用130発/分）		
弾量	250g（通常弾）		

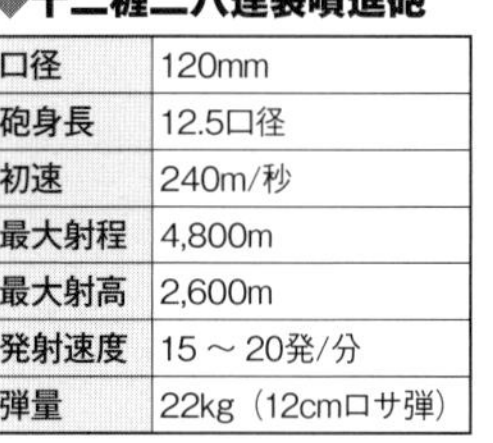

■12cm28連装噴進砲

◆十二糎二八連装噴進砲

口径	120mm
砲身長	12.5口径
初速	240m/秒
最大射程	4,800m
最大射高	2,600m
発射速度	15～20発/分
弾量	22kg（12cmロサ弾）

（※）計画時、遮風柵は2番横索の後方にあったが、実艦では横索配置の変更により、遮風柵自体の位置は計画と大差ないが、1番横索の直後に配される形となった。

真珠湾攻撃に向かう「瑞鶴」の艦前部右舷側。写真左に方向探知用ループアンテナ、中央に右舷前部の高角砲群が見える。手前が三番高角砲、奥が一番高角砲。なお、前方を航行する空母は「加賀」

への射撃実施も可能だった。竣工時の機銃弾の搭載定数は三連装機銃1基当たり2600発で、他に年次用に100発が搭載された。一方、捷号作戦時の「瑞鶴」では、戦闘前の準備弾薬として三連装機銃は1基当たり2400発、単装型は500発が搭載されたと記録にある。

本型の対空火力は、それまでの日本空母では最強だった「加賀」と同等以上であるなど、強力なものではあったが、日本海軍では対空火器の能力はなお不充分と判定しており、あくまで防空の基本は戦闘機とされていた。

捷号作戦前の昭和19年8月には、「瑞鶴」に対して、対空ロケット弾発射機である12cm噴進砲の28連装発射機の搭載が行われた。発射後5・5秒〜8・5秒（距離にして1000m〜1500m）で炸裂して子弾を散布する本発射機による対空戦闘は、捷号作戦時の報告では「適時を得て発射できれば、敵機の威嚇・阻止には有効」と評されたものの、「射撃機会を得るのが困難」「噴進弾の再装填に手間を要する」「射撃指揮装置での運用前提で、発射機側での単独指揮が困難」等の報告も寄せられるなど、運用上に様々な問題があり、有効に使用できない面もあったと言われる。

対空兵装の変遷

ミッドウェー海戦後、空母に対する対空火器の増強が始められると、日本海軍に残ったただ2隻の大型空母となった本型に対して、優先して機銃の増備が実施される。

まず、昭和17年7月に「翔鶴」の損傷復旧工事に合わせて、前方向・後方向からの攻撃が最も命中率が高くなる急降下爆撃機への対処のため、飛行甲板前部・後部の艦首・艦尾の最上甲板部に左右に25mm三連装機銃を各1基と、その中間に機銃の射撃指揮装置を置いた機銃座を新設、また、艦橋への攻撃の対処のために艦橋前後部への25mm三連装機銃の増設（計2基）が実施された（25mm三連装機銃を総計6基増設。計54挺装備）。また、同時に同様の工事が「瑞鶴」に対しても行われたが、工事時期に発生したガ島戦の勃発に伴って南方に進出する事態となったため、両艦共に予定した機銃の増備は実施できなかったとも言われている。

本型の対空機銃装備は以後しばらく変化しないが、「あ」号作戦時には25mm機銃の単装型の増備が行われ、「瑞鶴」では三連装型18基（54挺）に加えて、単装型10基（計10挺、うち4挺が橇式）の計64挺が装備されていた。捷号作戦時の「瑞鶴」では三連装型が艦首・艦尾の最上甲板部にあった機銃座の前部に各1基（計2基、総合計20基）増備されているが、この際に増設された機銃座は、工事簡易化のために以前の円型形状ではなく、角張った形状のものとされた。これに加えて、単装型の装備数も36基（橇式10挺）に増大が図られた結果、「瑞鶴」の機銃装備数は96挺へと増強され、これが本型の対空機銃装備の最終状態となっている。

なお、この他に捷号作戦時の「瑞鶴」では、航空機用の九二式7.7mm旋回機銃（単装）5挺が装備されていたと戦闘詳報にある。

捷号作戦時の「瑞鶴」のみが装備した12cm噴進砲は、右舷・左舷共に有用な対空弾幕を張ることを考慮して、右舷前部と左舷後部に各4基（計8基）を設置する形が取られた。

捷号作戦時の「瑞鶴」では、第一次空襲の被雷による動力切断や俯仰装置の不具合発生により、射撃指揮及び旋回俯仰が困難になったが、第三次空襲の際にも各発射機の射撃方向を固定して射撃を実施、供給された大半の弾薬を発射するまで戦闘を継続したと報告されるなど、相応の活躍を見せている（準備弾薬は前後部共に発射機4基に対して324発、発射弾数は前部300発、後部295発）。

■二号一型電探

◆二式二号電波探信儀一型

用途	対空見張用
波長	1.5m
出力	5kW
最大有効距離	編隊100km、単機50km

■一号三型電探

◆三式一号電波探信儀三型

用途	対空見張用
波長	2m
出力	10kW
最大有効距離	編隊100km、単機50km

二号一型電探を装備した「瑞鶴」。本写真は昭和17年末〜昭和18年初頭に撮影されたものと推定されている

電探／逆探／水測兵装

電探／逆探

ミッドウェー海戦後、電探装備の最優先艦艇として空母が指定されたこともあり、翔鶴型は日本海軍艦艇で最も早く対空用電探の装備がなされた艦の一つとなった。最初に電探を搭載したのは「翔鶴」で、珊瑚海海戦の修理途上の昭和17年7月〜8月、呉工廠で艦橋上へ二号一型の改一型が搭載された。

初期の二号一型電探は、発砲衝撃で容易に破損すること、動作安定に問題があること、さらに時には「眼鏡と探知時期に差がない」例が報じられたように早期警戒能力が低いことなど、少なからぬ問題は抱えていた。一方、昭和18年4月に配備が始まった改二型（最大探知距離150km、有効距離は単機目標が70km、編隊目標で100km）は、米軍が開戦時期からしばらく使用したCXAMに近い性能を持つ電探となり、以後有用に使用された。「瑞鶴」は南太平洋海戦後、「翔鶴」同様の電探装備を実施した後、昭和18年中に改二型の装備を実施したと見られ、また、中部エレベーター左舷側の隠顕式探照灯があった部分に、2基目の二号一型電探を増設してもいる。

額面上の探知能力・方向精度は劣る面もあるが、より簡易かつ小型軽量で信頼性が高く、有用な対空早期警戒用電探だった一号三型電探（有効距離は単機目標が50km、編隊目標が100km）の装備は、本型でも他の空母同様にマリアナ沖海戦後に実施されたため、「翔鶴」は未装備で喪失に至っている。他方、「瑞鶴」では、昭和19年7月の損傷復旧及び対空兵装増備工事の際に、まず1基を艦橋後方の信号橋に装備、レイテ沖海戦に出動するまでの期間にさらに1基を、左舷前部の起倒式信号橋に追加装備しており、この状態でレイテ沖海戦に参加した。

ただし、本型の電探装備は戦闘時の抗堪性にやや問題があったようで、レイテ沖海戦時の「瑞鶴」からは、第一次空襲時の被雷で二号一型／一号三型共に全基が使用不能となったと報じられている（ただし、一号三型のうち1基は能力を回復、その後も辛うじて電探による対空早期警戒能力を確保できた）。ちなみに、水上索敵用の二号二型電探は本型で装備された例はない。

逆探は戦時中の日本艦艇の標準装備となったE-27型系列のものが装備されており、当初はメートル波／デシメートル波対応型、後にセンチ波対応型が装備されたと見られる。捷号作戦時の「瑞鶴」では、逆探のアンテナが艦橋後方の信号檣の頂部に設置されているのが確認できる。

水測兵装

本型は竣工時より、水測兵装として当時最新の零式水中聴音機と九三式水中探信儀を搭載していた。大型のパッシブソナーである零式水中聴音機は、大型艦搭載用の水中聴音機として開発されたもので、最大探知距離は約20km（最良の条件での額面上の最大探知距離）、方位精度は±3度だったと言われる。零式水中聴音機は竣工時に1基が装備され、補音機はバルバス・バウの後方に片舷当たり16基が、二重配置の円弧状に装備されており、左右両舷での補音機の装備数合計は32基となる。

捷号作戦後の「瑞鶴」では、昭和19年7月に精度向上を含む水中探知能力改善のためか、零式水中聴音機を1基増設したと言われ、その装備位置は以前の聴音機アレイ装備位置から約40m後方だったとされる。ちなみに戦時中、水中聴音機を2基装備した空母は「瑞鶴」のみだったという。

アクティブソナーである九三式探信儀（有効探知距離2・5km程度）は、竣工時に1基が搭載されていた。本型の探信儀室は、第二船艙甲板の前部爆弾庫後方・主管制盤室前方の左舷側に配されており、探信儀の送波器室は、その一層下の船艙甲板部に置かれた前部左舷発電機室の前方にあった。

この他に海中の測深用・測程用の音響測深儀や九二式艦底測程儀なども搭載されていた。このうち測程儀は、探信儀室の反対側となる前部弾薬庫後方・変圧器室手前の艦底測程儀室に操作用の機材が置かれており、恐らく測深儀関連の機材もこの周辺部位にあったと思われる。

船体／船体防御

翔鶴型の船体形式は、最上甲板が上部格納庫甲板となる長船首楼型で、前部の最上甲板には傾斜・キャンバー角が付いているが、上部格納庫甲板は飛行機搭載の便を考慮して、下部吃水線と水平とされている。後部エレベーター以降の上甲板から最下甲板（公試状態で下部喫水線と同位置となる）には、一旦下方への緩やかな傾斜が付けられており、中甲板と下甲板は艦尾部で水平に戻り、艦尾側最上部の甲板となる上甲板には上向きの傾斜が付けられるなど、かなり凝った甲板配置がなされている。

船体のサイズは長さ257・5m（下部水線長250m）、水線幅26mで、L／B値は9・62と「蒼龍」「飛龍」よりは太めだが、これらの艦と同様に高速発揮を考慮した細長い船型が踏襲されている。ただし、この細長い船型は航空機の運用上、洋上での安定性が求められる空母には向いていない面があり、本型も就役後に「良く揺れる」点が欠点とされて、安定性改善のためにビルジキールの拡大が艦側から要求されている。

本型の船体高は艦首が10m、艦尾が6・6mで、艦首甲板長は飛行甲板前端から11・28m、飛行甲板の前部支柱から16・28m、艦尾甲板長は飛行甲板後端と同じ位置となる艦尾の最上甲板後端から4・02mとなる。甲板数は飛行甲板を含めて艦首及び船底中央部で最大10層（船体中央部、格納庫区画下の汽缶区画で6層）、格納庫後方の艦尾側で4～7層とされている。

本型は船体が大型なことと、兵装や防御も相当のものを持つ艦として設計されただけに、排

■空母「翔鶴」艦首（竣工時）

❶菊花紋章
❷飛行甲板支柱（前）
❸飛行甲板支柱（後）
❹予備艦橋
❺主錨
❻バルバス・バウ
❼零式水中聴音機補音機

■空母「瑞鶴」艦首（比島沖海戦時）

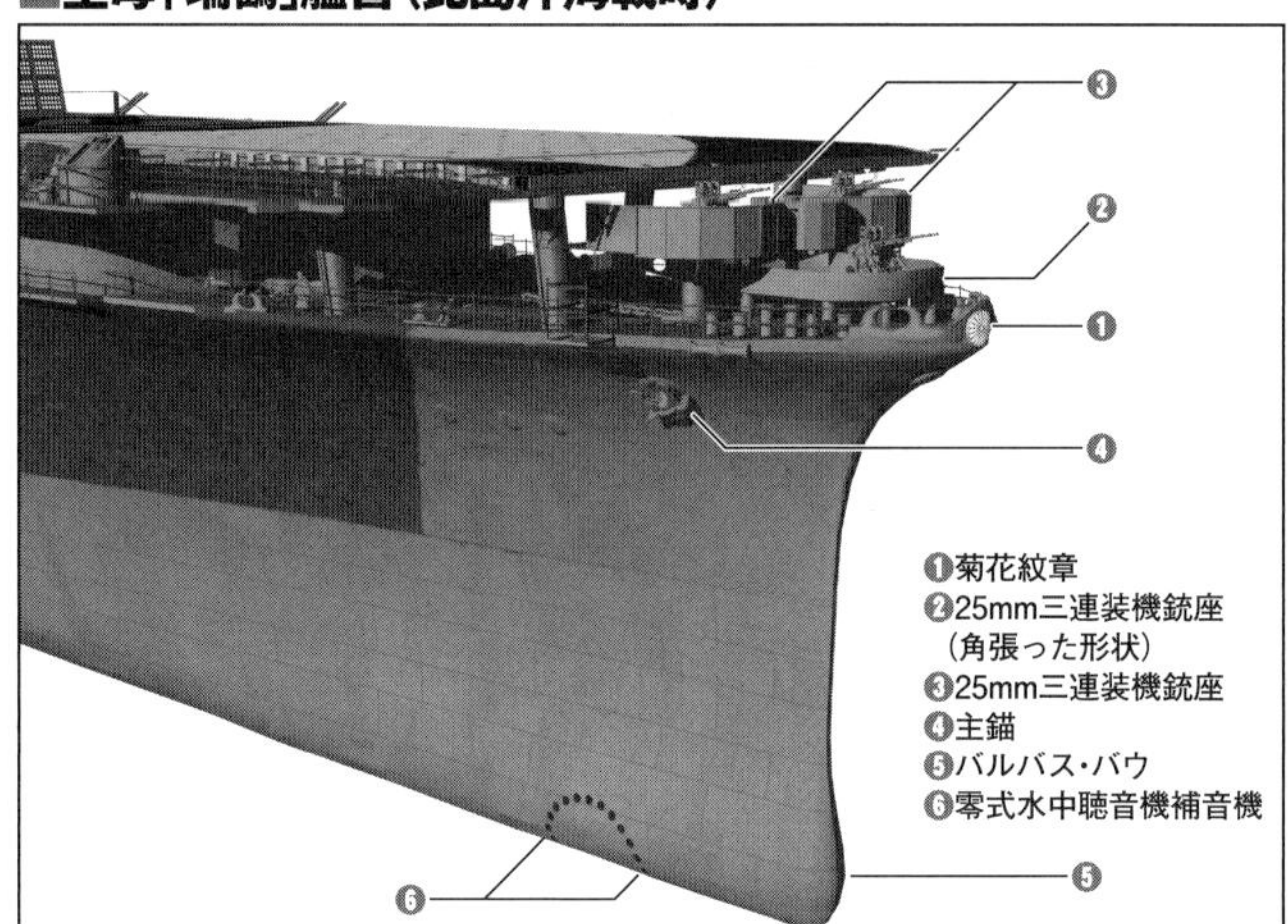

■空母「翔鶴」艦尾（竣工時）

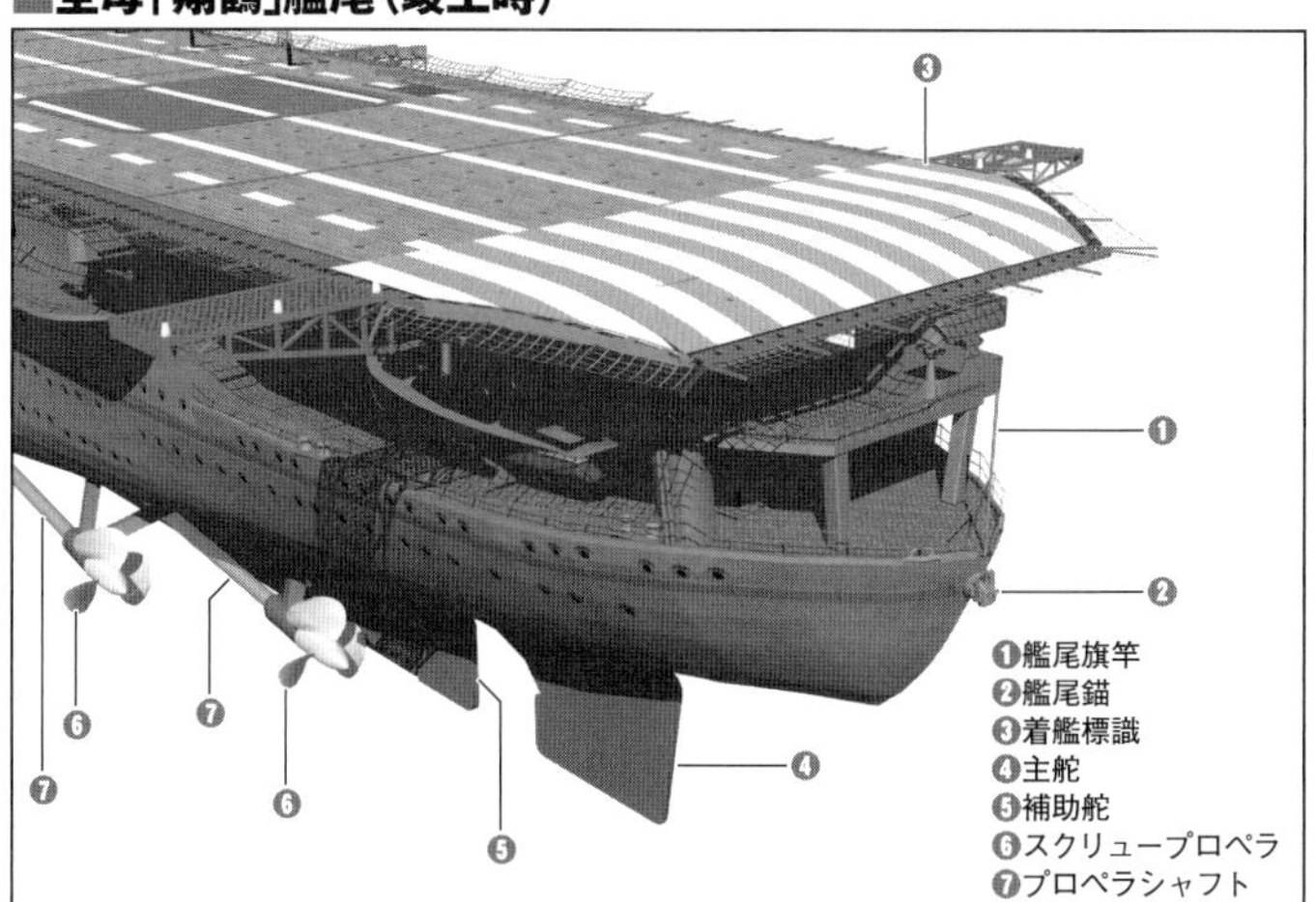

■空母「瑞鶴」艦尾（比島沖海戦時）

❶25mm三連装機銃
❷主舵
❸補助舵
❹スクリュープロペラ
❺プロペラシャフト

水量も基準2万5675トン、公試2万9800トン（満載3万2105トン）に達する。ちなみに、本型は米のヨークタウン級（水線長234・7m、水線幅25・35m）よりやや大型だが、船体高の差異などもあり、船殻重量は我の1万2460トンに対して、彼は1万2467トンと、ほぼ同等の数値となっているのは興味深い事実だろう。排水量も竣工時点では兵装・装甲等が少ないヨークタウン級の方が軽かったが、兵装等の増強を重ねた終戦時の「エンタープライズ」が満載3万2060トンと、本型とほぼ同等の数値となったのも興味深い点だ。

艦首形状は「蒼龍」「飛龍」と異なり、大きなフレアが付いたクリッパー型艦首とされており、艦首前端部は船体吃水線部より5m前方に突き出ている。水線下形状も「蒼龍」等のダブルカーベチャー式ではなく、「徳利」型と呼ばれたバルバス・バウを艦底部先端に配した、側面から見ると垂直形状のものとなった。なお、翔鶴型は日本艦でバルバス・バウを採用して最初に竣工した艦でもある。

対して艦尾の形状は、他艦でも見られるクルーザー・スプーン型とされていた。

船体防御は弾薬庫部が垂直側が対20・3cm砲弾、水平側が対800kg爆弾抗堪とされ、機関部は垂直側が対12・7cm砲弾、水平側が対250kg爆弾防御とされた。これに伴い、弾火薬庫部（航空燃料庫含む）は舷側部が重巡より厚い156㎜とされ、水平装甲部となる下甲板部は25㎜鋼鈑に重ねて132㎜の装甲を配するという、戦艦並みの装甲防御が施されている。機関部は、舷側は軽巡並みの46㎜鋼鈑だが、水平部はやはり25㎜鋼鈑の上に65㎜（63㎜説もある）の装甲を重ねるなど相応の厚みがある（一枚板換算では弾火薬庫部は150㎜、機関部は82～84㎜程度と推算される）。

なお、日本海軍の研究で、翔鶴型の機関部の装甲より薄い50㎜装甲でも500kg爆弾の低高度水平爆撃からの命中に一定の抗堪性を持つとされたように、機関部の水平防御はそれなりの効果が期待できるものだった。実際、この装甲厚は米のエセックス級に比べて垂直部（63～102㎜）は勝り、水平部は弾薬庫部は勝るが機関部で劣る（格納庫甲板63㎜＋水平装甲甲板38㎜）程度と、太平洋戦争に参加した米空母に比べて同等かそれ以上の能力を持つものだった。これは「翔鶴」「瑞鶴」が戦中に被爆した際も弾火薬庫や機関部に損傷を負わず、航行能力を維持できたことからも窺える。

なお、本型の水平装甲は、機関部分が下甲板、弾薬庫・航空燃料庫部がその一層下の最下甲板に配置された。前部の爆弾庫と後部の12・7cm高角砲の弾薬庫部の一部は、さらに一層下の第一船艙甲板に装甲が配された上、機関部分の装甲と二重の装甲配置となっている。

水中防御は対TNT換算で400kg（450kg説あり）の魚雷弾頭抗堪を狙って、多層式水中防御が採用されている。機関部分は3～4層、艦首尾の弾薬庫部は3層とそれなりの防御を持つが、艦首の航空燃料庫部分の水線部は1層な上に幅が足りず、後部は幅はそれなりにあるが、液層1層のみで（ただし、両航空燃料庫とも、隔壁とその後方のタンクの間に狭い空隙はある）、被雷時の抗堪性にやや欠ける面があった。

また、日本海軍の水中防御の効果に関する計算は、現在残る記録を見ると、通例でも実際の倍以上、時としては4倍以上の換算となるなど実態より甘いので、本型の水中防御も想定されたほどの効果がなかったことは確実かと思われる。

■空母「翔鶴」艦尾水線下（竣工時）

❶主舵
❷補助舵
❸スクリュープロペラ
❹プロペラシャフト
❺着艦指導燈

日本海軍の中型・大型空母建造計画

「赤城」「加賀」／「蒼龍」「飛龍」翔鶴型／「大鳳」／雲龍型／「信濃」

日本海軍の大型・艦隊型空母の一つの到達点となった翔鶴型。本稿ではまず、日本海軍が翔鶴型に至るまでに建造した中型・大型空母と、翔鶴型の後に整備した各空母について概説する。日本海軍による空母建造の一連の“流れ”はどのようなものだったのだろうか。

文／本吉隆

ワシントン条約を端緒とする「赤城」「加賀」の空母改装

第一次大戦時の英海軍の動向を受ける形で、日本海軍が「空母」という新艦種の整備を開始したのは、当初は水上機母艦として計画された「鳳翔」の整備が行われた大正9年（1920年）のことだった。日本海軍はこれに続いて、同年に成立した八八艦隊計画で、1万2500トン型の翔鶴型2隻の新造も計画した。

だが、八八艦隊計画に終止符を打たせた大正10年（1921年）のワシントン海軍軍縮会議が開催された時期には、英米において「空母」という艦種の能力を最大限に活かすのであれば、大きな搭載機数を持たせることは必須であり、また、巡洋艦を上回る水中防御の付与を含めて、軍艦として充分な防御を持たせる必要があることが認識されていた。このような要求を受けて、英米の両海軍では大型空母の整備が本格的に推進されており、ワシントン会議での空母に対する個艦制限は、英米の両海軍の意向を全面的に反映する形で進められ、日本海軍も英米の意図に引きずられる形で、ワシントン会議前には考えていなかった大型空母の整備を推進することになる。

大正11年（1922年）に発効したワシントン海軍軍縮条約では、空母の個艦排水量を基本2万7000トン、同条約で廃棄される主力艦からの改装艦のみは3万3000トンとし、空母の個艦排水量を遵守する範囲内であれば、主力艦のうち2隻を空母へと改装することを認めていた。これを受けて、日本海軍も主力艦改装の大型空母2隻の整備を検討しはじめ、空母に必要と見做された速力30ノットを発揮可能な天城型巡洋戦艦の「天城」「赤城」の両艦が空母改装対象艦とされた。だが、大正12年（1923年）9月の関東大震災により、横須賀工廠で空母改装直前だった「天城」が船台より落下、船体に大きな歪みが生じて空母改装を断念せざるを得ない状況となったため、同年11月に「天城」に代わって「加賀」を空母改装艦とすることが決定された。

「赤城」「加賀」の空母改装の図面は、英海軍から提供された多段式飛行甲板型空母「フューリアス」の図面を大いに参考にして纏められ、大正12年11月9日に空母に転籍されて建造工事を再開した「赤城」は、昭和2年（1927年）3月25日に竣工する。一方、「加賀」は、改装開始直後にほぼ確定した「フューリアス」の第二次改装案や、大正12年以降の「鳳翔」の実績を織り込んで更なる設計改正が図られたこと、改装予算が「赤城」の工事に優先して充当されたことにより改装が遅れ、一応、昭和3年（1928年）3月31日に竣工扱いとされたが、以後も工事は継続されていて、艦隊就役は昭和4年（1929年）11月30日のことになった。

両艦は竣工後、多段式飛行甲板配置をはじめとする設計に起因する問題から、搭載機数が少ないことを含めて、仮想敵である米海軍のレキシントン級空母に対して、艦隊型空母としての能力に大きな遜色があることが早期に明確となってしまう。このため、誘導型煙突の装備を含め、「赤城」に比べて性能面・実用面でより多くの問題を抱えていた「加賀」は、昭和8年（1933年）10月から飛行甲板の一段化を含む各種大改正を行う大規模な改装工事に入った。「加賀」は昭和10年（1935年）6月25日に再竣工し、この時点で、当時就役していた各国空母の中で最良の艦だった米のレキシントン級に次ぐ、有力な艦隊型空母としての能力を持つ艦となった。

一方、「加賀」の改装完了から約5カ月後に同様の大改装工事に入った「赤城」は、予算の問題もあって「加賀」ほどの大改装は実施できなかったが、昭和13年（1938年）8月31日に改装を完了した時点で、やはり艦隊型空母として有用に使用できる大型空母として再就役を果たした。そして両艦は以後、ミッドウェー海戦で喪失するまで、日本空母部隊の中核にして、対外的な顔とも言うべき存在の艦として活躍を続けることになる。

ワシントン海軍軍縮条約の結果、巡洋戦艦から空母へ改装された「赤城」

戦艦から空母となった「加賀」。「赤城」とともに日本海軍大型空母の嚆矢となる

日本空母の雛形となった中型空母「蒼龍」「飛龍」

ロンドン条約の締結により旧来の漸減作戦構想が一旦完全に崩壊した後、日本海軍では新たな漸減作戦構想の検討が進められた。その中で、戦艦同士の最終決戦が行われる前に実施される空母戦で米空母部隊を撃滅することが、日本空母の新たな主任務として定められた。

同任務に投ぜられる最初の高速艦隊型空母として整備されたのが、第二次補充計画（㊁計画）で整備された「蒼龍」「飛龍」の2隻だ。このうち、「蒼龍」は昭和8年秋には建造発令が出されていたが、翌年3月の友鶴事件（※1）の発生に伴う設計変更と、進水後に発生した第四艦隊事件（※2）による設計見直しなどの紆余曲折を経て、昭和12年（1937年）12月29日にようやく竣工に至っている。

日本海軍最初の島型空母にして、以後の日本空母の雛形的存在ともなった「蒼龍」は、搭載機数や艦の防御性能等には不満もあったが、中型空母として各種性能のバランスが比較的取れた艦でもあり、その主任務で有用に使用できる空母として完成したことも確かだった。

以後の日本海軍空母の雛形的存在ともなった中型空母「蒼龍」

「蒼龍」の航空戦能力等をより強化した準同型の中型空母「飛龍」

これに続く「飛龍」は、航空本部の要求による航空作戦能力改善のための飛行甲板幅拡大（1m）と、それに伴う船体幅の拡大、また、艦橋の左舷中央部配置への変更、凌波性能改善や防御性能の若干改善といった艦の性能の改善等を施した拡大改良型として整備が行われた。このためもあって「飛龍」の建造も計画より約1年遅れ、昭和14年（1939年）7月5日に竣工に至っている。日本空母部隊の期待の新型艦であった「蒼龍」「飛龍」の両艦もまた、ミッドウェー海戦で沈没するまで、日本空母部隊の中核艦として活動することになった。

大型艦隊型空母 翔鶴型と「大鳳」

昭和12年に策定された第三次海軍補充計画（㊂計画）では、米海軍の空母兵力増強に対処するため、「蒼龍」「飛龍」に続いて空母撃滅戦に充当する大型の艦隊型空母2隻の整備が企図され、これが翔鶴型となる。

翔鶴型は「蒼龍」と同等の速力とより長い航続力を持ち、同時により大きな航空作戦能力と、強大な対空火力と防御力を併せ持つ有力な大型艦隊型空母として整備が行われ、開戦前に揃って竣工した時期には、世界で最有力の空母の一つと言える能力を持つ艦でもあった。そして太平洋戦争開戦後、「翔鶴」「瑞鶴」の両艦は開戦劈頭の真珠湾攻撃以降、喪失に至るまで、日本機動部隊の屋台骨を支える歴戦の艦として活動することになった。

昭和14年に策定された第四次海軍軍備充実計画（㊃計画）では、総括的建造量の抑制の必要もあって、空母撃滅戦に従事する「機動航空艦隊」用の空母として、大型空母の「大鳳」1隻のみが整備された。この計画策定の時期には、日本海軍は英海軍のイラストリアス級装甲空母の整備もあり、以後、列強の大型空母整備は飛行甲板に本格的な装甲防御を持つ艦へ移行すると確信するに至っていた。その中で「大鳳」は従来型の日本空母の正常発展型として、従来の空母の欠点だった飛行甲板防御の問題を解決しようとした艦として計画されたものだ。

日本の新造空母で初めて艦橋と煙突を一体としたほか、本艦の建造開始後に試作が開始された、より大型・大重量の艦上機に対処可能な航空艤装を持つなど、様々な特徴を持つ「大鳳」は、昭和19年（1944年）3月7日に竣工するが、最初の実戦参加となった日米最後の空母決戦であるマリアナ沖海戦時の6月19日に沈没して果てたため、戦時中に特に活躍を見せていない。

また、本型の拡大改良型である改大鳳型も昭和16年（1941年）に策定された第五次海軍軍備充実計画（㊄計画）で3隻、ミッドウェー海戦後に㊄計画の修正として、昭和17年（1942年）6月30日に軍令部から商議が出された改㊄計画で5隻の建造が要求されたが、戦局悪化に伴い、いずれも実現には至らなかった。

「飛龍」を改設計した中型空母・雲龍型

㊄計画では当初、改大鳳型3隻の整備が要求されたが、海軍

従来型空母の弱点だった飛行甲板に装甲を施した大型空母「大鳳」

（※1）…昭和9年3月12日、水雷艇「友鶴」が演習中に転覆沈没した海難事故。小型の船体に過剰な重兵装を搭載してトップヘビーとなり、復原性が不足したことが原因とされた。これに伴い、既存艦艇、設計・建造中艦艇の復原性見直しが行われた。　（※2）…昭和10年9月26日、台風の荒天下で演習を行っていた第四艦隊で、艦艇の艦体切断等が発生した海難事故。原因は設計法に起因する強度不足で、これにより他の艦艇も船体強度を高める必要に迫られている。

省の裁定でこのうち1隻が中型の飛龍型へと変更された。第八〇〇号艦とされたこの中型空母は新設計艦とする予定だったが、昭和16年8月に出師準備第二着作業として策定された(急)計画で中型空母1隻の整備が認められた際には、予定を変更して最も早期に建造開始が可能な飛龍型の改型として整備することが決定する。これが、「飛龍」の設計を元にしつつ、艦橋位置の右舷前部への移動、中部エレベーターの削減や新型艦上機運用のための着艦艤装の新式化等の改正を行った艦として設計が纏められた雲龍型である。

本型は(急)計画で1隻、改㊄計画で13隻の計14隻の整備が予定されたが、「信濃」整備の代替として2隻の整備が中止となったことを含めて、実際に建造されたのは6隻のみで、うち完成したのは「雲龍」「天城」「葛城」の3隻のみだった。また、これらの完成艦も、日本の機動部隊壊滅までに完成に至った艦はなく、「雲龍」「天城」は特に戦績を残すこともなく失われ、終戦時唯一生き残っていた「葛城」は戦後に復員船として使用された後、解体処分となった。

「飛龍」の設計を流用しつつ改良を加えた中型空母「雲龍」

雲龍型三番艦「葛城」。元々空母として建造された艦のうち、最も遅く竣工した(昭和19年10月15日)

大和型戦艦を改造した最後の大型空母「信濃」

大和型戦艦の三番艦「信濃」(第一一〇号艦)は㊃計画で整備されたが、開戦後に戦艦としての工事中止訓令が出された上、緊急度の高い艦艇建造のためにドックを開けることを目的として、昭和17年10月を目処に浮揚出渠させる工事が推進された。昭和17年6月30日になると、ミッドウェー海戦後の空母緊急増勢の検討の中で、本艦を空母改装艦に含めることが決定されている。

決定直後より、本艦の空母への改装設計案が研究開始され、当初、艦政本部は有力な飛行甲板防御を持つ前線の洋上補給基地ともいうべき空母として、直掩の戦闘機のみを搭載して、格納庫も戦闘機用のもののみを設置するという意見を出した。だが、軍令部側と航空本部側の異論もあって、最終的に艦固有の搭載機として艦戦と艦攻を搭載することとし、両機種用の格納庫を設け、ミッドウェー海戦の戦訓を充分に考慮した艤装を施した重装甲空母として改装することとされた。

「信濃」の空母改装は昭和19年12月を目処として、昭和18年2月より実施の運びとなった。この後、「信濃」の改装は、昭和19年初頭に横須賀工廠の工事作業量が新型艦艇建造・艤装と損傷艦の修理で飽和状態となったため、約3カ月全面中止とされてしまい、完成予定も昭和20年(1945年)2月末に変更された。だが昭和19年7月末になると、次期決戦となる捷号作戦に「信濃」を投入することが必須と考えられたため、完成予定を10月15日とする命令が出されてしまう。

横須賀工廠は工事短縮のために各種の非常手段を用い、渠中浮揚までの工事を予定通りに実施したが、渠中浮揚時の事故による損傷とその復旧で遅れが生じてしまい、竣工は11月19日のこととなった。このように関係者が苦心して繰り上げ竣工に至り、排水量は戦後に米のスーパーキャリアが竣工するまで最大の空母であった「信濃」だが、戦局には何ら寄与しないまま、その10日後の11月29日に米潜水艦の雷撃で失われてしまった。

■日本海軍の空母一覧

大型空母(新造)
「翔鶴」「瑞鶴」「大鳳」
大型空母(他艦種より改造)
「赤城」「加賀」「信濃」
中型空母(新造)
「蒼龍」「飛龍」「雲龍」「天城」「葛城」
中型空母(商船より改造)
「隼鷹」「飛鷹」
小型空母(新造)
「鳳翔」「龍驤」
小型空母(他艦種より改造)
「祥鳳」「瑞鳳」「龍鳳」「千歳」「千代田」
小型低速空母(商船より改造)
「大鷹」「雲鷹」「冲鷹」「神鷹」「海鷹」

大和型戦艦三番艦から改造され、日本海軍最大の空母となった「信濃」

翔鶴型空母建造の経緯

大型空母・翔鶴型はいかなる経緯を経て建造に至ったのだろうか。本稿では「蒼龍」「飛龍」の建造計画から翔鶴型の建造に至るまでの経緯を詳細に解説する。

文／本吉隆

英米日における艦隊型空母の建造

1930年代初頭になると、米海軍ではレキシントン級空母2隻が、英海軍では高速艦隊型空母3隻が就役した。これを受けて、両海軍では空母の集中運用を含めて、各種の演習において、大型高速の「艦隊型空母」という新艦種の可能性を探る措置が採られている。

その結果、空母という艦種は、「小型の爆弾一発で航空作戦能力を失うこともある」、極めて脆弱な艦であるともされたが、以前から期待されていたように、艦隊防空と作戦水域の制空任務、艦上機の活動圏内にある洋上目標への索敵攻撃、敵泊地内の艦艇攻撃に有用に使用できる艦種であることが認められた。更に、大規模な航空攻撃戦力を持ち、巡洋艦と組んで活動できる高速の艦隊型空母を中核とする部隊であれば、その機動力を活かして敵の勢力圏内に深く進出し、敵要地に対する「戦略攻撃」の実施も可能な能力があるとも考えられた。これを含めて、艦隊型空母は海軍の作戦に不可欠な艦であると見做されるようになった。

当時は第一次大戦の戦訓もあって、「航走中の軍艦に、航空機は魚雷や爆弾は命中させられない」という風潮があったが、洋上行動中の急降下爆撃戦術の採用をはじめとする空母機の洋上攻撃能力の改善と、技術進歩に伴う艦上機の高性能化により、この考えは否定されるに至る。結果、空母同士の決戦で勝利して、決戦水域の制空権を確保しなければ、主力部隊である戦艦隊を含め、水上艦隊の艦隊決戦時の作戦行動が大きく制限されるとも考えられるようになった。

また、高速の空母機動部隊を捕捉するのは水上艦隊では困難であり、敵の空母部隊を撃滅するのであれば、味方の空母部隊で捕捉・撃滅するのが、艦隊決戦の勝利には必須と受け取られるようにもなっていった。

一方、日本海軍では、英米でこのような研究が進んでいた時期の昭和5年(1930年)、ロンドン条約の締結により巡洋艦以下の補助艦艇が制限対象となったことで、これらの艦艇が重要な位置を占めていた旧来の漸減作戦構想が一旦完全に崩壊するという非常事態に陥っていた。以後、日本海軍の漸減作戦構想の再構築をはじめとする一連の検討の中で、航空兵力は決戦兵力の一翼を成す重要な存在として扱われるようになり、日本海軍は米英の空母運用の変化を受けて、空母の運用法を模索するようにもなった。

かくして新たな漸減作戦構想下では、戦艦同士の最終決戦が行われる前に実施される空母・巡洋艦以下の高速艦艇で編成された偵察艦隊(日本では「前進部隊」こと第二艦隊が相当)同士の交戦時に発生する空母戦において、日本艦隊の作戦実施の大きな障害となる米空母部隊を撃滅することが、日本空母の新たな主任務として定められる。この空母撃滅戦に投じる空母は、第二艦隊の主力となる巡洋艦・駆逐艦の行動を妨げないだけの高速性能と、空母の機動作戦で必要と見做された大きな航続性能、空母撃滅戦の主力となる多数の艦爆搭載能力を含む大きな航空作戦能力の付与、また、経空脅威の増大に対応できる有力な対空兵装の搭載等が、要求の最優先事項となっていた。

「蒼龍」「飛龍」の建造計画

これを受けて、新型の高速艦隊型空母の検討が、昭和7年(1932年)より開始された。まず、1万3500トン型(搭載機数72機、速力36ノット、航続力18ノットで1万浬。兵装は20・3cm砲6門、12・7cm高角砲12門)の検討がなされた後、昭和8年(1933年)6月には「鳳翔」の代艦分を含める形で、軍縮条約下で残った2万100トンの新造枠を用いて、計画で2隻の1万50トン型空母(搭載機数常用72機、最大105機、主機はできればディーゼルとし、速力36ノット、航続力18ノットで1万浬。兵装は20・3cm砲5門、12・7cm高角砲20門、対空機銃40挺以上。装甲防御は妙高型重巡と同様)の整備が軍令部商議で出された。

蛇足ながら、これらの空母案で強力な砲装が望まれたのは、この時期の空母は艦隊前方に出て作戦を実施するのが前提で、作戦時に遭遇する敵巡洋艦との交戦を考慮するのが一般的だったことによる。

この要求に基づいて、常用搭載機数は変わらないが、排水量抑制のために主砲兵装を15・5cm砲5門、対空兵装を12・7cm高角砲12門、25mm連装機銃14基(28挺)装備に変更したG-8(「蒼龍」「飛龍」の原案)と呼ばれる試案に基づく艦が建造される見込みとなったが、友鶴事件による艦艇設計の見直しによる要求の改定と、第四艦隊事件による艦艇の強度見直し等の紆余曲折を経て、最終的に㊁計画では純粋な空母型の艦である「蒼龍」と「飛龍」の2隻が建造された。

㊂計画における新大型空母整備の検討

これに続いて、次期補充計画で整備する新型空母に対する検討も昭和9年(1934年)初頭より始まった。当初の要求は排水量1万8000トン程度の艦

昭和12年(1937年)初頭、呉海軍工廠にて艤装中の「蒼龍」。本艦は航空巡洋艦のG-6案、1万50トン級のG-8案(蒼龍原案)を経て、純粋な空母型の中型空母として建造された

だったが、後に排水量約2万トン、常用搭載機数約70機、片舷指向主砲火力14cm砲6門、最高速力は36ノット、航続距離は18ノットで8000浬の性能を持たせるという要求の元で、艦の設計検討が行われる。

だが、この空母案の検討が開始された直後に友鶴事件が発生したこと、検討途上で第四艦隊事件が発生したことなどを受けて、先の「蒼龍」「飛龍」と同様に要求自体を全面的に改正する必要が生じた。これらの要求を勘案して、㊂計画において整備する空母に対する軍令部の要求は、最終的に基準排水量2万3500トンの速力34・5ノット、航続力は18ノットで1万浬の大型艦とされ、搭載機は常用72機(補用24機)で、対空兵装は12・7cm高角砲連装8基、装甲防御は弾火薬部で垂直側が20・3cm砲弾、水平側が800kg爆弾への抗堪、機関部は垂直側が12・7cm砲弾、水平側が500kg爆弾(急降下爆撃)抗堪とし、艦の主要部には炸薬量TNT450kgの魚雷弾頭に抗堪する水中防御を付与するというものへと変化した。

他方、㊂計画で整備する艦の検討が実施されていた時期の昭和11年(1936年)6月3日に行われた国防所要兵力の改定では、空母の所要兵力量は10隻とされ、基本の艦型は2万トン型とされた。なお、空母兵力がこの所要量に達した場合、海軍は空母各2隻からなる航空戦隊5個を編成し、戦艦隊支援のため1個航空戦隊は第一艦隊に配するが、4個航空戦隊は第二艦隊に配備して、空母撃滅戦に当たる空母部隊(機動航空部隊)を編成することを考えていた。

㊂計画の検討時期、日本海軍の空母兵力は、竣工済みの艦が「鳳翔」「赤城」「加賀」「龍驤」の4隻、「蒼龍」と「飛龍」が建造中で計6隻だったが、あと数年で艦齢に達する「鳳翔」は代艦整備の実施が確定していたため、軍令部は当面の空母増勢として5隻の整備を実施することとし、㊂計画ではそのうち2隻を整備することとした。

これは当時の日本海軍において、基本的に脆弱な艦である空母については、個艦性能の優秀はもちろん望ましいが、むしろ隻数を多くすることを第一義として、常に空母の対米比率を同数以上とする方針だったことを受けたものだ。この2隻の大型空母の建造により、第一次ヴィンソン案※までに整備される米海軍の空母兵力に対して、対抗可能な隻数を確保できると考えられたのである。

翔鶴型空母の建造

大型艦隊型空母の設計は、「改装後の『加賀』と同様の搭載機数と対空兵装、『蒼龍』と同等の速力とより長い航続力を持ち、重巡に相当するもしくはより上回る耐弾防御力を付与する」という、前型「飛龍」の設計の拡大型と言うべきものとして進められた。だが、軍令部の要求を完全に達成するのはやはり難しく、最終的に基準排水量2万5675トン(満載2万9800トン)とより大型化が図られ、その影響で速力と航続力が若干低下したが、概ね軍令部の要求を満たす設計案が纏められて、承認を得ることになった。

なお、この時点で本型は、昭和10年(1935年)5月29日の航空本部長より艦政本部長に宛てた航本機密第八〇五号「航空母艦艤装に関する件照会」の中で示された「艦橋と煙突はこれを両舷に分離し、煙突は可及的後方、艦橋は中央部付近とす」に従って、「飛龍」同様に右舷中央部に煙突を置き、艦橋を左舷中央部に配置する形で設計が纏められてもいた。

この設計案により建造された三号艦と四号艦のうち、三号艦は昭和12年(1937年)12月12日に横須賀工廠で起工、四号艦は翌年5月25日に川崎重工神戸造船所で起工に至った。ちなみに四号艦は、日本の「赤城」「加賀」及び「蒼龍」以降の中型・大型空母で、最初に民間造船所で建造された艦ともなっている。

三号艦は昭和14年(1939年)6月1日に進水に至り、同日に「翔鶴」と命名、四号艦は同年11月27日に進水して「瑞鶴」と命名された。

だが、両艦の進水前、左舷艦橋配置を取った大改装後の「赤城」の発着艦公試の実績が、飛行甲板上の気流悪化等を含め、「加賀」に比べて不良と見做されたことを受けて、建造途上で艦橋配置を「蒼龍」式の右側配置に変更することが決定される。この艦橋の位置改正に伴う設計変更作業は昭和13年(1938年)末より開始され、航空本部から「三/四号艦以降に適用」するとされた艦橋位置改正に関する航本機密81号が出された翌月の、

進水前、昭和14年5月30日の三号艦(翔鶴)。本艦は戦艦「陸奥」等が建造された横須賀海軍工廠の第二船台(ガントリー船台)において建造されている

昭和14年6月1日、進水した空母「翔鶴」。進水式の式典中、にわかに大雨となって参列者を困惑させたというエピソードが残っている

(※)…1934年に予算成立したアメリカ海軍の建艦計画。空母は「ワスプ」の建造が計画されており、その完成をもってアメリカ海軍の空母はレキシントン級2隻、「レンジャー」、ヨークタウン級3隻、「ワスプ」の7隻となる。

艤装工事中の設計変更など紆余曲折を経て、昭和16年8月8日に竣工した「翔鶴」。写真は直後の8月23日、横須賀にて撮影されたもの

昭和14年2月の技術会議で決定を見た。艦橋の位置変更に伴う艦の設計変更は多岐にわたり、かなりの大規模工事となったと言われている。

この工事に伴う改正と、主機や缶、補機等の造機関係の製品納入遅延等もあって、両艦の艤装工事は計画より約半年の工期延伸が見込まれることにもなったが、対米戦を考慮した出師準備実施に伴って工期短縮が図られ、「翔鶴」は昭和16年8月8日、「瑞鶴」は同年9月25日に竣工するに至った。

両艦は完成後、直ちに第五航空戦隊を構成して第一機動部隊に配され、竣工からわずか3～4カ月後の真珠湾攻撃に参加したのを嚆矢として、以後、日本機動部隊の中核艦として活動することになる。そしてミッドウェー海戦で四大空母を喪失した後は、「大鳳」が竣工するまで日本海軍でただ2隻の大型正規空母として活動、昭和17年（1942年）夏以降のガ島戦では、二度の空母戦で機動部隊の要となる艦として活躍を見せたことを含めて、大きな役割を果たした。

そして、「翔鶴」がマリアナ沖海戦で、「瑞鶴」がエンガノ岬沖海戦で沈没するまで活動を続けた本型は、太平洋戦争時の日本機動部隊の栄光と敗北の記録を見届けることにもなった。

翔鶴型は「蒼龍」以降の日本空母の集大成と言える大型の艦隊型空母だ。竣工後、一部に不具合があることが報ぜられ、また、飛行甲板防御に不備があり、更に十六試以降の大型かつ大重量の艦上機（流星など）の運用に問題を抱えているといった面もあったが、当時の米英の空母と比較しても、有用な航空機運用能力を持ち、当時の艦隊型空母として、有用に使いうる空母であったことは確かである。

そして太平洋戦争の海空戦での活躍は、これを裏付けるものと言えるだろう。

昭和16年9月25日、神戸川崎造船所にて竣工引き渡し当日の「瑞鶴」。本艦は初めて民間造船所で建造された大型空母であり、神戸川崎造船所としても「榛名」「伊勢」「加賀」に続く4隻目の、排水量3万トン級の大型艦建造となった

昭和16年秋、発着艦訓練を実施する「瑞鶴」。艦の上方に九七艦攻が見える

翔鶴型空母 運用と艦隊編制

太平洋戦争の諸海戦で機動部隊の中核艦を担った翔鶴型空母。本稿では日本海軍が構想し、実施した翔鶴型の運用法に加え、翔鶴型を含む日本海軍の艦隊編制について解説する。 文／本吉隆

太平洋戦争開戦前までの艦隊決戦構想と艦隊編制

昭和12年（1937年）度の㊂計画で整備された翔鶴型空母は、当時の日本海軍が考えていた艦隊決戦構想の中で、日米の艦隊決戦の雌雄を決する戦艦同士の決戦前に行われる米空母との空母戦に投じる高速艦隊型空母として計画された。

計画当時の空母戦の構想では、巡洋艦・駆逐艦の速力性能を阻害せずに活動できる艦隊型空母は、重巡を中核とする第二艦隊（前進部隊）に配されて、重巡戦隊及び水雷戦隊と帯同して米空母の撃滅戦に当たり、決戦水域の制空権を確保することが第一の任務となっていた。昭和11年（1936年）に軍令部の兵力量検討で、第二艦隊に4個航空戦隊（計8隻）を配するとされたのは、このような運用法を考慮した上で決定された。

空母という艦種は、日米の両海軍共に「一発爆弾が当たれば、戦闘不能になる脆い艦」と見做されており、このため日本海軍では、急降下爆撃機による先制攻撃を実施することで、敵空母の航空作戦能力を喪失させて決戦水域の制空権を確保することを目論んでいた。

太平洋戦争の開戦時期になると、日米海軍共に最終決戦となる戦艦同士の決戦は、空母戦で敗退して制空権を取れなかった場合、戦艦隊の活動に大きな支障が生じるため、これを諦めることが基本方針となっており、このため、以前は前座扱いだった空母決戦の勝敗が艦隊決戦の雌雄を決するとも考えられている。実際、この時期には日本海軍において、空母決戦では基地航空隊の協力を得て全力を挙げて米空母部隊の撃滅に当たり、余力をもって敵戦艦隊を攻撃、これを撃滅するという航空決戦構想が勃興しており、これに伴い、空母決戦を含む航空戦の成果を考慮し、その後、戦況有利であれば「昼間決戦で一気に勝敗を決する」「薄暮決戦に続き、前進部隊の夜戦」「水雷戦隊の夜戦に次いで翌朝決戦」のいずれかの方策で決戦の終末戦を実施するという、以前の漸減作戦構想の目的を大半喪失させる対米作戦構想の大転換が検討されていた。

第一航空艦隊の新編とミッドウェー海戦後の再編

空母決戦用の空母建造推進が進む中、㊂計画の時期を含めて、昭和16年（1941年）4月の第一航空艦隊の編成までは、より低速な「赤城」「加賀」や小型空母の「龍驤」「鳳翔」「大鯨」（後の龍鳳）は、敵主力艦攻撃を行う決戦夜戦部隊に配され、戦艦隊の支援を含む別任務に充当される予定であり、空母撃滅戦に投ぜられる第二艦隊には「蒼龍」以降の中大型新造空母が配されることになっていた。

ただ、これでは仮想敵である米空母部隊に比べて兵力比で劣るため、㊂計画時には翔鶴型等の高速艦隊型空母を補う存在として、空母予備艦の高崎型（祥鳳型）を艦爆搭載艦として配することで、「相討ちの公算が高い」と考えられた空母戦において、米空母部隊に伍する隻数を確保することが考えられていた。

しかし、先の航空部隊主導による艦隊決戦構想が本格的に検討されるようになると、空母の集中を行わなければ、大規模な空母航空兵力の円滑な運用が困難であることが認められたため、主力空母を集約することが艦隊側から要求されるようになる。

このような状況が後押しする形で編成に至ったのが、世界で初めて空母を中心兵力として独立編成された第一航空艦隊だった（昭和16年4月10日に新編）。開戦前に6隻の大型空母を含む4個航空戦隊8隻の空母が集中配備され、司令長官に中将が配された同艦隊は、第一艦隊／第二艦隊と同格の艦隊決戦用部隊として扱われており、その中で「翔鶴」「瑞鶴」も同艦隊の主力として活動することになる。

この時、機動部隊の編成は第一航空艦隊に他艦隊の艦艇を臨時に配するという形が取られていたが、ミッドウェー海戦後の機動部隊の再編では、同一艦隊に空母だけでなく、護衛となる水上艦艇部隊を含める形での建制を行うことが決定する。

これが昭和17年（1942年）7月14日に誕生し、戦艦を主力とする第一艦隊に代わって決戦兵力の最重要兵力扱いとされた第三艦隊であり、これの建制時、「翔鶴」「瑞鶴」は日本海軍に2隻しか存在しない大型空母として、文字通り中核艦として活動することになる。

以後、第三艦隊は、基地航空隊に決戦兵力の最重要兵力の地位を明け渡すが、昭和19年（1944年）3月1日に第三艦隊と第二艦隊の統一指揮のために合同を図った第一機動艦隊の編成を経て、捷号作戦で艦隊の大部分を失った後に残余の空母が第二艦隊に移籍するまで、日本の機動部隊編成の根幹であり続けることになった。

翔鶴型を含む艦隊編制

竣工前の段階で翔鶴型は、第一航空戦隊を構成していた「赤城」「加賀」に代わり、同戦隊を構成することが予定されていた（なお、翔鶴型の一航戦への編入後、「赤城」「加賀」は翔鶴型の就役に伴う兵力拡充に対処して新編された第五航空戦隊へ編入予定だった）。だが、竣工時の翔鶴型の評価に芳しからぬ面があったことなどが影響して、「赤城」「加賀」はそのまま第一航空戦隊に残り、代わって翔鶴型2隻で五航戦が編成されることになった。なお、両艦の五航戦編入は「翔鶴」が昭和16年8月25日、「瑞鶴」が同年9月25日だった。

その後、「翔鶴」「瑞鶴」は真珠湾攻撃を初陣として、ミッドウェー海戦後の機動部隊再編がなされるまで五航戦で活動を続けており、その間に第一機動部隊の各種作戦に参加したほか、珊瑚海海戦時には南洋部隊（第四艦隊）に編入されて作戦に従事した。ミッドウェー海戦での

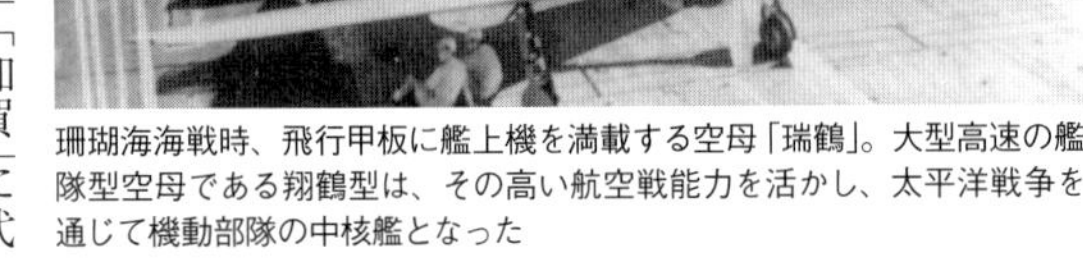

珊瑚海海戦時、飛行甲板に艦上機を満載する空母「瑞鶴」。大型高速の艦隊型空母である翔鶴型は、その高い航空戦能力を活かし、太平洋戦争を通じて機動部隊の中核艦となった

4空母喪失後には、昭和17年7月14日の第三艦隊の建制時に第一航空戦隊に配されている。以後、マリアナ沖海戦まで同戦隊に所属して作戦に従事しており、ガ島戦から昭和19年3月の第一機動艦隊の編成までは、機動部隊の主力である機動部隊本隊に配されるのを常としていた。また、その間に両艦は、編成直後に「翔鶴」が第三艦隊旗艦となったのを嚆矢として、第一機動艦隊の編成後に「大鳳」が一航戦に編入されて第一機動艦隊兼第三艦隊旗艦となるまで、「翔鶴」「瑞鶴」とも第三艦隊の旗艦の座につくことがあった。また、マリアナ沖海戦で「大鳳」「翔鶴」が沈没した後は、「瑞鶴」が第三艦隊旗艦の座についている。

マリアナ沖海戦後の昭和19年8月10日、連合艦隊の編制改定により、「瑞鶴」は「千歳」「千代田」「瑞鳳」の3隻と共に第三航空戦隊を構成することになった。この際に機動部隊本隊に編入された三航戦は、第五戦隊と第十一水雷戦隊（後に第一水雷戦隊も加わり、第五戦隊と第二遊撃部隊を編成）、第六十一駆逐隊と共に乙部隊を構成しており、捷号作戦では水上艦隊の作戦を補助する囮として活動することとされた。

ただしレイテ沖海戦では、台湾沖航空戦の影響で護衛艦隊主力の第二遊撃部隊（第五戦隊および第一水雷戦隊）が引き抜かれた結果、機動部隊本隊は乙部隊の残余と「大淀」、丙部隊のうち航空戦艦の「伊勢」「日向」の各艦、そして対潜掃討部隊である第三十一戦隊（「五十鈴」と駆逐艦4隻）を増援に加えてレイテ沖海戦に出動しており、その中で「瑞鶴」は最後の日本機動部隊の旗艦として戦闘に参加、エンガノ岬沖海戦で喪失に至り、本型の活動履歴に終止符が打たれた。

連合艦隊の編制と翔鶴型空母

■昭和16年12月10日現在の連合艦隊

連合艦隊
- 第一戦隊　戦艦「長門」「陸奥」（直率）
- 第一艦隊
  - 第二戦隊　戦艦「伊勢」「日向」「扶桑」「山城」
  - 第三戦隊　戦艦「金剛」「榛名」「霧島」「比叡」
  - 第六戦隊　重巡「青葉」「衣笠」「古鷹」「加古」
  - 第九戦隊　軽巡「北上」「大井」
  - 第三航空戦隊　空母「鳳翔」「瑞鳳」
  - 第一水雷戦隊　軽巡「阿武隈」
    - 第六、第十七、第二十一、第二十七駆逐隊
  - 第三水雷戦隊　軽巡「川内」
    - 第十一、第十二、第十九、第二十駆逐隊
- 第二艦隊
  - 第四戦隊　重巡「高雄」「愛宕」「摩耶」
  - 第五戦隊　重巡「那智」「羽黒」「妙高」
  - 第七戦隊　重巡「最上」「熊野」「鈴谷」「三隈」
  - 第八戦隊　重巡「利根」「筑摩」
  - 第二水雷戦隊　軽巡「神通」
    - 第八、第十五、第十六、第十八駆逐隊
  - 第四水雷戦隊　軽巡「那珂」
    - 第二、第四、第九、第二十四駆逐隊
- 第一航空艦隊
  - 第一航空戦隊　空母「赤城」「加賀」、第七駆逐隊
  - 第二航空戦隊　空母「蒼龍」「飛龍」、第二十三駆逐隊
  - 第四航空戦隊　空母「龍驤」、特設空母「春日丸」、第三駆逐隊
  - 第五航空戦隊　空母**「翔鶴」「瑞鶴」**、駆逐艦「朧」「秋雲」

（略）第三艦隊、第四艦隊、第五艦隊、第六艦隊、第十一航空艦隊、南遣艦隊、連合艦隊直属・付属

■真珠湾攻撃時の第一機動部隊

第一機動部隊
- 第一航空戦隊　空母「赤城」「加賀」
- 第二航空戦隊　空母「蒼龍」「飛龍」
- 第五航空戦隊　空母**「瑞鶴」「翔鶴」**、駆逐艦「秋雲」
- 第三戦隊　戦艦「比叡」「霧島」
- 第八戦隊　重巡「利根」「筑摩」
- 第一水雷戦隊　軽巡「阿武隈」
  - 第十七駆逐隊　駆逐艦「谷風」「浦風」「浜風」「磯風」
  - 第十八駆逐隊　駆逐艦「陽炎」「不知火」「霞」「霰」

■珊瑚海海戦時の南洋部隊（第四艦隊）

南洋部隊（第四艦隊）
- 練習巡「鹿島」（直率）
- MO機動部隊
  - 第五戦隊　重巡「妙高」「羽黒」
  - 第七駆逐隊　駆逐艦「曙」「潮」
  - 第五航空戦隊　空母**「翔鶴」「瑞鶴」**
  - 第二十七駆逐隊　駆逐艦「有明」「夕暮」「白露」「時雨」
  - 第六戦隊第二小隊　重巡「衣笠」「古鷹」（※昭和17年5月7日夜、編入）
- MO攻略部隊
  - 第六戦隊　重巡「青葉」「衣笠」「加古」「古鷹」空母「祥鳳」、駆逐艦「漣」
- 援護部隊
  - 第十八戦隊　軽巡「天龍」「龍田」ほか
- ポートモレスビー攻略部隊
  - 第六水雷戦隊　軽巡「夕張」駆逐艦「追風」「朝凪」「睦月」「弥生」「望月」ほか

■昭和17年7月14日現在の連合艦隊

連合艦隊
- 戦艦「大和」（直率）
- 第一艦隊
  - 第二戦隊　戦艦「長門」「陸奥」「扶桑」「山城」
  - 第六戦隊　重巡「青葉」「衣笠」「加古」「古鷹」
  - 第九戦隊　軽巡「北上」「大井」
  - 第一水雷戦隊　軽巡「阿武隈」
    - 第六、第二十一駆逐隊
  - 第三水雷戦隊　軽巡「川内」
    - 第十一、第十九、第二十駆逐隊
- 第二艦隊
  - 第四戦隊　重巡「高雄」「愛宕」「摩耶」
  - 第五戦隊　重巡「羽黒」「妙高」
  - 第三戦隊　戦艦「金剛」「榛名」
  - 第二水雷戦隊　軽巡「神通」
    - 第十五、第十八、第二十四駆逐隊
  - 第四水雷戦隊　軽巡「由良」
    - 第二、第九、第二十七駆逐隊
- 第三艦隊
  - 第一航空戦隊　空母**「瑞鶴」「翔鶴」**「瑞鳳」
  - 第二航空戦隊　空母「龍驤」「隼鷹」
  - 第十一戦隊　戦艦「比叡」「霧島」
  - 第七戦隊　重巡「熊野」「鈴谷」「最上」
  - 第八戦隊　重巡「利根」「筑摩」
  - 第十戦隊　軽巡「長良」
    - 第四、第十、第十六、第十七駆逐隊

（略）第四艦隊、第五艦隊、第六艦隊、第八艦隊、第十一航空艦隊、連合艦隊直属・附属

■南太平洋海戦時の第二艦隊および第三艦隊

第二艦隊
- 第三戦隊　戦艦「金剛」「榛名」
- 第四戦隊　重巡「愛宕」「高雄」
- 第五戦隊　重巡「妙高」「摩耶」
- 第二航空戦隊　空母「隼鷹」
- 第二水雷戦隊　軽巡「五十鈴」
  - 第十五、第二十四、第三十一駆逐隊

第三艦隊
- 第一航空戦隊　空母**「翔鶴」「瑞鶴」**「瑞鳳」
  - 第四駆逐隊
  - 第十六駆逐隊
  - 第六十一駆逐隊
- 第十一戦隊　戦艦「比叡」「霧島」
- 第七戦隊　重巡「鈴谷」「熊野」
- 第八戦隊　重巡「利根」「筑摩」
- 第十戦隊　軽巡「長良」
  - 第十駆逐隊、第十七駆逐隊

■マリアナ沖海戦時の第一機動艦隊

第一機動艦隊
- 第三艦隊
  - 本隊・甲部隊
    - 第一航空戦隊　空母「大鳳」**「翔鶴」「瑞鶴」**
    - 第五戦隊　重巡「妙高」「羽黒」
    - 第十戦隊　軽巡「矢矧」
      - 第十、第十七、第六十一駆逐隊
      - 附属　駆逐艦「霜月」
  - 本隊・乙部隊
    - 第二航空戦隊　空母「隼鷹」「飛鷹」「龍鳳」戦艦「長門」、重巡「最上」
    - 第二十七、第二駆逐隊（第二水雷戦隊）
    - 第四駆逐隊（第十戦隊）
    - 駆逐艦「浜風」（第十戦隊）
- 第二艦隊
  - 前衛部隊
    - 第一戦隊　戦艦「大和」「武蔵」
    - 第三戦隊　戦艦「金剛」「榛名」
    - 第三航空戦隊　空母「瑞鳳」「千歳」「千代田」
    - 第四戦隊　重巡「愛宕」「高雄」「鳥海」「摩耶」
    - 第七戦隊　重巡「熊野」「鈴谷」「利根」「筑摩」
    - 第二水雷戦隊　軽巡「能代」
      - 第三十一、第三十二駆逐隊
      - 附属　駆逐艦「島風」

■昭和19年8月15日現在の連合艦隊

連合艦隊
- 軽巡「大淀」（直率）
- 第二艦隊
  - 第一戦隊　戦艦「大和」「武蔵」
  - 第二戦隊　戦艦「扶桑」「山城」
  - 第三戦隊　戦艦「金剛」「榛名」
  - 第四戦隊　重巡「愛宕」「高雄」「摩耶」「鳥海」
  - 第五戦隊　重巡「妙高」「羽黒」
  - 第七戦隊　重巡「熊野」「鈴谷」「利根」「筑摩」
  - 第二水雷戦隊　軽巡「能代」
    - 第二、第二十七、第三十一、第三十二駆逐隊
- 第三艦隊
  - 第一航空戦隊　空母「雲龍」「天城」「葛城」
  - 第三航空戦隊　空母**「瑞鶴」**「千歳」「千代田」「瑞鳳」
  - 第四航空戦隊　戦艦「伊勢」「日向」、空母「隼鷹」「龍鳳」
  - 第十戦隊　軽巡「矢矧」、重巡「最上」
    - 第四、第十七、第四十一、第六十一駆逐隊
- 第五艦隊
  - 第二十一戦隊　重巡「那智」「足柄」
  - 第一水雷戦隊　軽巡「阿武隈」
    - 第七、第十八、第二十一駆逐隊

（略）南西方面艦隊、その他、連合艦隊直属・附属

■昭和19年10月（レイテ沖海戦前）の連合艦隊

連合艦隊
- 軽巡「大淀」（直率）
- 第二艦隊
  - 第一戦隊　戦艦「大和」「武蔵」
  - 第二戦隊　戦艦「扶桑」「山城」
  - 第三戦隊　戦艦「金剛」「榛名」
  - 第四戦隊　重巡「愛宕」「高雄」「摩耶」「鳥海」
  - 第五戦隊　重巡「妙高」「羽黒」
  - 第七戦隊　重巡「熊野」「鈴谷」「利根」「筑摩」
  - 第二水雷戦隊　軽巡「能代」
    - 第二、第三十一、第三十二駆逐隊
- 第三艦隊
  - 第一航空戦隊　空母「雲龍」「天城」「葛城」
  - 第三航空戦隊　空母**「瑞鶴」**「千歳」「千代田」「瑞鳳」
  - 第四航空戦隊　戦艦「伊勢」「日向」、空母「隼鷹」「龍鳳」
  - 第十戦隊　軽巡「矢矧」、重巡「最上」
    - 第四、第十七、第四十一、第六十一駆逐隊

（略）第五艦隊、その他連合艦隊直属・付属

「翔鶴」「瑞鶴」艦上機名鑑

文・写真提供／野原茂

三菱 零式艦上戦闘機二一型／三二型／二二型 [A6M2b/A6M3]

太平洋戦争を通して海軍戦闘機隊の主力機の座にあった傑作機。開戦直前の昭和16(1941)年夏に竣工した「翔鶴」「瑞鶴」には最初から零戦二一型が搭載された。搭載定数は両艦ともに18機である。連合軍側から“神秘的”とさえ形容された軽快かつ俊敏な空戦性能に加え、技量水準の高い搭乗員との相乗効果により、緒戦期には基地航空部隊の配備機も含めて南太平洋、インド洋方面で一方的な勝利を収めた。

零式艦上戦闘機二一型 [A6M2b]	
全幅 12.00m	全長 9.05m
全高 3.53m	自重 1,754kg
全備重量 2,421kg	
発動機 中島「栄」一二型(940hp)×1	
最大速度 533km/h	航続距離 3,500km(最大)
固定武装 20mm 機銃×2、7.7mm 機銃×2	
爆弾250kg×1(爆戦のみ)	乗員 1名

◀「瑞鶴」に搭載された零戦二一型。昭和17年1月、ラバウル攻略「R作戦」支援時

昭和17年6月から量産が始まったA6M3、いわゆる二号零戦(のちの零戦三二型)も同年夏以降、両艦に少数が配備されたようだが、南太平洋海戦の前に撮られた「翔鶴」飛行甲板の写真に写っているのは、すべて零戦二一型である。

昭和18年に入ってからは、航続力の回復を図った零戦二二型が配備され、同年12月、両艦がトラック島から本土に帰還するまで主兵力として使われた。

三菱 零式艦上戦闘機五二型 [A6M5]

太平洋戦争中期、次々と最前線に登場するアメリカ軍の新型機に対抗するべく、零戦二二型の速度、火力向上を主眼に開発され、昭和18(1943)年秋より部隊就役したのが零戦五二型である。もっとも、当初は基地航空隊への配備が優先されたため、空母への配備が本格化したのは昭和19年に入ってからのことだった。

零式艦上戦闘機五二型 [A6M5]	
全幅 11.00m	全長 9.12m
全高 3.57m	自重 1,876kg
全備重量 2,733kg	
発動機 中島「栄」二一型(1,130hp)×1	
最大速度 565km/h	航続距離 1,920km(最大)
固定武装 20mm 機銃×2、7.7mm 機銃×2	
爆弾60kg × 2	乗員 1名

◀第六五三海軍航空隊の零戦五二乙型。昭和19年9月、大分航空基地

しかも、昭和19年2月15日付の海軍航空隊の改編、空地分離の方針により空母ごとの飛行隊が廃止されたため、「翔鶴」「瑞鶴」固有の搭載機としての零戦五二型という肩書きはごく短期間だった。空母「大鳳」も含めた3隻で構成された第一航空戦隊に隷属する飛行部隊の第六〇一海軍航空隊の艦戦定数は81機である。

零戦五二型系列には、射撃兵装の強化を主眼にしたサブタイプの五二甲型／乙型／丙型の三つの型式があるが、「翔鶴」は19年6月に、「瑞鶴」は同年10月に戦没しているので、搭載された可能性があるのは「翔鶴」は五二甲型、「瑞鶴」は五二乙型までである。

中島 九七式艦上攻撃機 [B5N]

零戦、九九式艦爆とともに太平洋戦争開戦時の各空母搭載“花形トリオ”の1機として君臨したのが本機で、日本海軍最初の全金属製単葉引き込み脚機となったことでも知られる。ただ、開発着手時期が昭和10(1935)年と早かったせいもあり、開戦劈頭のハワイ・真珠湾攻撃における大戦果はともかく、性能上の旧式化も早く、昭和17年5月の珊瑚海海戦以降は、作戦の度に戦果に見合わぬ損害の多さが目立つようになった。

九七式三号艦上攻撃機 [B5N2]	
全幅 15.52m	全長 10.30m
全高 3.70m	自重 2,279kg
全備重量 3,800kg	
発動機 中島「栄」一一型(970hp)×1	
最大速度 377km/h	航続距離 1,990km(最大)
固定武装 7.7mm 機銃×1	
爆弾/魚雷 800kg	乗員 3名

◀昭和16年12月、ハワイ・真珠湾上空を飛行する九七式三号艦攻。「瑞鶴」の搭載機

昭和19年2月以降、六〇一空の艦攻隊には新鋭機 天山の配備が本格化したが、九七式艦攻も少数が残っており、同年6月のマリアナ沖海戦直前頃に撮影された「瑞鶴」搭載機による雷撃訓練シーンの映画フィルムも現存する。ただ、マリアナ沖海戦に臨んだ第三航空戦隊の3空母に搭載された六五三空の九七式艦攻計27機は、攻撃任務ではなく誘導、索敵機として使われた。これ以降、空母搭載の本機の活動はなく、基地航空隊所属機による対潜哨戒任務などに集約された。

中島 艦上攻撃機 天山 [B6N]

九七式艦攻の後継機という位置づけで、昭和14(1939)年に試作発注された本機だが、発動機のトラブル、大重量機ゆえの空母着艦時の制動索切断、拘束鈎(着艦フック)の故障などの諸問題解決に長期を要し、制式兵器採用は昭和18年8月と大幅に遅れた。空母への配備が本格化したのは昭和19年2月以降のことである。

艦上攻撃機 天山一二型 [B6N2	
全幅 14.89m	全長 11.87m
全高 3.80m	自重 3,010kg
全備重量 5,200kg	
発動機 三菱「火星」二五型(1,850hp)×1	
最大速度 481km/h	航続距離 3,024km
固定武装 13mm機銃×1、7.92mm機銃×1	
爆弾/魚雷 800kg	乗員 3名

◀第六〇一海軍航空隊「瑞鶴」分乗隊の天山一一型。昭和19年春、シンガポール

「大鳳」「翔鶴」「瑞鶴」の3空母で構成された第一航空戦隊に隷属する第六〇一海軍航空隊の艦攻隊定数は54機であり、計画ではすべて天山で構成することになっていたが、実際には同年6月のマリアナ沖海戦時でも配備数は44機に留まった。同海戦は日本側の大敗という形で終わり、参加した各空母の天山計71機も、2日間の戦闘でのめぼしい戦果ゼロに加え、残存機が1機のみという惨憺たる結果だった。

昭和19年10月の捷一号作戦には、囮役として参加した「瑞鶴」以下4隻の空母に計25機の天山が搭載されていたが、2日間の戦闘で壊滅。4隻の空母もすべて撃沈され、艦攻としての天山の活動も終焉した。

愛知 九九式艦上爆撃機 [D3A]

空母艦上機3種のなかで最も新しい艦爆の三代目にして、最初の全金属製単葉形態となったのが本機である。試作発注は昭和11(1936)年、制式兵器採用は同14年12月である。愛知が技術提携していたドイツのハインケル社製He70の設計を模した機体だが、急降下爆撃時の安定性を重視し、敢えて固定主脚を採用した古めかしい外観となった。

九九式艦上爆撃機一一型 [D3A1]	
全幅 14.40m	全長 10.20m
全高 3.08m	自重 2,390kg
全備重量 3,650kg	
発動機 三菱「金星」四四型(1,070hp)×1	
最大速度 381km/h	航続距離 1,472km
固定武装 7.7mm機銃×2(機首)、7.7mm旋回機銃×1(後上方)	
爆弾 60kg×2+250kg×1	乗員 2名

◀「翔鶴」に搭載された九九式艦爆一一型。昭和17年5月、珊瑚海海戦時

「翔鶴」「瑞鶴」には竣工直後から搭載され、太平洋戦争開戦劈頭のハワイ・真珠湾攻撃をはじめ昭和17年10月の南太平洋海戦まで、多くの損害を出しながらもめざましい戦果をあげた。しかし、それ以降は九七式艦攻と同様に性能面での旧式化が顕著となり、出撃の度に損害のみが目立つようになった。「翔鶴」「瑞鶴」への搭載は昭和18年末までで、翌19年2月以降は後継機の彗星に更新された。ちなみに、同年6月のマリアナ沖海戦時に第二、第三航空戦隊で使われた零戦改造の爆戦は、旧式化した九九式艦爆の代役であった。

空技廠 二式艦上偵察機/艦上爆撃機 彗星 [D4Y]

将来の理想的艦爆像を企図し、昭和13(1938)年に海軍航空廠(当時)自らが試作着手したのが本機である。その意図からして実験機の意味合いが強く、ドイツ製液冷エンジンDB601Aの国産化品を搭載し、精緻を極めた機体設計、多くの新機軸の導入などが図られた。

ところが、太平洋戦争開戦が必至の情勢となったために、九九式艦爆の後継として実用化が図られることになり、とりあえず艦上偵察機として昭和17年7月に制式兵器採用し、艦上爆撃機 彗星としての採用はさらに後の昭和18年11月となった。

艦上爆撃機 彗星一一型 [D4Y1]	
全幅 11.50m	全長 10.22m
全高 3.29m	自重 2,510kg
全備重量 3,650kg	
発動機 愛知「熱田」二一型(1,200hp)×1	
最大速度 552km/h	航続距離 3,890km
固定武装 7.7mm機銃×2(機首)、7.7mm旋回機銃×1(後上方)	
爆弾 250kgまたは500kg×1	乗員 2名

◀第六五三海軍航空隊の彗星一二型。昭和19年9月、九州

本機は高性能ではあったが、発動機の故障、機体の不具合、整備の難しさなどもあって稼働率は低く、現場での評価は芳しくなかった。二式艦偵は昭和17年後半以降、「翔鶴」「瑞鶴」に少数ずつ搭載されたが、彗星の搭載は19年2月以降となった。したがって、マリアナ沖海戦における六〇一空への配備(定数81機)による活動が、艦爆として事実上唯一の大規模実戦参加の機会だった。

「翔鶴」「瑞鶴」における艦上機運用

文・写真／野原 茂

「翔鶴」「瑞鶴」の艦上機を紹介したところで、次はそれらの艦上機が実際に艦上あるいは陸上基地でどのように運用されていたのかを見ていこう。なお、こうした運用は搭載機の更新や昭和19年の「空地分離」制度によって変遷しており、本稿では時系列に沿って解説する。

各空母搭載機の役割分担

翔鶴型空母の搭載機定数は、太平洋戦争開戦時点において艦戦（零戦）18機、艦爆（九九式艦爆）27機、艦攻（九七式艦攻）27機であったが、直後の昭和17（1942）年1月に3機種すべてが均一の21機に変わり、同年7月までそのままとされた。

しかし、同年6月のミッドウェー海戦において、第一、二航空戦隊の4空母すべてを失う大敗を喫したのと、それまでの各海戦における戦訓を踏まえ、8月1日付けの改定により、翔鶴型の搭載機定数は艦戦27機、艦爆27機、艦攻18機に変わった。

これは、空母同士の海戦の場合は敵艦載機による迎撃も厳しく、零戦の護衛を強化する必要があったのと、艦爆の急降下爆撃をもってする敵空母の飛行甲板の破壊が、戦いを有利に導くために重要であること、低速なうえに機動性に劣る艦攻の被害が大きいことなどを勘案しての措置であった。

ちなみに、よく誤解されるのだが、作戦に際し空母1隻が常に3機種を発艦させると思われがちだが、実はそうではない。攻撃目標の如何、あるいは第二次攻撃がある場合などには、状況により出撃機種や分担が変わる。

ミッドウェー海戦後に新編された第一航空戦隊（「翔鶴」「瑞鶴」「瑞鳳」の3隻で構成）のうち、「瑞鳳」を除く2隻で臨んだ昭和17年8月24日の第二次ソロモン海戦では、第一次攻撃隊計40機の中に「瑞鶴」の艦攻は含まれておらず、第二次攻撃隊36機は艦戦と艦爆のみで構成された。

さらに、同年10月26日の南太平洋海戦時の第一次攻撃隊では、「翔鶴」は艦戦4機と艦攻20機、「瑞鶴」は艦戦8機と艦爆21機という具合に、はっきりと役割分担された。

空母搭載機の陸上基地展開

昭和18（1943）年2月、ガダルカナル島からの撤退を余儀なくされた日本陸海軍にとって、ソロモン海域での敗北は、以降の戦局を考えれば、絶対に避けねばならない。そこで戦線維持には航空優勢が不可欠との見地から、陸海軍ともに可能な限りの兵力投入を行うことにした。

こうした現状のもと、空母搭載機も母艦を離れて陸上基地に移動、基地航空隊の指揮下に入って作戦行動するパターンが恒常化してゆく。すでに前年8月28日から9月4日

昭和17年1月20日、「R」作戦を支援するため「瑞鶴」の飛行甲板後半部を埋め尽くして並び、発艦に備える艦上機群。先頭集団3列9機が零戦、次の3列9機が九九式艦爆、最後方の6列18機が九七式艦攻である。大型空母の翔鶴型とはいえ、一回の出撃で発艦させられる機数は、この36機ぐらいが限度である。

先頭の零戦は、飛行甲板前端までの距離が約100mほどしかなく、滑走発艦可能な合成風速18m/秒を得るために、母艦は風上に正対して全速力で航行する。この写真のように3機種がいちどに発艦する際は、重量が大きい機体ほど長い滑走距離を必要とするので、並ぶ順番も自ずとこのようになる。

出撃から戻った機は、発艦時と同様に風上に正対して航行する母艦に平行して航過したのち、前方で左回りに長方形を描くように四度旋回しつつ（空港などの場周経路と同じ）、高度、速度を徐々に下げる。そして降着装置を降ろし、最後の第4旋回を経て母艦の真後ろから接近し、零戦の場合、約130km/hの最終速度で着艦する。

これも「R」作戦支援時の撮影と推定される「瑞鶴」からの九九式艦爆の発艦シーン。艦橋手前で機体は水平姿勢になって滑走している

昭和17年夏頃、「翔鶴」もしくは「瑞鶴」からの二号零戦（のちの零戦三二型）の発艦シーン。海軍省の公表写真で、機密保持のため艦橋上の二一号電探などが修正・消去されている

までの間、「翔鶴」「瑞鶴」の零戦各15機がソロモン諸島のブカ島基地に派遣され、ガダルカナル島攻撃に加わったのは、そのさきがけであった。

そして、18年4月上旬の戦局挽回を期した一大航空撃滅戦「い」号作戦に際しては、一航戦の空母「瑞鶴」「瑞鳳」、二航戦の空母「隼鷹」「飛鷹」の搭載機計184機がラバウル基地に集結。同月14日までに4回の進攻作戦に加わった。ちなみに、い号作戦では雷撃対象目標はないので、艦攻隊は不参加だった。

南太平洋海戦における損傷修理のため、い号作戦に参加できなかった「翔鶴」の飛行機隊だが、18年2月末にはそれが終了。7月中旬には、い号作戦後に内地に戻っていた「瑞鶴」とともにトラック島に進出し、飛行機隊は10月末まで錬成に励んだ。

この間、艦戦隊は従来までの3機で1個小隊の基本編制を改め、4機で1個小隊とし、時勢に沿った編隊空戦法の習得に努めた他、新たに戦闘爆撃用法を開発するなどした。

10月27日、先のい号作戦に準じた「ろ」号作戦が発動され、一航戦の「翔鶴」「瑞鶴」「瑞鳳」の搭載機計152機は、11月1日にトラック島を発してラバウルに集結。13日の作戦終了まで、ブーゲンビル島周辺の敵艦船攻撃、ラバウル上空の防空戦などに従事した。

南太平洋海戦の11日前、昭和17年10月15日、アメリカ軍のガダルカナル島に対する輸送船団を攻撃するため「翔鶴」の飛行甲板後部に並び発艦に備える艦上機群。先頭から零戦8機、九九式艦爆21機

しかし、ろ号作戦における兵力消耗は、海軍にとって戦慄すべき内容であった。とくに対艦船攻撃における損失が大きく、一航戦でも艦戦の43%はともかくとして、艦爆の95%、艦攻の90%という消耗率は、すなわち全滅に近い数値である。これは米海軍艦艇の対空防御システム、とりわけVT信管内蔵の砲弾を使用する射撃兵装によるものだった。

性能上の旧式化もあるが、開戦以来、空母搭載機兵力の一翼を担ってきた九九式艦爆、九七式艦攻が、もはや第一線機として用をなさなくなったことは明白で、このろ号作戦を最後に「翔鶴」「瑞鶴」の搭載機種から外された。

空地分離と新型機の導入

い号、ろ号両作戦が象徴したように、従来までのような、各空母が固有の飛行機隊と一体になって行動する機会が昭和18年を通してほとんどなかった現状に鑑み、海軍は昭和19(1944)年2月15日付けで組織改編を実施。空母と飛行機隊は分離し、新たに六〇〇番台の隊名を冠する艦隊航空隊を編成して各航空戦隊に隷属、作戦の際は、それぞれの空母に分乗して臨むという方式に改めた。いわゆる「空地分離」と呼ばれた制度である。

竣工したばかりの新鋭空母「大鳳」と、「翔鶴」「瑞鶴」の3隻で構成された新第一航空戦隊に隷属したのは、旧一航戦の残存搭乗員を基幹にし、3月10日に山口県の岩国基地で開隊した第六〇一海軍航空隊である。装備定数は艦戦81機、艦爆81機、艦攻54機、艦偵9機で、第一線を退いた九九式艦爆、九七式艦攻に代わり、それぞれ彗星と天山が配備された点が目新しい。艦戦隊については、零戦五二型が充当された。

なお艦偵については、すでに18年7月1日以降、「翔鶴」「瑞鶴」の2隻に限り、装備定数3機が加えられており、今回が初めてではない。機体は、彗星に先駆けて本機を偵察機仕様に改造し、制式採用していた二式艦偵である。

昭和18年1月末、ガダルカナル島撤退作戦支援のためラバウル東飛行場に展開した「瑞鶴」搭載の零戦二一型。空母搭載機の陸上基地転用の例

艦隊航空隊の終焉

絶対国防圏死守の意気込みで臨んだ、昭和19年6月19～20日のマリアナ沖海戦には、日本海軍は9隻の空母と計430機の艦上機という空前の兵力を投入。アウトレンジ戦術で勝機を見い出そうとしたが、質、量双方とも圧倒的に勝るアメリカ海軍機動部隊を相手に、みるべき戦果がないまま、「翔鶴」を含む空母3隻と艦上機369機を失って惨敗を喫した。

その後、艦隊航空隊の再建が試みられたが、道半ばで比島攻防戦が始まったため、「瑞鶴」を含めた4隻の空母に分乗した六〇一空、六五三空を合わせた計116機は、戦艦部隊のレイテ島突入を助けるための囮(おとり)役として出撃。10月25日のエンガノ岬沖海戦で4隻すべてが撃沈され、ここに昭和3(1928)年以来、営々と築き上げられてきた日本海軍艦隊航空隊は事実上潰え去った。

昭和19年8月、国策映画『雷撃隊出動』に"出演"した六五三空の天山が「瑞鶴」から滑走発艦するシーン。胴体下面には実物の九一式改五航空魚雷を懸吊しており、実戦出撃と変わらぬリアル感がある

飛天◇鶴翼

翔鶴型空母の戦歴

太平洋戦争直前に建造され、真珠湾攻撃からレイテ沖海戦に至るまで日本海軍空母部隊の主力として活動した翔鶴型空母。本稿では太平洋戦争における翔鶴型の戦いについて詳述する。

文／松田孝宏　イラスト／AMON

◆翔鶴型空母関連地図（太平洋方面）

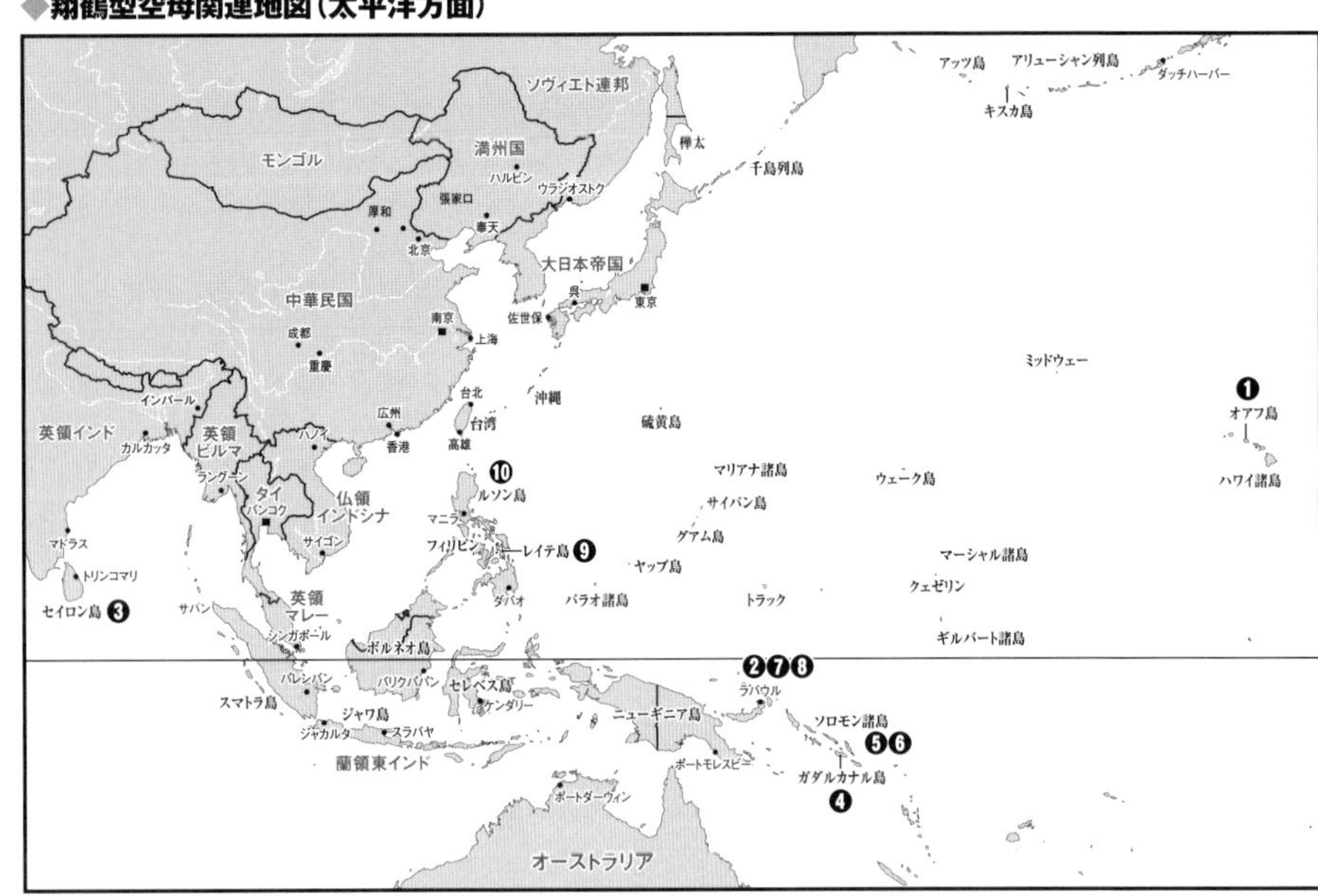

❶真珠湾攻撃（昭和16年12月8日）
❷ラバウル攻撃（昭和17年1月20日）
❸セイロン沖海戦（昭和17年4月5日～9日）
❹珊瑚海海戦（昭和17年5月4日～8日）
❺第二次ソロモン海戦（昭和17年8月23日～24日）
❻南太平洋海戦（昭和17年10月26日）
❼い号作戦（昭和18年4月7日～15日）
❽ろ号作戦（昭和18年10月28日～11月12日）
❾マリアナ沖海戦（昭和19年6月19日～20日）
❿レイテ沖海戦（昭和19年10月23日～26日）

精強なる鶴翼の初陣 真珠湾攻撃

昭和12年（1937年）度の第三次海軍軍備充実計画で建造の決まった翔鶴型空母は、1番艦「翔鶴」が昭和16年（1941年）8月8日、2番艦「瑞鶴」が同年9月25日に就役した。

進水時はアメリカほか各国スパイに厳重な警戒を要する国際状況となっており、「翔鶴」の場合は空母と分からないよう、記念の文鎮に「軍艦翔鶴」と記された。同様に「瑞鶴」の絵はがきには戦艦の絵が描かれている。果たして、中国人スパイからの報告でアメリカは「ショーカク」「カクツル」という空母と「ズイカク」という戦艦が存在すると思ったという。

また、「翔鶴」は排水量を秘匿するため、艦首の吃水マークを白ペンキから黒ペンキに変更、数字表記も「イロハ……」表記とした。「瑞鶴」の引き渡し時は折しも室戸台風が発生しており、浸水のため一時は遭難も覚悟したが乗艦した工員らのバケツリレーで水をかい出したという。

2隻の大型空母は間もなく迎える開戦に際して、第五航空戦隊を編成、真珠湾攻撃に投入されることとなった。司令官は原忠一少将、旗艦は「瑞鶴」である。「翔鶴」の竣工後、ただちに訓練が開始されたが、母艦の完成しない「瑞鶴」飛行隊はしばらくの間、「翔鶴」で訓練に励んだ。「瑞鶴」の零戦は大分空で整備を行ったが、大分空の整備班長らは零戦を知らず、「瑞鶴」側で教えたとは川上秀一整備員の証言だ。艦内は広くて入り組んでおり、多くの乗員は「艦内旅行」に3日ばかり要したと証言する。また、「鬼の蒼龍、蛇の翔鶴」との畏怖もあったという。

ハワイ作戦の骨子は、6隻の空母が集中配備された南雲忠一中将率いる第一航空艦隊が、ハワイ真珠湾のアメリカ太平洋艦隊に開戦劈頭、奇襲攻撃をかけることにあった。新編の五航戦は錬度の不足が懸念されていたが、鹿児島湾や志布志湾、佐伯湾での猛訓練により短期間で戦力化を果たした。

昭和16年（1941年）11月26日、単冠湾を出発した一航艦は北太平洋ルートでハワイを目指す。出撃後のある日、「瑞鶴」艦爆隊の坂本明大尉は九九艦爆に装着された爆弾に「開戦劈頭第一弾」と白エナメル塗料で筆太に

◆真珠湾攻撃進撃図

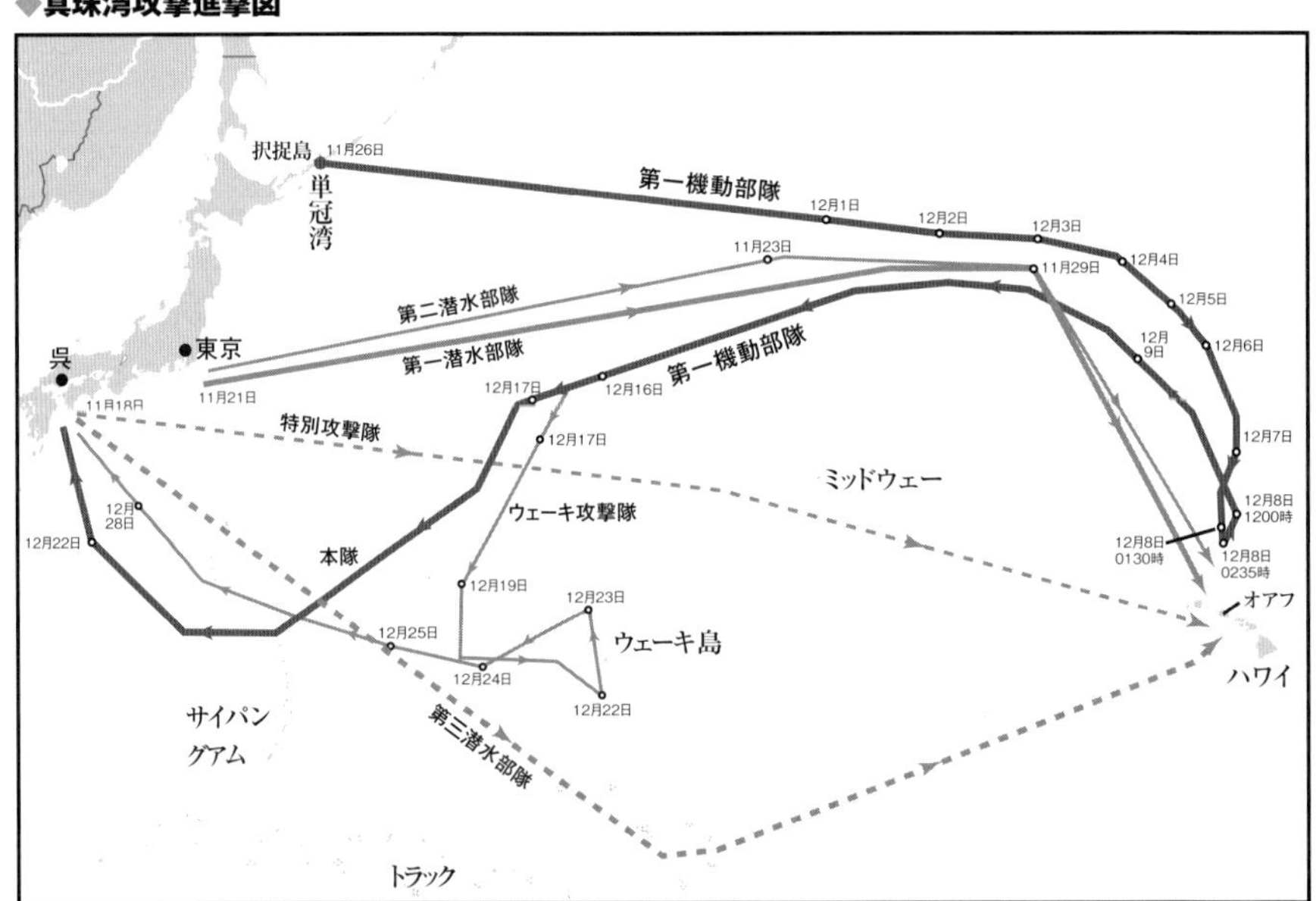

「翔鶴」「瑞鶴」を含む6空母と護衛艦艇からなる第一機動部隊は、択捉島からハワイ近海までの3,500浬（約6,500km）を航行、真珠湾の米太平洋艦隊を撃滅すべく攻撃隊を繰り出した

書き込んでいた。

12月2日、開戦を意味する「ニイタカヤマノボレ一二〇八」の電報が入り、その数日後に機動部隊は油槽船から洋上補給を受けた。「瑞鶴」から離艦する「国洋丸」の船員は、定型の「安全ナル航海ヲ祈ル」ではなく「貴艦ノゴ成功ヲオ祈リシマス」という手旗信号を何度も繰り返していた。

機動部隊は7日、ハワイからの米軍機の飛行圏内に達した。旗艦「赤城」にはZ旗が掲げられ、艦橋の黒板には「皇国の興廃この征戦にあり　粉骨砕身して各自その任を完うせよ」と大書されていた。

12月7日午前5時55分（現地時間）、「赤城」飛行隊長の淵田美津雄中佐を指揮官とする制空隊の零戦43機、急降下爆撃隊の九九艦爆51機、雷撃隊の九七艦攻40機、水平爆撃隊の九七艦攻49機が飛び立っていった。海面は激しく動揺していて一時は発艦が危ぶまれたが、183機の攻撃隊は訓練よりも短時間で発艦を終えた。このうち「翔鶴」は零戦5機、九九艦爆26機、「瑞鶴」が零戦6機、九九艦爆25機であった。

共に就役から3、4カ月で真珠湾攻撃を迎えた「翔鶴」と「瑞鶴」。荒天の多い北太平洋航路を洋上給油を行いながら航行し、ハワイ沖に到達、攻撃隊の発艦と収容に見事成功した。「翔鶴」「瑞鶴」からともに第一次各31機、第二次各27機の攻撃隊が発艦している

真珠湾基地のあるオアフ島に到達しても迎撃がないことから淵田隊長は奇襲の成功を確信、7時49分のト連送（「全軍突撃せよ」を意味する）に続き、52分「われ奇襲に成功せり」を意味する「トラ、トラ、トラ」の打電を命じた。

攻撃の第一弾は、坂本大尉が期待したように「翔鶴」飛行隊長の高橋赫一少佐率いる艦爆隊によるものとなり、フォード島のホイラー飛行場を襲った。「翔鶴」「瑞鶴」の飛行隊は一航戦、二航戦より錬度が足りないため、飛行場攻撃に回されていたのである。艦爆隊が飛行場を猛爆している間、艦攻隊は停泊中の戦艦群を攻撃、炎に包んでいった。

やがて、「瑞鶴」飛行隊長の嶋崎重和少佐率いる第二次攻撃隊が到着。これは7時5分に発艦した、零戦35機、九九艦爆78機、九七艦攻54機（水平爆撃隊）から成る167機で、「翔鶴」からは艦攻27機、「瑞鶴」からも艦攻27機が出撃していた。第二次攻撃は9時5分から開始されたが、この頃になると米軍の応戦も激しくなっており、被害が増加した。今回も「翔鶴」「瑞鶴」飛行隊の水平爆撃隊はカネオヘ、フォード飛行場を攻撃した。

真珠湾へ向け、「瑞鶴」の飛行甲板を発艦する零戦。「瑞鶴」信号檣の中段にはZ旗が掲げられている

二度にわたる攻撃で米軍は戦艦4隻沈没、1隻が大破着底。巡洋艦以下の艦艇も多くが少なからぬ損害を受け、飛行機も約230機を失った。日本側の損害は29機の損失にとどまり、「翔鶴」は艦爆1機を失ったが「瑞鶴」は未帰還機なしという、後年まで続く強運を早くも発揮している。

宣戦布告の遅れがアメリカ世論を戦争に傾けたこと、空母がいなかったことなど戦略的には失敗の面もあったが、戦術面では航空攻撃の威力を全世界に示した完勝と言える戦いであった。

向かうところ敵なし インド洋作戦

真珠湾攻撃を終えて帰投した機動部隊は、束の間の休息を楽しんだ。五航戦は整備、休養の基地として大分空が充てがわれた。夜の大分と別府は戦勝祝賀会の会場となり、母艦搭乗員ばかりにサービスするバーのホステスに内地の搭乗員は落胆したとのことだ。その他の乗員も大変な歓待を受けたという。

明けて昭和17年（1942年）の作戦は、1月20日のラバウル攻略に始まった。陸軍を支援すべく、五航戦と一航戦はラバウルを空襲。この時、「翔鶴」「瑞鶴」の艦爆が貨物船「ヘルシュタイン」を沈めたと伝えられており、これが初めての撃沈戦果と考えられる。21日にも五航戦はニューギニアのマダン、ラエ、サラモアを空襲して作戦に貢献した。

詳しい時期は不明だが、緒戦時に「翔鶴」では「手空き飛行甲板に集まれ、ただ今より空戦が行われるので見学の位置につけ」という艦長命令が放送されたとの証言がある。根拠に乏しい推測だが、「翔鶴」が損害を受ける以前、ラバウル攻略か、次に記すインド洋作戦時あたりならば、このような余裕のある命令が下せたのではないだろうか。

続いての出撃は、イギリス東洋艦隊の基地となるセイロン島である。南方資源の安全確保や、米艦隊との決戦を前に同島に展開の英艦隊を撃滅する必要があった。

修理中の「加賀」を欠く5隻の空母は昭和17年3月26日に出撃、4月5日にインド洋に進出した。セイロン沖に達した機動部隊は9時、零戦36機、九九艦爆38機、九七艦攻54機（水平爆撃隊）、計128機を出撃させた。「翔鶴」からは艦爆19機、「瑞鶴」からは零戦9機、艦爆19機である。イギリス軍は暗号解読などで日本の動きをつかんでいたものの、迂回ルートを飛んできた日本機は発見されることなく飛行場や地上施設を破壊し

「瑞鶴」艦上から撮影した、インド洋を航行する第一機動部隊。写真左から、空母「赤城」「蒼龍」「飛龍」、戦艦「比叡」「霧島」「榛名」「金剛」

た。しかし、「翔鶴」の艦爆1機、「瑞鶴」の艦爆5機が撃墜されている。「翔鶴」の艦爆は藤田隊長、長飛曹長のペアが帰投不能と判断して洋上に突っ込んで自爆したものだった。この時、列機が海面に浮かぶ何物か（航空要具のたぐいか？　資料に具体的な記述なし）に近づく原住民のカヌーを銃撃している。

　この日は一、二航戦攻撃隊が重巡「ドーセットシャー」「コーンウォール」を88パーセントという驚異的な爆弾命中率で沈めている。

　4月9日は朝9時過ぎから120機の攻撃隊が出撃（各艦とも零戦6機、艦攻18機）、セイロン島北東のトリンコマリ軍港を空襲し、ここで「翔鶴」が1機、「瑞鶴」が2機の零戦を失っているものの、コロンボ、トリンコマリの空戦で零戦は終始ハリケーンやフルマーらイギリス軍戦闘機を圧倒している。

　続いて11時43分、索敵機による空母発見の報を受けた零戦6機、艦爆85機が出撃した。「翔鶴」からは14機、「瑞鶴」からは18機

◆インド洋機動作戦

カルカッタ
インド
ビルマ
ボンベイ
4月6日～
通商破壊作戦
ベンガル湾
ラングーン
4月5日2030時
バンコク
アンダマン諸島
マドラス
メルギー
4月9日1020時
トリンコマリ空襲
4月9日0900時
馬来部隊
トリンコマリ
コロンボ
4月5日1045時
コロンボ空襲
4月9日1335時
ハーミス撃沈
4月5日0900時
シンガポール
4月5日1638時～
ドーセットシャー
コーンウォール撃沈
アッズ環礁
第一機動部隊

第一機動部隊は「加賀」を欠いたものの、5空母の攻撃隊によりインド洋方面で機動作戦を実施した。英東洋艦隊の軍港であるコロンボ、トリンコマリを空襲したのに続き、英空母1隻、重巡2隻を撃沈。「翔鶴」「瑞鶴」は軍港および空母攻撃に攻撃隊を発艦させた

である。攻撃隊は12時30分にイギリス空母「ハーミズ」を発見、37発もの命中弾を与えてこれを沈めた（セイロン沖海戦）。この日も、82パーセントという恐るべき爆弾命中率であった。ただし、「赤城」は被害こそなかったものの、2カ月後のミッドウェー海戦を暗示するかのようにイギリス爆撃機の奇襲を許している。

　これらの攻撃によりイギリス東洋艦隊は戦意を喪失してアフリカにまで撤退、作戦目的は達成された。帰路についた機動部隊はシンガポールのジョホール水道を通過した際に陸軍兵を乗せた輸送船に遭遇。お互いに手を振って健闘を称え合い、陸軍兵は新聞紙に「海軍さん頑張って下さい」という大きな文字を書いて見送ってくれた。陸海で連戦連勝のこの時期こそ、日本海軍の絶頂期であった。

空母対決に挑む五航戦 珊瑚海海戦

　第二段作戦を定めた日本軍は、その手始めにニューギニアのポートモレスビーを攻略するMO作戦に着手した。同地を日本が手中にすれば、アメリカとオーストラリアの連絡を遮断し、南西太平洋方面の制空権と制海権を握ることができるためだ。しかし、オーエン・スタンレー山脈が障壁となるため兵力を海上輸送することになり、空母「祥鳳」と重巡4隻を基幹とする五藤存知少将のMO攻略部隊が用意されたが、作戦を担当する第四艦隊司令長官の井上成美中将は航空戦力の不足を訴え、五航戦を基幹とするMO機動部隊が編成された。指揮官は高木武雄少将だが、航空戦の指揮は真珠湾以来の原少将が執ることとされていた。

　日本軍の動きを察知した米軍は、フレッチャー少将の第17任務部隊（空母「ヨークタウン」「レキシントン」基幹）を差し向けていた。出撃したMO機動部隊は昭和17年5月7日、索敵機からの報告に従い8時15分、78機の攻撃隊を放った。「翔鶴」からは零戦9機、艦爆19機、艦攻13機、「瑞鶴」からは零戦9機、艦爆17機、艦攻11機で指揮官は「瑞鶴」飛行隊長の嶋崎重和少佐である。

　その後も複数の目標発見が報じられるが、戦果は給油艦「ネオショー」と駆逐艦「シムス」を撃沈するにとどまった。

　しかし、米軍側はMO攻略部隊の「祥鳳」を発見。集中攻撃を受けた「祥鳳」は最初に沈んだ日本空母となった。

　原少将は薄暮攻撃を企図して夜間に着艦できる搭乗員を選抜、16時15分に27機を飛ばした。内訳は「翔鶴」が艦爆と艦攻各6機、「瑞鶴」が艦爆6機と艦攻9機である。艦爆は「翔鶴」飛行隊長の高橋赫一少佐、艦攻は嶋崎少佐が率いた。しかし、戦果もないまま11機を失う結果となり、高橋少佐が米空母とは知らず着艦しそうになる椿事も起きた。

　翌8日も両軍は早朝から索敵機を飛ばしたが、ほぼ同時刻にお互いを発見した。9時10分、MO機動部隊から高橋少佐が指揮する攻撃隊が発進、15分には米軍も攻撃隊を放ったが、まず日本側の攻撃を記そう。

　米軍攻撃隊とすれ違いながら進撃する日本軍攻撃隊（「翔鶴」から零戦9機、艦爆19機、艦攻10機、「瑞鶴」から零戦9機、艦爆14機、艦攻8機）は、帰投中の菅野兼造飛曹長の偵察機に遭遇。偵察機は「ワレ誘導ス」との信号を送ると機体を反転させ、生命をかけて任務を全うしたが行方不明となった。その偉功は連合艦隊司令長官によって全軍に布告されている。搭乗員の名は菅野兼造飛曹長、後藤継男一飛曹、岸田清次郎一飛曹である。

　機動部隊上空に到達した攻撃隊は、まず「瑞鶴」隊が「レキシントン」に魚雷2本と爆弾2発、「ヨークタウン」に爆弾1発を命中させた。さらに、「レキシントン」には「翔鶴」艦爆隊が爆弾2発を叩き込み、同艦では火災が発生した。「レキシントン」は一時は消火に成功し、傾斜も修正したものの、航空ガソリンの引火で大爆発を起こす。15時7分に総員退艦が命じられた後も洋上を漂っていた「レキシントン」は、味方の魚雷で処分された。お荷物とされた五航戦が、最初の米空母撃沈を記録したのである。

　なお、この戦いでは「翔鶴」戦闘機隊の松田二郎一飛曹の零戦が、いかなる理由か増槽が落ちなかったため、そのまま空戦に入り苦戦を余儀なくされたという。

　また、「ヨークタウン」は被弾後も発着艦が可能だったが、フレッチャー少将は戦線を離脱した。

これにさかのぼること10時30分、MO機動部隊の頭上にも米軍攻撃隊が到達していた。「ヨークタウン」隊39機、「レキシントン」隊43機である。この時、「瑞鶴」がスコールの中に逃れたため、攻撃は「翔鶴」に集中した。飛行甲板に3発の爆弾を受けた「翔鶴」は航行こそ可能だったものの、発着艦は不能となったため、帰投してきた「翔鶴」機は「瑞鶴」に着艦、損傷機は投棄の憂き目に遭った。

MO機動部隊に残された機は零戦24機、艦爆7機、艦攻9機となり、原司令官も戦線を離脱した。連合艦隊の山本長官は第四艦隊に作戦の続行を命じたが、敵を発見できないまま作戦は中止となった。日本軍は「祥鳳」と93機の飛行機を失い、米軍は「レキシントン」と69機の飛行機を失った。史上初の空母決戦は日本の辛勝または引き分けと評されることが多いが、本来の目的であるポートモレスビー上陸ができなかったため、事実上の敗戦と言っていい。

新編機動部隊の初陣 第二次ソロモン海戦

昭和17年6月、機動部隊はミッドウェー海戦で空母4隻を失う大敗北を喫した。「翔鶴」はこの一大凶報を傍受しており、有馬艦長や通信長が顔面蒼白になったのはもちろん、電文を訳する暗号員の手も震えていた。

海軍は新たな機動部隊として第三艦隊を編成、新生した一航戦は「翔鶴」を旗艦に「瑞鶴」と小型空母の「瑞鳳」の3隻となった。指揮官は一航艦時代に続き、南雲長官と草鹿参謀長のコンビである。新たな作戦への出撃に先立ち、「翔鶴」では炭酸ガス消火装置を増設、移動式消火ポンプを搭載、艦内塗料を含む可燃物をできるだけ撤去して、ガソリンタンク周囲には水を張った。

8月7日、米軍が反攻の第一歩としてソロモン諸島のガダルカナル島に上陸すると第八艦隊が出撃するが、第一次ソロモン海戦の大勝利を得ると、島の米軍を攻撃することなく戦場を去った。陸軍はガ島へ増援の派遣を意図して、これを支援するため第三艦隊は8月16日に出撃した。なお、「瑞鳳」は加わらず、代わりに小型空母「龍驤」が参加していた。

米軍もこれを阻止すべくフレッチャー中将が指揮する空母部隊が出撃しており、ミッドウェー海戦を戦った指揮官同士の再戦となった。

両軍はなかなか敵を発見できず、南雲長官はガ島攻撃のため「龍驤」を分派。「龍驤」は8月24日早朝から攻撃隊を発艦させるものの、「サラトガ」隊38機（艦爆30機、艦攻8機）の攻撃を受けた後、18時に沈没した。

日本側は12時25分にようやく空母発見の報を受け、55分に第一次攻撃隊が発艦した。「翔鶴」飛行隊長の関衛少佐が率いる、零戦10機と艦爆27機である。零戦と艦爆という組み合わせは、まず制空権を握って空母の飛行甲板を叩き、艦攻の魚雷でとどめを刺すという構想を具体化したもので、各種機体の搭載数も変更されていた。

攻撃隊は14時20分から攻撃を開始したが、米機動部隊の激しい対空砲火と直衛戦闘機により24機が撃墜された。戦果は「エンタープライズ」に爆弾3発を命中させ、中破させた。南雲長官は14時に「瑞鶴」飛行隊長の高橋定大尉が率いる零戦9機、艦爆27機を第二次攻撃隊として放っていたが、敵を発見できず帰投が夜間となって、行方不明や不時着水などにより5機を失った。この時、「瑞鶴」では野元艦長が燃料の尽きようとしている石丸豊大尉の艦爆中隊を救うべく突進、探照灯の照射も行い3機が不時着したものの全搭乗員が生還した。

米側は「エンタープライズ」が二次にわたり攻撃隊を飛ばしたが、空母を発見できなかった。

損害を受けた日米両艦隊は後退し、戦闘は終わった。だが、増援部隊を乗せた日本船団が空襲を受けて引き返したため、戦術的にも戦略的にも日本側の敗北と言える。

この第二次ソロモン海戦後の昭和17年8月28日から9月4日まで、「翔鶴」「瑞鶴」搭載機はブカ島に進出した。主任務は台南空の戦力が回復するまでガ島飛行場の爆撃を行うことにあったが、期待した成果は得られないまま作戦を終えた。

「翔鶴」運用長の福地周夫によれば、この頃、搭乗員の間で航空艦隊の歌が盛んに唄われていた。福地の著作には1番から6番までの歌詞が記されているが、1番の「ソロモン群島ブーケンビルに　今日も空襲大編隊　翼の二十ミリ雄叫び上げりゃ　落ちるグラマン、シコルスキー」、6番の「花は桜木飛行機乗りは　若い命を惜しみゃせぬ　花のつ

◆珊瑚海海戦

日本海軍はポートモレスビー攻略のため、「翔鶴」「瑞鶴」を含む空母部隊（MO機動部隊）と攻略部隊（MO攻略部隊）を出撃させたが、米海軍も「レキシントン」「ヨークタウン」を擁する第17任務部隊を差し向けた。海戦の結果は日本側が「祥鳳」沈没、「翔鶴」大破、米側が「レキシントン」沈没、「ヨークタウン」中破。本海戦は世界初の空母対空母の海戦であり、日本海軍にとっては太平洋戦争始まって以来の戦略的敗北となった

昭和17年5月8日、珊瑚海にて「ヨークタウン」攻撃隊の攻撃を受ける「翔鶴」。飛行甲板前部に被弾し、炎上している

ぼみの二十で散るも　何の国のため君のため」などに当時の様相が伺える。

10月15日は米軍の小船団に「翔鶴」「瑞鶴」ら攻撃隊が向かい、「翔鶴」隊は駆逐艦「メレディス」を沈めた。同艦は米空母「ホーネット」が東京空襲を行った際、護衛艦として同行していた。その「ホーネット」との戦いが、間もなく開始される。

機動部隊最後の勝利 南太平洋海戦

当初は楽観視されていたガ島の戦況は、日増しに厳しいものとなっていった。10月、陸軍はヘンダーソン飛行場への総攻撃を企図、これに第三艦隊と近藤信竹中将の第二艦隊が協力することになった。「翔鶴」「瑞鶴」「瑞鳳」を擁する第三艦隊は、総攻撃の予定日となる昭和17年10月22日にはソロモン北方に達したものの、陸軍の行動が遅れたため、近海を遊弋していた。空母「隼鷹」を擁する第二艦隊も同様である。

旗艦「翔鶴」の搭乗員らはミッドウェー海戦の仇討ちの意気も高く、マラリアで寝込んでいた艦爆搭乗員が軍服に着替え、精一杯元気な様子で先任搭乗員に「私の病気は全快しました。明日の攻撃には、私を連れていってくださーい」と訴える一幕もあった。これには平素厳しい先任も、次回に参加させるからと優しく説得するしかなかった。

米軍も日本軍の意図を理解しており、キンケード少将が指揮する第16任務部隊（「エンタープライズ」基幹）とマーレイ少将が指揮する第17任務部隊（「ホーネット」基幹）を出撃させ索敵を開始していた。

陸軍の総攻撃が25日と伝えられた南雲長官は南下を開始、第二艦隊もこれに続いた。26日も両軍は払暁から索敵機を飛ばし、4時50分には「翔鶴」偵察機が敵機動部隊発見を打電してきた。米軍はこれに遅れて日本艦隊を発見するが、日本側の動きを先に記す。

5時21分、第三艦隊の空母3隻から攻撃隊が発艦、内訳は「翔鶴」飛行隊長の村田重治少佐が率いる零戦21機、艦爆21機、艦攻20機であった。攻撃隊は途中、「ホーネット」の第一次攻撃隊と遭遇、その10分後には「エンタープライズ」の第一次攻撃隊と遭遇する。ここで「瑞鳳」零戦隊が襲撃して13機を撃墜するが、弾薬切れの5機が帰投、4機が失われた。

戦場に到着した攻撃隊は「ホーネット」を攻撃、2本の魚雷と6発の爆弾で火だるまとせしめた。しかし日本側の被害も大きく、帰投できたのは27機にすぎなかった。「翔鶴」艦攻隊の萩原末二大尉は、襲ってきたグラマンF4Fを「頭のでかい、ずんぐりとした形、色どす黒く、見るからにゴロツキのような機体だ」と形容している。

米軍は「ホーネット」隊が7時25分からの攻撃で「翔鶴」に爆弾4発を浴びせ、司令部は駆逐艦「嵐」を経由して「瑞鶴」に移った。珊瑚海海戦に続いてまたも被害担任艦となった「翔鶴」の飛行甲板は修羅場と化したが、消火作業中に敵空母撃沈が艦橋スピーカーで伝えられ、乗員は歓声を上げた。

「エンタープライズ」隊は空母を発見できず前衛部隊を攻撃したが戦果なし。「ホーネット」の第二次攻撃隊25機は前衛の「筑摩」

第二次ソロモン海戦において九九艦爆を発艦させる「瑞鶴」。本海戦ではまず艦爆隊が空母攻撃に向かい、「エンタープライズ」に爆弾3発を命中させたものの、とどめを刺す艦攻隊の出撃の時期を逸し、米空母を撃沈するには至らなかった

◆第二次ソロモン海戦

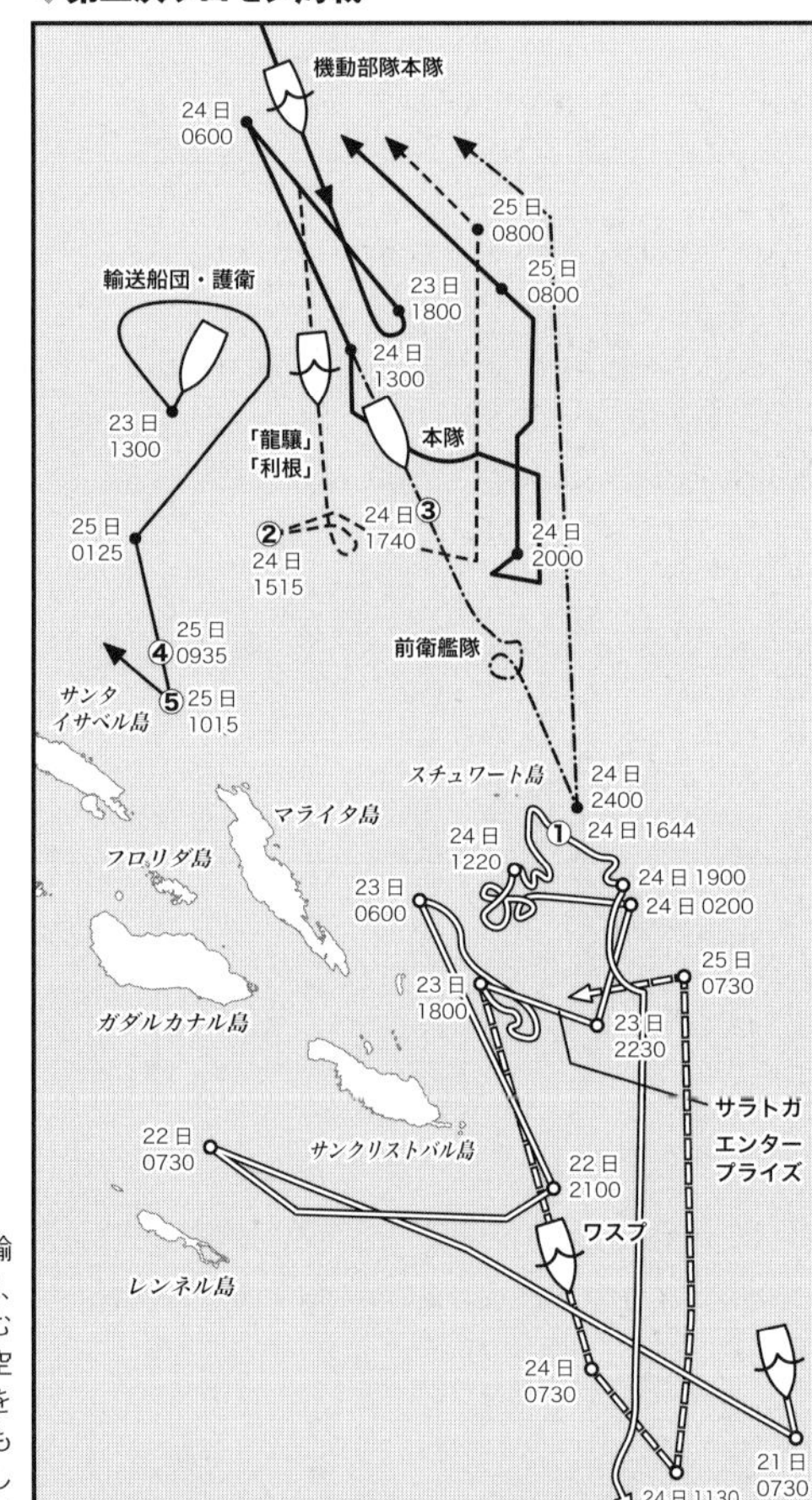

①「エンタープライズ」損傷
②「龍驤」沈没
③「千歳」損傷
④「神通」損傷
⑤「睦月」「金龍丸」沈没

日本海軍はガダルカナル島への兵力輸送を支援すべく、第二・第三艦隊を派遣、これに呼応して米海軍も空母3隻を含む機動部隊を投入し、日米通算3度目の空母決戦が生起した。日本側は「龍驤」を分派してガ島飛行場を攻撃するとともに、これを囮として米空母部隊を誘引したが、「龍驤」は撃沈され、「翔鶴」「瑞鶴」攻撃隊の攻撃も「エンタープライズ」を中破させるにとどまった。また、輸送船団も駆逐艦「睦月」と輸送船「金龍丸」が撃沈され、目的を果たせず撤退している（図版／おぐし篤）

◆南太平洋海戦

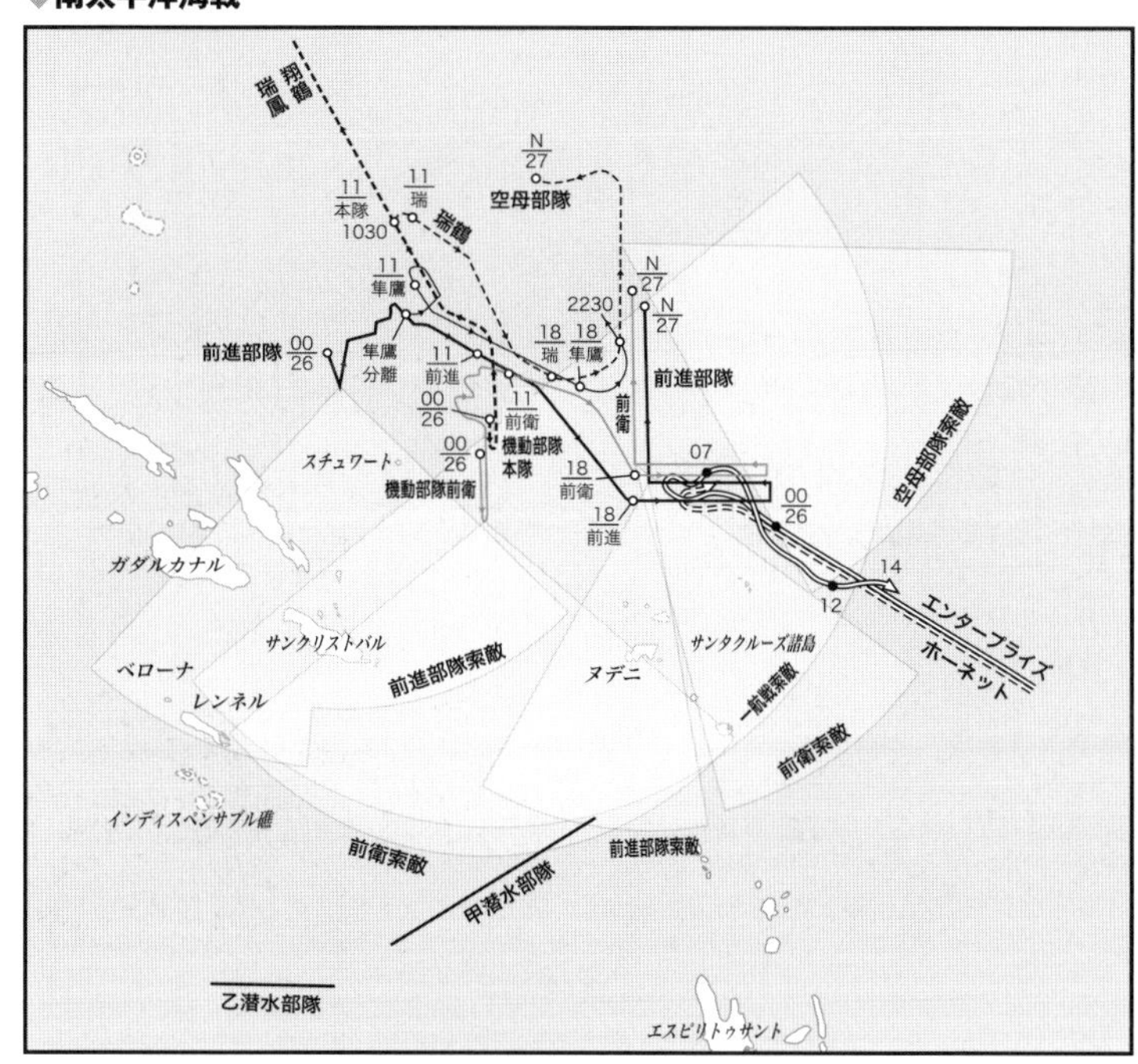

南太平洋海戦タイムテーブル

0525時	第一航空戦隊（「翔鶴」「瑞鶴」「瑞鳳」）から第一次攻撃隊発進
0530時	「ホーネット」から第一次攻撃隊発進
0600時	「エンタープライズ」から第二次攻撃隊発進
0610時	第一航空戦隊から第二次攻撃隊発進
0615時	「ホーネット」から第三次攻撃隊発進
0714時	第二航空戦隊（「隼鷹」）から第一次攻撃隊発進
1106時	第二航空戦隊から第二次攻撃隊発進
1115時	第一航空戦隊（「瑞鶴」）から第三次攻撃隊発進
1333時	第二航空戦隊から第三次攻撃隊発進
2335時	「ホーネット」沈没

昭和17年10月25日、日米4度目の空母決戦・南太平洋海戦が生起した。日本側兵力は第三艦隊の第一航空戦隊（「翔鶴」「瑞鶴」「瑞鳳」）と、第二艦隊の第二航空戦隊（「隼鷹」）。米側は「エンタープライズ」と「ホーネット」。海戦は日米が攻撃隊を多数繰り出す激戦となり、中でも「瑞鶴」と「隼鷹」は、被弾して撤退した「翔鶴」「瑞鳳」の航空隊も含め三次に渡って攻撃隊を発艦させている。結果、「ホーネット」を大破せしめる戦果を挙げた（「ホーネット」は駆逐艦「巻雲」「秋雲」が撃沈処分）

南太平洋海戦時、「翔鶴」飛行甲板上にて発進準備を行う攻撃隊

に直撃弾を与えたが、これが米機動部隊最後の攻撃となった。

一方、日本側機動部隊は執拗に攻撃隊を放ち続けた。第二次攻撃隊は6時10分から第一波として関少佐が率いる「翔鶴」隊の零戦5機と艦爆19機が、7時からは第二波として「瑞鶴」飛行隊長の今宿滋一郎大尉が率いる「瑞鶴」隊の零戦4機と艦攻16機が発艦した。最初に攻撃した「翔鶴」隊は「エンタープライズ」に命中弾2発を与えて発着艦不能としたが、「瑞鶴」隊は雷撃に成功するものの不発が多く駆逐艦「ポーター」を撃沈したにとどまった。米軍の対空砲火はVT信管を使用する前から非常に濃密で、出撃した全44機のうち20機が撃墜され、4機が不時着し、帰投したのは20機という惨たる状況であった。

しかし第二艦隊から「隼鷹」も参戦。7時14分に零戦12機、艦爆17機の第一次攻撃隊を放った。戦果は「エンタープライズ」に直撃弾2発にとどまり、11機が失われた。

「隼鷹」は11時6分に14機の第二次攻撃隊を飛ばして「ホーネット」に魚雷1本を命中させた。しかし5機が行方不明、3機が不時着してしまった。

さらに11時15分、「瑞鶴」機を中心に「翔鶴」「隼鷹」機も含めて編成した一航戦の第三次攻撃隊13機が出撃。「瑞鶴」の田中一郎中尉指揮の艦攻隊は瀕死の「ホーネット」に800kg爆弾1発を命中させた。

最後の攻撃隊は13時33分に出撃した「隼鷹」の第三次攻撃隊10機で、すでに総員退艦が命じられ、反撃も不能の「ホーネット」に爆弾1発を命中させた。キンケード少将は「ホーネット」をあきらめて退避、そこに現れた日本水雷戦隊は曳航も検討したが、傾斜が激しいため雷撃で沈めた。

過剰なまでの日本軍による攻撃、「ホーネット」の抗堪性、どちらも驚かされる。また、「ホーネット」と前項で記した「メレディス」を沈めたことで、一応は東京空襲の仇討ちがなされたことになる。

南太平洋海戦は空母の喪失こそなかったものの、92機の飛行機と「雷撃の神様」こと村田重治少佐を筆頭とする飛行隊長クラスを含む熟練搭乗員多数を失った。先述の艦爆搭乗員も「翔鶴」艦上で戦死した。「翔鶴」零戦隊の小町定（さだ）飛曹長や「瑞鶴」艦爆隊の高橋定少佐のように、海面に不時着して漂流後、駆逐艦に救助された例もある。先述の第二次ソロモン海戦で奇跡的に生還した石丸大尉は重傷を負い、救助された駆逐艦で息絶えた。最期の言葉は「瑞……鶴……」で、石丸大尉を看取った副長（資料の原文ママ、先任将校か）が代わりに「瑞鶴万歳！」を三唱した。

海戦の結果は、「ホーネット」を沈めた日本機動部隊が最後の勝利を収めたものの、米機動部隊と正面きっての戦いは以後、不可能となった。「翔鶴」では10月27日に水葬が執り行われ、艦内では戦死者の肉塊をノミで剥がし取る作業も行われた。檜佐進治一水は堅く握りしめた肉塊に、生きていた戦友の身体に触れる思いがしたと回想する。

多大な犠牲を払いながらガ島総攻撃も失敗、半死半生となった現地将兵は昭和18年（1943年）2月に撤退することになる。

南太平洋海戦後、トラックに帰投した「翔鶴」の損害状況。艦後部に爆弾4発を受け（写真に命中箇所が書き込まれている）、飛行甲板がめくれ上がり、着艦が不可能となっている

ガ島撤退のケ号作戦と「い」号「ろ」号作戦

大本営は、昭和17年の大晦日

にガ島の全将兵撤退を決断した。ガ島撤収作戦となるケ号作戦は昭和18年2月1日から7日まで、3回にわたり駆逐艦による将兵の輸送が行われて成功を収めた。

　その第1回となる2月1日の撤収では、前哨戦としてツラギの敵艦隊に攻撃が行われた。51機の攻撃隊のうち、24機が「瑞鶴」の零戦である。これに参加した「瑞鶴」飛行隊の斎藤三郎少尉によれば、敵を牽制する役目をよく果たしたという。2回目となる2月4日、最後の7日には零戦隊が駆逐艦の上空掩護に就き、米軍機との交戦で損失機も出たが、無事に艦隊を守り通した。こうした活躍はあまり伝えられていないが、「瑞鶴」ほか航空隊の働きがなければ、ケ号作戦は大きな損害を出していたに違いない。

◆い号作戦

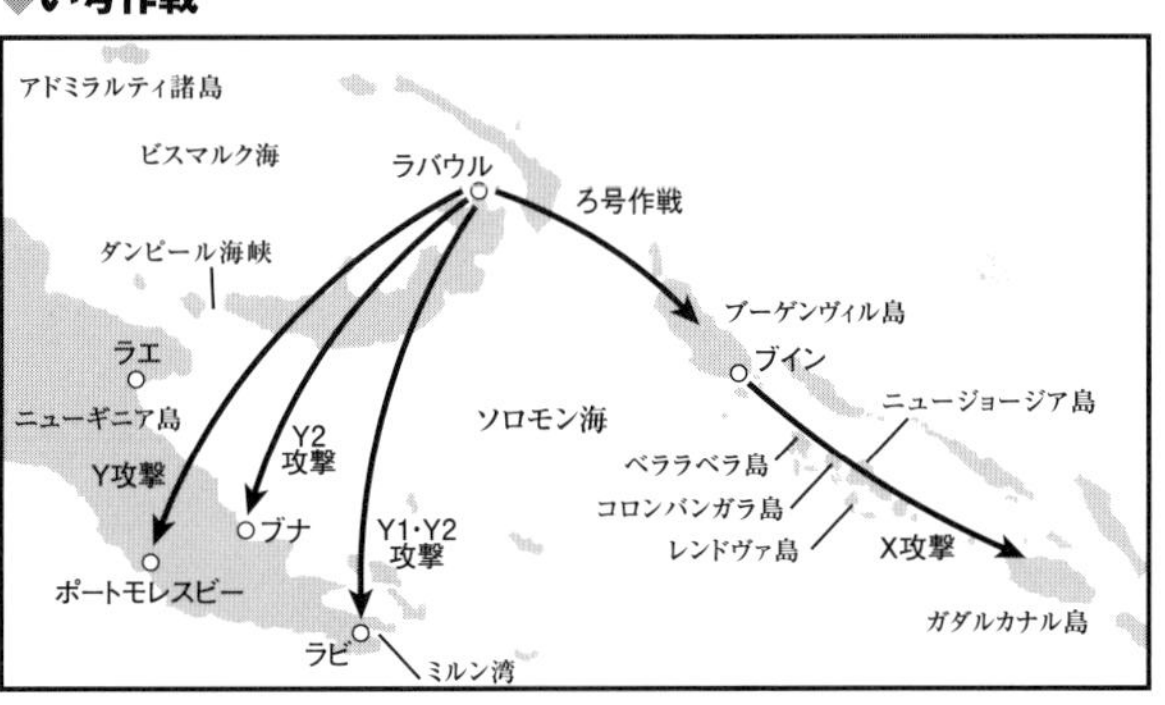

昭和18年4月、日本海軍は第十一航空艦隊（基地航空隊）と第三艦隊所属の母艦航空隊を陸上基地から出撃させる、い号作戦を実施した。本作戦では、ブインからガ島方面を攻撃するX攻撃とラバウルからニューギニア島の要所を攻撃するY攻撃が行われたが、いずれも特筆すべき戦果を挙げることなく終わっている

昭和18年10月22日、エニウェトク環礁における「翔鶴」（右）。中央は重巡「羽黒」、その左後方は「筑摩」。「翔鶴」艦上には艦上機多数が並んでいるが、この後、ろ号作戦でラバウルへ進出、その多くが失われた

　この時期、南太平洋海戦で多くの搭乗員を失った日本機動部隊は再建に努めていたが、昭和18年4月に南東方面（ニューギニア、ガダルカナル島）の航空決戦、「い」号作戦に「瑞鶴」を筆頭とする母艦機（修理中の「翔鶴」は不参加）も投入された。内訳は「瑞鶴」隊が零戦27機、艦爆18機、艦攻18機のほか、「瑞鳳」隊21機、「隼鷹」隊45機、「飛鷹」隊55機である。

　4月7日から14日まで、基地航空隊と母艦航空隊はX攻撃、Y攻撃で輸送船15隻を撃沈して130機以上の飛行機を撃墜破したと判断されたが、実際はタンカーや輸送船など数隻を沈めたに過ぎなかった。これに対し日本側は、43機を失う大損害である。

　山本長官亡き後、後任の古賀長官は、ラバウル攻撃の拠点とすべくブーゲンビル島に上陸した米軍を攻撃するため航空隊を投入した。これが「い」号に続く「ろ」号作戦で、11月初頭に一航戦から173機がラバウルに進出した。内訳は「翔鶴」が零戦32機、艦爆23機、艦攻16機、艦偵（二式艦上偵察機。彗星艦爆の前身）3機、「瑞鶴」が艦爆22機以外は「翔鶴」と同数、また「瑞鳳」からは26機であった。

　「ろ」号作戦は11月1日のブーゲンビル島沖海戦から始まった。5日、「瑞鶴」偵察機が米艦隊を発見すると、「瑞鶴」分隊長の清宮鋼大尉が指揮する14機の艦攻隊が出撃。上陸用舟艇を沈め、大戦果として報告された。これが第一次ブーゲンビル島沖航空戦である。

　その後、11月8日の第二次から最後となる12月3日の第六次まで続き、その度に大戦果が報じられた。だがほとんどが誤認で、11月11日の第三次ブーゲンビル島沖航空戦をもって「ろ」号作戦は打ち切られた（ブーゲンビル島沖航空戦自体は第六次、12月3日まで継続）。作戦開始時は173機あった飛行機は52機にまで減少、18名の飛行隊長や分隊長のうち10名が戦死し、得るものなく11月13日に打ち切られた。

　これらの戦いのうち、とある戦闘で予備学生出身の中尉が率いる零戦隊が敵戦闘機と遭遇時に艦爆隊から離れていたとして、辛うじて生還した大尉の分隊長が日本刀で追い回す様子が伝えられている（資料によれば母艦機だが、艦名は未記載）。

　こうした例もある一方、現地や母艦の航空隊が意気盛んだった様子もまた多く伝えられる。それだけに錬成途中の航空隊の消耗は惜しまれる。

さらば「翔鶴」、最後の戦い マリアナ沖海戦

　昭和19年（1944年）になると米軍の反攻はより苛烈なものとなり、昭和19年6月15日には絶対国防圏であるマリアナ諸島のサイパン島に上陸を開始した。

　この事態に、連合艦隊司令部は「あ」号作戦を発令した。出撃するのは、空母9隻を基幹とする第三艦隊と大和型戦艦を筆頭に高い水上打撃力を持つ第二艦隊を一つにした第一機動艦隊である。「翔鶴」と「瑞鶴」は旗艦「大鳳」とともに第一航空戦隊を編成、文字通り主力とされた。日本海軍史上最大の機動部隊を指揮するのは、小澤治三郎中将である。

　対する、ミッチャー中将の指揮するアメリカの第58任務部隊は大型空母7隻、軽空母8隻に900機近くの飛行機を搭載しており、第一機動艦隊の430機の倍以上の戦力差を有していた。

　小澤長官は戦力差を埋めるべく、米軍機よりも航続距離の長い機体で敵の攻撃範囲外から叩くアウトレンジ作戦を意図していた。このため、索敵が昭和19年6月18日から開始されて敵を発見したが、「翔鶴」の1機は帰投方位を見失い、平文で「ワレジバクス　テンノウヘイカバンザイ」と最後の電文を送ってきた。通信長も「マテ」と平文を連送したが応答なく、ベテラン電信兵は泣きながら電鍵を叩き続けた。

　明くる19日6時34分、まず日本側が米機動部隊を発見。7時25分に前衛に属する第三航空戦隊から、同45分には甲部隊に属する一航戦から、9時5分には乙部隊の二航戦からそれぞれ第一次攻撃隊が発艦した。総数241機のうち、「翔鶴」「瑞鶴」と「大鳳」の一航戦からは零戦48機、新鋭の彗星艦爆53機、天山艦攻29機（うち2機は前路索敵機）の計130機が出撃した。

　さらに10時15分に二航戦から、10時20分に一航戦から68機の第二次攻撃隊が発艦した。この時、一航戦の編成は零戦4機、爆戦（爆装した零戦）10機、天山4機であった。

　しかし、攻撃隊は少なからぬ数が航法を誤り会敵できず、米機動部隊上空にたどり着いた隊も470機もの戦闘機と目標の近くで自動的に炸裂するVT信管を装備の対空砲火により次々と撃墜された。戦果は戦艦「イ

◆マリアナ沖作戦(6月19日の戦闘)

◆マリアナ沖作戦(6月20日の戦闘)

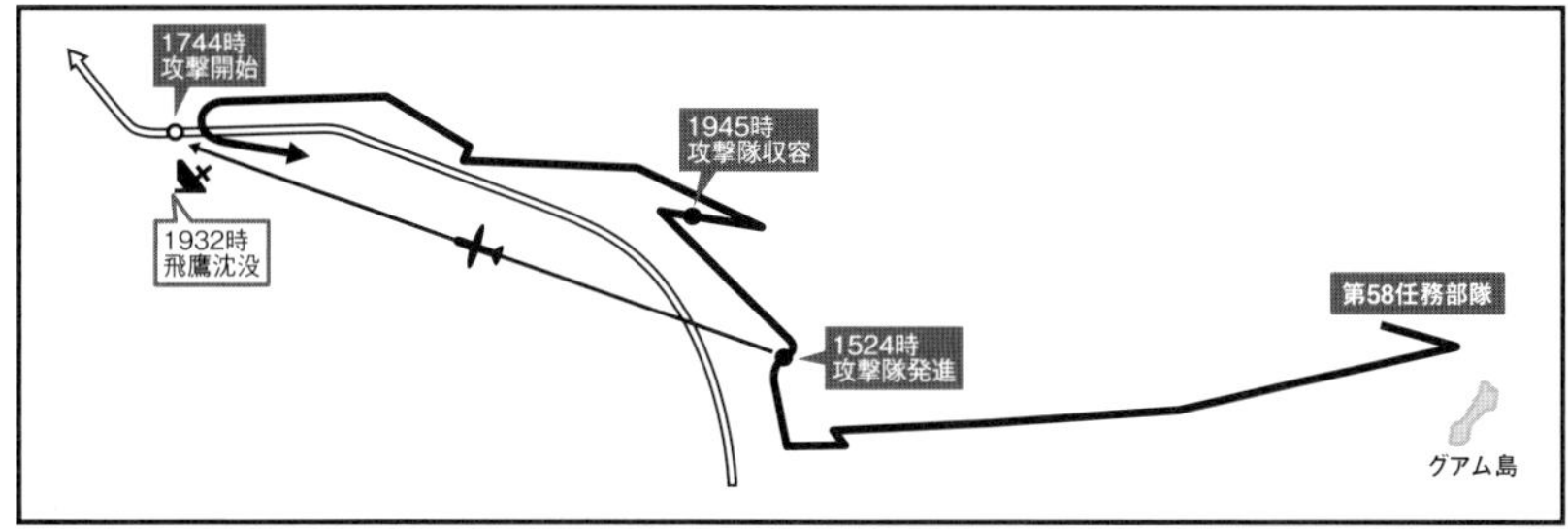

5度目にして最大の日米空母決戦・マリアナ沖海戦において、「翔鶴」「瑞鶴」は「大鳳」とともに第一機動艦隊の本隊甲部隊を編成した。彗星、天山といった新型艦上機も搭載して決戦に臨んだものの、攻撃隊は米空母戦闘機隊の迎撃と対空砲火に阻まれて戦果を挙げられず、「大鳳」「翔鶴」が米潜水艦の攻撃で沈没するなど、海戦は日本側の大敗に終わった

ンディアナ」や空母「バンカーヒル」を小破させた程度にとどまった。

手痛い損害を受けたのは、航空隊だけではなかった。まず、攻撃隊を発艦させた直後の8時10分に「大鳳」が米潜水艦の魚雷を受け、後に大爆発を起こして沈没。かつて「瑞鶴」の3代目艦長も務めた「大鳳」艦長、菊池朝三大佐は生還した。

続いて11時20分、「翔鶴」も米潜水艦「カヴァラ」の雷撃で魚雷4本が命中。たちまち大火災が発生、速力も低下して右舷に傾斜した。「カヴァラ」は新造艦で、この後に受けた爆雷の洗礼も初めてであった。

「翔鶴」の受けた被害は各所に及び、さらには気化したガソリンが引火により大爆発を起こした。シンナーを収納した倉庫もドアノブが熱湯のような熱さになり、開けたとたんに爆発したとの証言がある。機関科の主管制盤室は防水扉が開かなくなり、上原先任下士は「内地へ帰ったら、主管制盤室の全員は、最後まで戦って、男らしく死んでいった、と伝えてくれ」「この戦争は必ず勝つ！　おまえも今後、部下を指導する場合は、愛情をもってやれ」との言葉を託した。最後は「これから、総員の……」で電話が切れたが、おそらく「声を聞かせる」に続くはずの声を聞いた宮崎完機関兵曹長は「その一句、一句は、15年後の今日でも、今なお、はっきりと、私の耳の底に残っている」と記した。

3時間におよぶ必死の消火と傾斜復旧作業も効果がなく、飛行甲板では酒保倉庫からかつぎあげられた缶詰やビールで最後の宴がなし崩し的に行われていた。これが14時過ぎのことだったが、突如として「翔鶴」は艦尾を上に逆立ちの状態となり、後甲板付近にいた乗員らは滑り台から落ちるごとく、海面やエレベーターが沈下した開口部から燃える格納庫へと滑り落ちていった。高さにして約100m、絶叫とともに白い事業服の兵が吸い込まれていく光景は悲惨であった。この惨事から間もなく14時10分に「翔鶴」は前のめりのまま沈没していった。

乗員は570名が救助されたものの1263名(資料によっては1272名)が戦死している。松原博艦長は軍艦旗を腹に巻き、片方の足を飛行甲板上の繋止金具(甲板に飛行機を繋ぐ小さな金具)に紐で固縛していたが、沈没時の衝撃でこれが外れ、「矢矧」に収容された。この海戦に第二航空戦隊司令官として参加していた「翔鶴」初代艦長、城島高次少将はかつて指揮した艦の沈没に何を思ったのであろうか。

小澤長官は「羽黒」移乗を経て旗艦を「瑞鶴」にして作戦を継続したが、翌20日は攻撃に転じた米軍の攻撃によって「飛鷹」が沈没。「瑞鶴」もまた、初めての被弾で火災が発生、艦橋にも破片や爆風が及んで死傷者を出したが、小澤長官は平然と立っていたという。

火災はなかなか鎮火することなく、艦内は消火用の水と浸水で通路は川のような状態となって「総員退艦の準備をしては……」と囁く乗員もいた。これ

第一航空戦隊旗艦「大鳳」(手前)より見た、「翔鶴」被雷の瞬間。「翔鶴」は米潜水艦ガトー級「カヴァラ」の魚雷3本ないし4本を右舷に受けて損傷、復旧作業が実施されたものの、気化した航空燃料(ガソリン)に引火し、大爆発を起こして沈没した。その後、「大鳳」も米潜「アルバコア」の魚雷を受け、気化燃料への引火が原因で沈没している

は杞憂に終わり、夜には完全な消火に成功している。しかし、直撃弾1発と至近弾6発により、48名が戦死した。

6月20日夕方の時点で残存機は約60機となり、第一機動艦隊は撤退した。空母3隻と291機の飛行機を損失し、一航戦の残存機は7機という惨たる敗北であった。

絶対国防圏のマリアナは陥落。戦力の激減した日本機動部隊にとっては、これが事実上最後の戦いであった。

「瑞鶴」、最後の囮作戦成功 エンガノ岬沖海戦

呉に帰投した「瑞鶴」は修理と不沈対策工事を受けた。艦内の不燃化として可燃物の撤去が徹底的に行われ、ガソリンタンク周辺やバルジ内部にはセメントが流し込まれた。対空火器も大幅に増強され、新兵器として12cm28連装噴進砲も搭載された「瑞鶴」は、より「打たれ強い」艦となった。日本空母ならではの、独特な迷彩塗装もこの時になされた。

母艦航空隊も再建を急いだが、昭和19年10月の台湾沖航空戦に錬成中の搭乗員を引き抜かれてしまった。さらに同月、米軍はフィリピンに侵攻してきた。フィリピンを奪われることは、南方から集まる資源が日本に届かなくなることを意味する。日本は戦争を継続するために陸海軍の総力で米軍に挑んだ。

海軍は捷一号作戦を発令、主力の第二艦隊がレイテ島に突入して米軍を攻撃することとなった。第二艦隊に直衛機をつける戦力が残っていないため、第三艦隊には米機動部隊を北方に誘致する任務が与えられた。最後の機動部隊は第三航空戦隊の「瑞鶴」「瑞鳳」「千歳」「千代田」。旗艦はもちろん「瑞鶴」で、引き続き小澤長官が指揮を執る。各地からかき集めた飛行機は116機と、米大型空母1隻分に過ぎなかった。搭乗員の技量も落ちており、一部を除き、着艦も危うい者たちが多くを占めた。

第三艦隊は10月19日に内地を出撃、23日から「敵に発見される」ため、長文の無電を発した。24日にフィリピン北方のエンガノ岬沖に達した。同日の早朝、索敵に出た岩井凱夫大尉と中野宏兵曹の彗星艦爆は敵空母を発見したものの、戦闘機の攻撃で傷ついてルソン島の海上に着水、同島のラモン湾内にあるカラグア諸島の陸軍応召兵の世話を受けて、11月に大分基地に生還を果たしている。

25日、米軍機の触接を受けると、小澤長官は艦隊を北上させるとともに、4隻の空母から攻撃隊を発艦させた。「瑞鶴」からは零戦10機、戦爆11機、天山1機。これを含む58機が、真珠湾にインド洋に無敵を謳われた日本機動部隊最後の攻撃隊である。

昔日の面影はなかったが、攻撃隊の牙は失われておらず、遠藤徹夫大尉指揮の戦爆隊は米空母に突撃。東富士喜飛曹長は「エセックス」艦尾に至近弾を与えた。その様子を東飛曹長は戦後『「やった!」一隻の敵空母が真っ黒な煙を吹き上げている。（中略）自分の命中を確かめ得ないのは残念だったが、これでいいのだ。とにかく『瑞鶴』攻撃隊が敵空母に重傷を負わせたのだ』と回想するが、米軍撮影の写真からも東機の殊勲は確実である。さらに米軍記録では「ジュディ(彗星のコードネーム)」が「ラングレー」に至近弾を与えたとされており、日本機動部隊は最後の戦いでも戦果を挙げたことは間違いない。「攻撃隊に戦果はなかった」と記す資料も少なからず存在するが、とんでもない誤りであると特筆しておきたい。

しかし第三艦隊上空にも、早朝から出撃した米攻撃隊180機が飛来した。「瑞鶴」から7機、「千歳」から2機の零戦が邀撃に上がる。小林保平大尉率いる、最後の戦闘機隊である。米軍の攻撃は8時15分から開始され、零戦隊が戦闘を開始し第三艦隊

◆エンガノ岬沖作戦

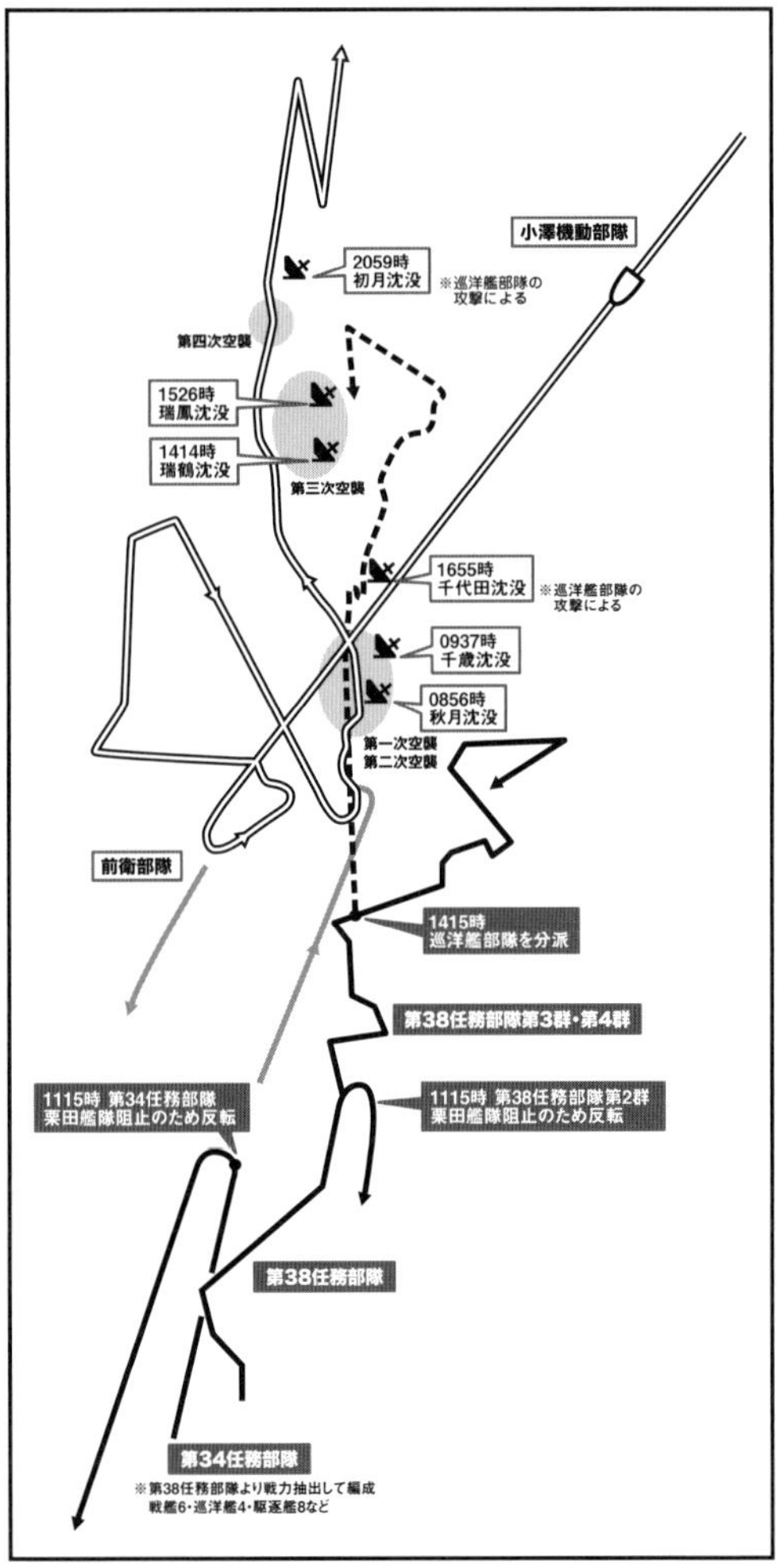

昭和19年10月24日、「瑞鶴」「瑞鳳」「千歳」「千代田」の4空母を擁する小澤機動部隊は囮任務を実施すべくフィリピン方面へ向けて南下、日本機動部隊最後の攻撃隊を発艦させた。小澤機動部隊は米空母部隊の誘引に成功した結果、25日、旗艦「瑞鶴」以下は米艦載機群の攻撃を受け、4空母ともに撃沈されている

◆レイテ沖海戦

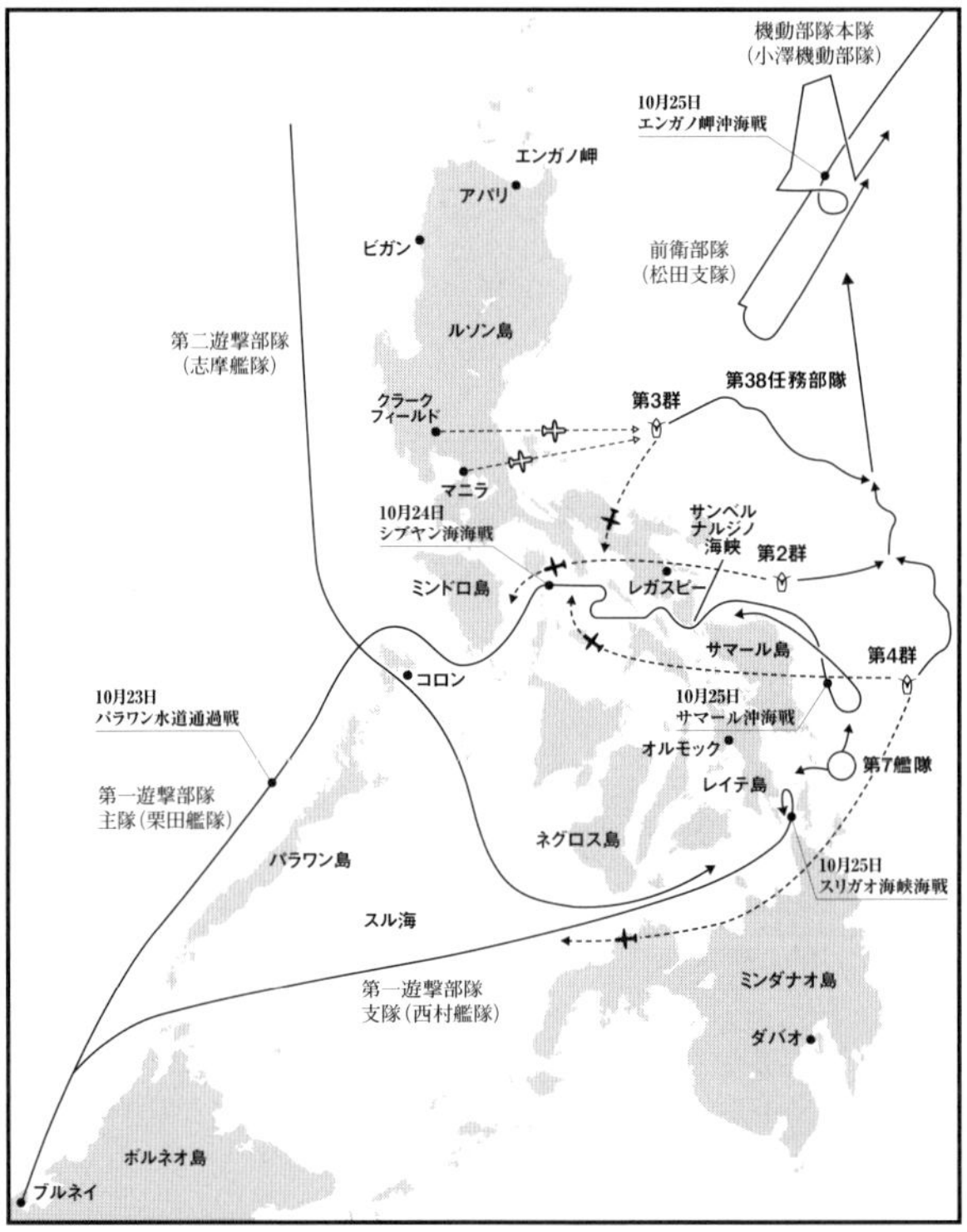

昭和19年10月、フィリピン・レイテ島へ来寇した米軍に対し、日本陸海軍は捷一号作戦を発動した。海軍は第一遊撃部隊（栗田艦隊）をはじめとする水上艦部隊をレイテ島沖へ送り込むべく、機動部隊本隊（小澤機動部隊）を囮として出撃させ、米空母部隊を誘引する策を採った

も対空砲火を撃ち上げる。「瑞鶴」の貝塚艦長は必死の操艦に努め、新装備の噴進砲も米軍機を混乱させたが、8時35分に飛行甲板左舷に爆弾1発と小型爆弾2発が命中。その2分後には左舷後部に魚雷1本が命中して左に傾斜した。傾斜はある程度まで復旧されたものの、さらなる被雷で「瑞鶴」の速力は23ノットに低下した。

9時58分からの第二次攻撃で「瑞鶴」の被害はなく、通信機能を喪失したこともあり、小澤長官は「大淀」へ移乗していった。「大淀」が出したボートの付近に燃料の切れた直衛機が不時着水、何人かは救助に成功した。しかし不時着水が続くとボート部員に対し、「大淀」副長から急ぎ小澤長官を迎えに行くよう叱責がなされ、無情にも何人かの搭乗員は海に残された。

やがて13時6分から開始された第三次攻撃が、「瑞鶴」の死命を制することになった。もはや着艦する飛行機もない「瑞鶴」は、機銃や高角砲の弾薬を足の踏み場もなくなるほど甲板に用意して対空戦闘を続けた。しかし、両舷からの雷爆同時攻撃に何度もさらされた「瑞鶴」には7本もの魚雷が命中、飛行甲板にも4発の爆弾が命中した。左舷への傾斜は20度に達し、操舵も不能となった。戦艦ですら沈んでもおかしくない被害にどうにか浮いていたのは、不沈化対策工事のたまものだろうか。

沈んだとはいえ「瑞鶴」ほか、第三艦隊の対空砲火は熾烈で、「レキシントン」でアベンジャー雷撃機に搭乗していたフランク・A・フォックスは伊勢型航空戦艦からの三式弾と思われる対空射撃を「非常に緊密で、非常に正確」と評し、「瑞鶴」については「私が非常に印象に残っていることは、『ズイカク』の対空射手が勇敢で非常に熟練していたことです。彼らは間断なく続く米攻撃隊の機銃掃射、急降下爆撃、雷撃に対して対空砲火の厚い弾幕を射撃し続けました。彼らに対して私は深く敬意を表します」との賞賛を惜しまない。

米攻撃隊は13時25分に引き上げたが、もはや「瑞鶴」はいかんともしがたく、13時27分に貝塚艦長は「総員退艦」を命じた。

エンガノ岬沖にてSB2Cヘルダイヴァー艦爆に捕捉された「瑞鶴」。囮の任務をよく果たした同艦以下、小澤機動部隊は米空母攻撃隊の数波に渡る攻撃に晒された。特に第三次攻撃では他の空母が損傷・沈没していたこともあり、攻撃は「瑞鶴」に集中。「瑞鶴」は爆弾4～7発、魚雷6本ないし7本を受けて大きく損傷した

この時、降下される軍艦旗に敬礼する乗員と、その後、「瑞鶴万歳！」を叫ぶ誠に劇的で、胸を焦がす情景が写真に残されている。沈没間際、海上では中身を捨てた弾薬箱にしがみついているよう甲板士官が指示するなど、整然とした退艦の様子も伝えられる。「瑞鶴」の沈没は14時14分。843名が戦死し、866名が生還した。沈没の様子を、周辺を周回する「大淀」や「若月」の乗員も涙を流して見届けていた。生存者は駆逐艦「若月」「初月」「霜月」に救助され、早期に収容された乗員は救助作業を手伝った。しかし後刻、「初月」が米艦隊との死闘で沈没した。

米第38任務部隊第2群の艦載機が撮影した「瑞鶴」。損傷により煙を上げながらも北方への航行を続けている

「瑞鶴」は沈没に際し、「総員発着甲板に上がれ」が発せられ、降旗する軍艦旗へ乗員たちが敬礼した後、「瑞鶴万歳」が唱和されたという。写真は126ページ掲載の写真の直後を写したもの

大損害と引き替えに、第三艦隊は米機動部隊の誘致に成功した。この事実は第二艦隊の栗田長官に電報が届かず「謎の反転」の一因となるが、武勲にあふれた「瑞鶴」が最後の戦いでも目的を達成した事実は変わらない。思えば、めでたいことを意味する「瑞」とめでたき鳥「鶴」とを冠せられた艦名そのままの、栄光に満ちた生涯であった。

「翔鶴」と「瑞鶴」という強く、美しい2隻の鶴翼は、大戦を生きながらえることができなかったが、短い生涯で参加した海戦はどの空母よりも多く、日本空母の到達点と呼ぶにふさわしい活躍を示したのである。

翔鶴型空母関連人物列伝

鶴翼を広げ飛翔した海空の烈将たち

太平洋戦争序盤から終盤まで海軍の中核として戦いぬいた翔鶴型空母。ここでは「翔鶴」「瑞鶴」を指揮した提督・艦長や、母艦として戦った搭乗員たちを紹介しよう。階級は終戦時、あるいは戦死時。

文／松田孝宏（オールマイティー）

●最初に鶴翼を率いた〝キングコング〟

原 忠一中将

原 忠一中将

昭和16年（1941年）9月、新鋭空母の翔鶴型で編成された第五航空戦隊の司令官に着任したのが原である。明治22年（1889年）3月15日、島根県に生まれ、海軍兵学校を39期で卒業した。将来の運命を知ることのない原は、砲術と水雷の研鑽を重ねる。

原の名が戦史に刻まれるのは、昭和17年5月の珊瑚海海戦である。この戦いで原は薄暮攻撃を命じる強気な姿勢をみせる一方、空母対決による損害の多さから戦場を退き、消極的と批判された。事実、帰投後は連合艦隊の宇垣参謀長に「戦果拡大のことも頭にはあったが、断行する自信はなかった」と本音を漏らしている。「キングコング」と呼ばれた大柄な体躯を持つが、積極性には欠けたというのが原の評価である。ただ真珠湾攻撃で地上攻撃を不服とする搭乗員らに「陸上基地の攻撃機に追撃されたら、我が方にも損害が出る。敵の追撃の手を封じることは敵艦隊を叩くことと同様の意義がある」という意の訓辞を行うなど、戦術眼は凡庸ではなかった。

戦後は軍事法廷にかけられ収監されるが、アメリカのプロパガンダ映画に原そっくりの人物がいたとのことで、米兵に手ひどい扱いを受けたと語っていた。昭和39年（1964年）2月に逝去。

●新生第三艦隊の司令長官

南雲忠一中将

南雲忠一中将

世界初の機動部隊、第一航空艦隊の初代司令長官となり、その後身の第三艦隊司令長官も務めたのが南雲である。明治20年（1887年）3月25日山形県に生まれ、海兵を36期で卒業。専門の水雷でその名を轟かす存在だったが、日米開戦を前に不本意な航空艦隊の指揮官に任じられる。真珠湾やミッドウェーの指揮をめぐり、なおも議論がなされている。

翔鶴型が中核となる第三艦隊司令長官に就任、旗艦を「翔鶴」として第二次ソロモン海戦や南太平洋海戦を指揮した。後者の戦いでは「ホーネット」を沈め、ミッドウェーの仇討ちを遂げた。この時期になると索敵の指揮など手慣れたものとなっていた。

航空戦に不慣れだとの評価は覆しがたいが、人間味のある指揮官としても知られる。参謀長としてコンビを組んだ草鹿龍之介によれば、真珠湾奇襲の成功を聞くと「人目もはばからず、たがいに抱きついてよろこびあった」という。攻撃隊長の淵田美津雄も、航空指揮はともかく、その情味には激賞を惜しまない。

昭和19年（1944年）7月6日、中部太平洋方面艦隊司令長官として米軍を迎え撃ち、サイパン島で自決。死後、大将に昇級した。

●最後の機動部隊を指揮

小澤治三郎中将

小澤治三郎中将

小澤は機動部隊の編成を提唱しながら、最後は囮作戦でその崩壊を見届ける役回りを担った。明治19年（1886年）10月2日、宮崎県に生まれ、海軍兵学校を37期で卒業した。専攻は水雷だが、機動部隊の生みの親として知られる。

小澤が最初に機動部隊を指揮したのは昭和19年6月のマリアナ沖海戦で、旗艦「大鳳」の沈没後は「瑞鶴」から指揮を執った。「大鳳」艦橋に立つ小澤は「俺はこのまま沈むよ」と漏らしたが、幕僚たちが抱き抱えるように移乗させたという。レイテ沖海戦では「瑞鶴」を旗艦に囮作戦を指揮するが、司令部幕僚らはこの方法しかないとして不満は少なかったという。時期は不明だが作戦前、小澤と連合艦隊の淵田参謀が酌み交わし、淵田が小澤の膝に枕する光景が証言されており、なんらかの意は通じ合ったとも考えられる。

大将昇進を拒んで最後の連合艦隊司令長官として終戦を迎えた小澤は戦後、沈黙を貫いた。例外と言える寄稿「敗軍の将・兵を語らざるの記」でも「自責の思いでいっぱい」と記し、作戦についてはほとんど語っていない。

晩年に良寛を研究していた小澤は、昭和41年（1966年）11月に逝去した。

●傷ついた「翔鶴」の進撃を直訴

有馬正文少将

有馬正文少将

陸海軍挙げての特攻作戦以前、自ら体当りのため出撃して散華したのが「翔鶴」2代目艦長、有馬であった。明治28年（1895年）9月25日、鹿児島県に生まれ、海兵を43期で卒業。謹厳実直、私心なき性格で知られている。

「翔鶴」は初代艦長に城島高次大佐を迎えたが、「陸軍大佐」と呼ばれ珊瑚海海戦で艦が被弾すると、茫然自失のままうずくまってしまったという。休暇も許可しないなど融通も利かず、2代目艦長となった有馬が着任早々に休暇を与えると、乗員らはおおいに喜んだ。

有馬はまた福地運用長に「乗員全部が、艦と運命をともにする覚悟で戦うのだ」という決意を披露した。南太平洋海戦で傷ついた「翔鶴」を囮に突出させるべく司令部に進言した逸話は有名だが、そのときの有馬は「声涙下る進言であった」と伝えられる。部下にも丁寧語で接し、第二次ソロモン海戦では未帰還機の探索に自ら双眼鏡にしがみついた。

昭和19年10月15日、「老人から死ぬのが順序」と一式陸攻で出撃した。戦死後、中将。

●部下のため「瑞鶴」を突出させる

野元為輝少将

「瑞鶴」の2代目艦長を務めたのが野元である。明治27年（1894年）8月29日東京に生まれ、海兵を44期で卒業。初代艦長の横川市平は砲術専攻だったが、野元は航海専攻ながら航空隊の指揮官や水上機母艦「千歳」、空母「瑞鳳」艦長を務めるなど航空にも造詣が深かった。

昭和17年6月5日、ミッドウェーの敗戦その日に着任した野元は、第二次ソロモン海戦と南太平洋海戦で「瑞鶴」を指揮する。ことに南太平洋では、損傷した「翔鶴」の惨状に、空襲下にも関わらず「瑞鶴」乗員は茫然自失となった。これを見た野元は「翔鶴」から目をそらし、それぞれの任務に専念するよう叱咤している。野元は第二次攻撃隊の発艦指揮も1人で行うことになったがそれはもう大変で、戦闘配置のまま食べた握り飯と梨の味は「終生忘れることはないであろうと思うほどうまかった」。

第二次ソロモン海戦では帰投の遅れた石丸第三中隊を収容するため、独断で「瑞鶴」を南下させて救出する思いやりも持っていた。操艦も卓越しており、激動期を戦う「瑞鶴」艦長として適任そのものであった。最終階級は少将で、昭和62年（1987年）に93歳の天寿をまっとうした。

野元為輝少将

●「瑞鶴」と共に散った最後の艦長
貝塚武男少将

航空専攻だった3代目艦長の菊池朝三にかわり着任したのが貝塚であった。明治31年（1898年）1月3日千葉県に生まれ、海兵を46期で卒業。専攻は砲術だが、操艦が非常に巧みだったと多くの乗員が証言する。性格は息子・匡弘の言葉を借りれば「謹厳実直と言われていたようだが、家では明るい朗らかなところもあった」とのこと。若い士官からは「いつも俺たちのことを考えてくれる」との評判で、最後の「瑞鶴」艦長は愛し愛された人物だったとわかる。

エンガノ岬沖海戦では司令部が「大淀」へ移乗後も「どんなことがあっても軍艦『瑞鶴』を守るぞ！」と乗員を鼓舞した。だが衆寡敵せず、貝塚は総員退艦を命じる。最後の様子を多くの生還者が語るが、金丸光第二分隊長の回想によれば、貝塚は退艦状況を見守りつつ談笑しており、戦い抜いて満ち足りた表情でタバコに火をつけたとのこと。「瑞鶴」と運命をともにした貝塚は最後の艦長としてその名が刻まれ、戦死後は中将に昇進した。

●「雷撃の神様」南太平洋に散華す
村田重治少佐

村田重治少佐

日本海軍における雷撃の第一人者、村田は明治42年（1909年）4月9日長崎県に生まれた。海軍兵学校を58期で卒業後、航空の道を歩む。

明朗な人柄と細やかな心遣い、「雷撃の神様」と呼ばれた技量は階級の上下を問わず厚い信頼を寄せられており、「赤城」飛行隊長時代は困難な浅沈度魚雷による雷撃を成功に導いた。「赤城」沈没後は「翔鶴」飛行隊長となる。第二次ソロモン海戦では出撃の機会がなく、奥宮航空参謀に「艦爆ばかり出すもんで、せっかくマモ（艦爆隊長の関(せき)衛(まもる)少佐）がやっつけた空母（「エンタープライズ」のこと）を逃がしてしもうた。この次は、あんなへまはやらんように願いまっせ」との皮肉を漏らした。

南太平洋海戦では第一次攻撃隊を率いて出撃するが、被弾後「ホーネット」に体当たりして戦死した。二階級特進で大佐となり、南雲長官は日本へ帰投後、村田家を弔問している。

●艦爆隊の親分「カクさん」珊瑚海に消ゆ
高橋赫(かく)一(いち)少佐

高橋赫一少佐

「翔鶴」艦爆隊を率いて真珠湾に第一弾を放ったのが、飛行隊長の高橋であった。明治39年（1906年）11月29日徳島県に生まれ、海兵を56期で卒業。

真珠湾攻撃後のインド洋作戦で、高橋や「蒼龍」の江草隆繁少佐率いる艦爆隊は空母「ハーミス」ほか数隻のイギリス軍艦を撃沈。いずれも80パーセント以上の命中率となり、日本海軍の絶頂期を象徴する戦果となった。

珊瑚海海戦で米空母「レキシントン」を攻撃後、戦果確認のため上空を旋回していたが米戦闘機に撃墜され戦死。二階級特進して大佐となった。「必撃撃沈」と大書された高橋の書が現存しており、戦後70年となる平成27年（2015年）には東京でも巡回展示がなされた。

●真珠湾の第二撃を指揮した「オヘンコツ隊長」
嶋崎重和中佐

「瑞鶴」飛行隊長として真珠湾攻撃の第二次攻撃隊長を務めたのが嶋崎である。明治41年（1908年）9月9日奈良県に生まれ、海兵57期を卒業。結婚相手は高橋赫一の妻マツエの妹であった。

トランプの「ブリッジ」をする際の変わったコールから「オヘンコツ隊長」とユニークなあだ名で呼ばれた嶋崎は、真珠湾攻撃に際して部下を鍛え上げ、1機の損害も出さないまま帰投した。インド洋作戦、珊瑚海海戦と「瑞鶴」で戦った嶋崎は昭和17年夏の退艦後、基地航空隊の参謀を務めた。両親に宛てた手紙に「敵の艦は沈めても又沈めても殆ど無尽と見え候」と記され、苦しい戦況がうかがえる。昭和20年1月に戦死し、特進して少将となった。

●「瑞鶴」の守護神であったスーパーエース
岩本徹三少尉

岩本は自己申告で202機撃墜という日本海軍トップエースの一人である。大正5年（1916年）6月14日樺太に生まれ、呉海兵団の4等航空兵から軍歴を重ねる。太平洋戦争開戦時はすでにエースとなる撃墜記録を得ており、真珠湾攻撃は「瑞鶴」戦闘機隊として上空直衛に就いた。この任務に落胆したという生き残り搭乗員も多いが、岩本は「艦隊上空での空戦も悪くないと思った」。

珊瑚海海戦でも長時間にわたって直衛を全うし、「瑞鶴」戦闘機隊は1機も撃墜されずに戦闘を終えた。「瑞鶴」が無傷だったのはスコールに隠れていた幸運もあるが、岩本のような搭乗員がいたことも無関係ではない。

17年8月に「瑞鶴」を降りた岩本は、18年11月からラバウル方面で撃墜を重ねる。終戦後に中尉となった岩本は、昭和30年に逝去。しかし遺稿が『零戦撃墜王』として出版され、日中戦争から太平洋戦争末期の貴重な空戦記録として現在も流通している。

岩本徹三少尉

翔鶴型空母の艦長になってみよう！

ここでは翔鶴型空母の艦長たちの経歴や実戦における指揮を顧みつつ、艦内各術科ごとの作業内容を紹介。日本海軍の航空母艦の運用を、艦内の視点から辿っていこう。

文／伊吹秀明　イラスト／栗橋伸祐

空母の艦長は転向組がほとんどだった

日本海軍の航空母艦の艦長になるには、どうすれば良いだろうか？

シンプルに答えると、難関の海軍兵学校に入り、飛行科を専攻し、軍艦の艦長（所轄長）階級である大佐まで昇進することができれば、海軍省人事局が「航空母艦○○の艦長」に親補してくれる可能性は高いといえる。とくに最新鋭の大型正規空母翔鶴型の艦長となると、兵学校時代の成績順位もなるべく上位な方が有利だろう。

と、まあ、制度上ではそうなっているものの、海軍航空隊の創生期どころか、太平洋戦争開戦時においても、まだ実情はそうではなかった。

昭和16年（1941年）12月のハワイ真珠湾作戦で世界を驚かせた、第一航空艦隊の司令長官と参謀長は航空の素人だったのは有名な話だが、では所属する空母の艦長たちの専門はどうだったのだろうか？

赤城　長谷川喜一　水雷
加賀　岡田次作　砲術
蒼龍　柳本柳作　砲術
飛龍　加来止男　砲術
翔鶴　城島高次　航海
瑞鶴　横川市平　砲術

見事なまでに飛行科の出身士官はひとりもいない。みんな他の術科からの「転向組」だ。

飛行科自体その歴史は浅く、最初からスペシャリストといえる人物はいなかった。転向組によって作られ、育成されてきたのが海軍航空隊だった。

転向組でもっとも有名なのは、空母機による真珠湾攻撃を発想した連合艦隊司令長官の山本五十六だろう。「赤城」艦長や航空本部長のポストを務めた山本の専攻は元々砲術だった。

第一航空艦隊という、世界で初めて空母の集団運用を実現させた小沢治三郎は水雷出身（昭和15年の第一航空戦隊司令官時代に淵田美津雄の建策を理解し、海軍大臣に強く具申した）。本来ならば小沢が一航艦の司令長官になるべきだったが、硬直化した人事制度のため実現には至らなかった。

日華事変の拡大によって航空部隊の指揮官が不足して、転向組は増えた。

一航艦の6人の空母艦長たちも、それぞれの専攻を離れ、航空畑に転向。基地航空隊司令、水上機母艦や小型空母（「鳳翔」のお世話になった人は多い）の艦長を経て、開戦時のポストについたのだった。

ちなみに6人の中では加来止男の転向がもっとも早い。元々は砲術科だったが、「鳳翔」竣工4年前の大正7年（1918年）には航空術学生となっているので、転向というよりは海軍航空創成期の人物といった方が近いかもしれない。

ところで転向組の空母の艦長にとって役に立った術科は、何だったろうか？　戦後に行われた複数の空母艦長経験者のインタビューを読むと、航海科が向いている印象を持つ。

それは空母の艦橋は片方に寄っていて、なおかつ海面から飛行甲板までが高く、その舷側面積の大きさから風の影響を受けやすいため、操艦が難しかったからだ。伝統的に海軍では、入出港時の操艦は艦長自らが行っていた。大戦前には必ずしもそうではなくなっていたが、見事な操艦を行えば艦の乗員たちの評価にもつながるというものだ。

さらに艦上機の発着艦時にも、航海科が大きな役割を果たしていたことが挙げられる。訓練時や海戦時の大規模な攻撃隊発進だけではなく、哨戒機や連絡任務機の発着は日常的なもの。そのたびに風上に向かって変針を行うので、艦位を常に把握しておくことは重要だった。

とくに無風時には30ノットという高速で発着艦作業を行うので、僚艦から20～40浬ほど離れるのは珍しくもなく、その都度

空母はその独特な構造ゆえに、他の艦種よりも操艦が難しい面があった。また、航空機の発着艦を行う都合上、変針や高速航行の機会も多いため、各術科の中でもとりわけ航海科の重要度が高かった

「部隊の列線」に戻る必要がある。艦位測定が間違っていれば艦そのものが迷子になり、発進した飛行隊も帰艦できなくなってしまう（その前に攻撃目標にも辿り着けない）。

そうした重要な艦位測定は、時刻測定を行う経線儀、天体（恒星）高度から艦の緯度・経度を測定する六分儀、水路部から発行されている航海天測表の照合によって行われる。他に航空機の活動に不可欠な気象観測、航路策定、見張り、行動書類管理、大戦後期には電波探信儀の受け持ちと、航海科の業務は空母の任務に密接なつながりがあった。航海科の作業内容を熟知していれば、空母の艦長としてもやりやすい。

空母搭載の飛行隊と言っても、母艦が入港している間の訓練は陸上基地で行われる。イラスト下は整備分隊による艦内格納庫での零戦の整備風景。艦戦、艦爆、艦攻といった機種ごとに整備分隊が分かれている場合が多かった

開戦〜昭和17年の空母決戦

「翔鶴」は昭和16年8月8日、姉妹艦「瑞鶴」は9月25日にそれぞれ竣工した。両艦を束ねる第五航空戦隊司令部は9月1日に新設され、「瑞鶴」竣工後同艦に乗りこみ、司令官・原忠一少将の将旗を掲げた。原の専攻は水雷で、飛行機はまったくの素人。飛行隊の訓練や作戦行動については、すべて航空参謀に任せた。

航海畑を歩んできた城島高次大佐は（「加賀」航海長の経験あり）、「鳳翔」艦長、呉海軍航空隊司令を経て「翔鶴」艤装員長に、砲術出身の横川市平大佐は特設水上機母艦「神川丸」、空母「飛龍」艦長を経て、「瑞鶴」艤装員長となり、それぞれ初代艦長に任命された。ふたりとも飛行機への転向組で多少の経験を積んではいたが、原司令官同様、飛行隊については飛行長に任せる方針をとった。

就役したばかりの艦の所轄長としてやるべきことは山ほどある。しかも「艦内旅行」と称して、艦内各部を一通り見てまわるだけで3日はかかるという巨艦だ。

ハワイ作戦のため、択捉島単冠湾から出撃したのが11月26日だから、「瑞鶴」にとってはわずか2カ月後という慌ただしさ。乗組員の慣熟訓練、各術科のすり合わせを行うにも時間に余裕はなかった。

肝心の搭載する飛行隊の搭乗員は、基幹となるベテランが各隊から引き抜かれていた。たとえば高橋赫一少佐は日本海軍の急降下爆撃の草分けのひとりで、宇佐航空隊から「翔鶴」飛行隊長に、嶋崎重和少佐は第十四航空隊飛行隊長から「瑞鶴」飛行隊長に転任。真珠湾攻撃では、高橋は文字どおり対米戦の第一弾となる爆弾を投下、嶋崎は第二次攻撃隊の総隊長を務めた（偶然ではあるが、このふたりは妻が姉妹という義理の兄弟でもあった）。

ただし、こうしたベテランはわずかで、「翔鶴」「瑞鶴」飛行隊搭乗員の多くは新人だった。具体的な数字を上げれば、搭乗員のうち飛行練習生卒業から1年以内の若手は、「翔鶴」で37パーセント「瑞鶴」で32・8パーセントを占める。

彼らの訓練の内容は、まだ母艦への着艦や洋上航法通信が主という段階だ。

対して精鋭として知られる二航戦の新人の比率は「蒼龍」11・2パーセント、「飛龍」13・3パーセントと格段に低い。

そういった練度を考慮して、12月8日の真珠湾攻撃では米主力艦攻撃（雷撃と水平爆撃）は一、二航戦が行い、五航戦は飛行場爆撃など比較的難易度の低い任務が与えられた。

とはいえ、それも重要な役割ではあるし、「翔鶴」「瑞鶴」の存在がなければ、山本長官もハワイ奇襲という大それた作戦自体を決行できたであろうか。

翌年の昭和17年は、空母を中心とした機動部隊同士の海戦が4回も起きるという、世界戦史上、じつに希有な年となった。

5月7〜8日、その最初となった珊瑚海海戦を戦ったのが五航戦の「翔鶴」「瑞鶴」だ。日米ともに初めての体験であったので双方にミスは多く出たものの、レーダーというハード面、防空輪形陣というソフト面で米軍に一日の長があった。日本側が挙げた戦果は、飛行隊搭乗員たちの決死的な攻撃によるもので、同時にそれは高橋赫一少佐を含む多くの犠牲者を伴った。

「翔鶴」「瑞鶴」にとって大きな転機となったのは、6月のミッドウェー海戦だ。両艦は海戦自体には参加していないが、主力だった一航戦と二航戦の空母4隻が全滅という大敗を喫し、日本海軍の正規空母は「翔鶴」「瑞鶴」2隻のみという状況になってしまった。それまでヒヨっ子扱いされていた両艦が虎の子の存在となったのだ。

それまで臨時編成だった第一航空艦隊は解隊されて、新たに空母を中心とした第三艦隊が編成されることとなった。「翔鶴」「瑞鶴」はその主軸となる第一航空戦隊に編入される。

司令長官と参謀長の素人コンビはそのままだったが（理由は山本長官の温情とされている）、司令部幕僚、艦長、各科長、飛

第二次ソロモン海戦では「翔鶴」の有馬艦長、「瑞鶴」の野元艦長はともに艦橋天蓋の対空指揮所で艦の指揮を執った。また、両艦は攻撃隊を収容するために、危険を推して探照灯の照射も命じている

行隊指揮官のほとんどが一新となり、「翔鶴」の二代目艦長は有馬正文大佐、「瑞鶴」は野元為輝大佐が親補された。

飛行隊を再建するための訓練は、艦攻隊・艦爆隊が鹿児島の鹿屋基地、戦闘機隊が大分の佐伯基地で行われた。空母というと常に艦上機を積んでいるようだが、平時でも戦時でも、母艦が入港中は地上基地で訓練や整備を行うのが常だ。

ここでの訓練で苦労したのは、搭乗員たちの技倆に差がありすぎることだった。ミッドウェー海戦の生き残りであるベテラン組、半年間の実戦を経験している旧五航戦組、新規補充の新人組とまるでバラバラで、これでは息の合った作戦行動は望めない。時間の猶予もないことから、新人組には酷ではあったが、発着艦等の初等訓練を省いて実戦的な訓練計画が組まれることになった。とくに戦訓から敵空母の発着艦能力を奪う急降下爆撃が重視され、降爆訓練に重きが置かれた。

戦訓は母艦の方にも反映される。「翔鶴」が珊瑚海海戦で航空燃料の引火に手を焼いた経験から、防火対策が行われた。可燃性のペンキはすべて剥がされ、代わりにセメントが塗られた。格納庫の天井には炭酸ガス消火装置が設置され、自動車部品を利用した移動消火ポンプも製作された。修理中の「翔鶴」有馬艦長だけではなく、「瑞鶴」野元艦長も率先して作業を徹底させた。新しい運用長として着任挨拶に来た少佐は、可燃物が撤去され、殺風景になっていた「瑞鶴」艦長室に驚いたほどだ（この運用長こそがダメージ・コントロールの責任者なのだ）。

敵はこちらの用意が整うまで待ってはくれない。米軍のガダルカナル島進攻が始まると、訓練途上の第三艦隊も出動することとなった。旗艦は、新装備の電波探信儀（レーダー）を備え、対空機銃の増設を行った「翔鶴」だ。

「翔鶴」「瑞鶴」が激戦の新舞台となったソロモン海域で米空母と刃を交えたのは、8月24日の第二次ソロモン海戦と10月26日の南太平洋海戦だ。

空母艦長の定位置といえば、羅針艦橋にある艦長用高椅子（通称は猿の腰かけ）なのだが、有馬、野元の両艦長はふたりとも無防備な露天の防空指揮所にて戦いの指揮を執った。

第二次ソロモン海戦では空母「エンタープライズ」を中破させたものの、日本側は軽空母「龍驤」を失う。計画していたガダルカナル島への増援も失敗し、消化不良の戦いとなった。

その中で異彩を放ったのが野元艦長のとある命令である。燃料不足で帰還不可能となりそうになった艦爆隊の石丸中隊を救うため、最大戦速で「瑞鶴」の南下を命じた。護衛の駆逐艦も振り落とすほどの高速で危険な単艦行動となったが、さらに探照灯の照射さえ命じて、中隊9機のうち6機がギリギリ着艦に成功、残りの3機は近くに着水して駆逐艦が搭乗員を救出した。

戦後に行われた佐藤和正氏によるインタビューで野元氏は「木更津航空隊の副長をしていたとき、中攻に便乗して航空戦を体験し、搭乗員の苦労を知っていたので」と答えている。

一方の「翔鶴」有馬艦長も、「瑞鶴」より長い時間にわたって探照灯の照射を続けて、1機でも多くと飛行隊の収容に務めた。これは珊瑚海海戦時、先代の艦長たちはやらなかったことだった。いずれも敵潜に見つかるかもしれないリスクのある行動ではあったが、結果的に飛行隊を含め、乗組員たちの艦長に対する信頼感、一体感は高まったといえる。

続く南太平洋海戦は、ガダルカナル島の陸軍第十七軍の総攻撃に呼応して、第三艦隊が第二艦隊とともに南下し、キンケード少将指揮の空母機動部隊と対決したものだ。この海戦では「翔鶴」「瑞鶴」、同じ一航戦の「瑞鳳」、二航戦の「隼鷹」の攻撃隊が粘り強く戦い、「エンタープライズ」中破、「ホーネット」を撃沈に追いこんだが、「翔鶴」も4発の直撃弾を受けて中破となった。

艦隊司令部は発着艦不能となった「翔鶴」を避退させて、旗艦も一時的に移すように準備を始めたが、これに猛然と異を唱えたのが有馬艦長である。なんと傷ついた「翔鶴」を前方に出してオトリとするよう、南雲長官に意見具申したのだ。唖然とする南雲との間に草鹿参謀長が入り、激しく対立した。結局この意見は通るわけもなく、有馬は矛をおさめたが、人物の強烈さを艦橋にいた人々に印象づけた。

この後、真珠湾以来の南雲－草鹿コンビは去り、代わりに空母機動部隊実現の功労者である小沢治三郎中将がようやく第三艦隊司令長官に着任した。11月11日のことである。

南太平洋海戦は日本海軍の勝利が喧伝されたが、歴戦の搭乗員を含む多くの戦死者を出し、母艦こそは残ったものの、機動部隊の内実は壊滅に近いものだった。小沢はまずその再建に取り組まねばならない。

昭和18～19年「翔鶴」「瑞鶴」の最期

昭和18年は空母対空母の海戦がなく、表だった艦長のエピソードも少ないが、特筆すべきは「瑞鶴」3代目艦長となった菊池朝三大佐が初の飛行科出身の空母艦長であることだ。それだけではなく、全体で8人となる翔鶴型艦長の中で唯一なのである。菊池は後に最新鋭の「大鳳」艦長にもなる（「翔鶴」3代目艦長は、砲術出身で前「隼鷹」艦長の岡田為次大佐）。

また18年から19年にかけては、様々な制度や運用法の改正も行われた。細かいところでは、多忙な艦長と副長を補佐する艦長付、副長付という新しい士官ポストができたこと。大きな改正は飛行隊の空地分離と第一機動艦隊の創設だ。前者はそれまで各空母艦長の指揮下にあった飛行隊が、航空戦隊の元で統一指揮されるようになったこと。後者は第三艦隊（空母機動部隊）が第二艦隊と編合してできたもので、機動部隊指揮官が所在部隊を統一指揮できるようにした建制上の改正だった。

このようにようやく航空兵力使用にあたっての有効な改正が行われた反面、肝心の飛行機隊は消耗の一途をたどっていた。

陸揚げした空母機が投入された18年4月の「い」号作戦、11月の「ろ」号作戦で多くの搭乗員を失い、絶対国防圏をめぐる艦隊決戦「あ」号作戦までに、ついに戦力は回復できなかった。発着艦と洋上航法が基本の母艦機搭乗員の養成は陸上機よりも時間がかかり、まだ半人前の段階で前線に送られ続けたためである。

6月19～20日のマリアナ沖海戦は戦史が示すように日本海軍の大敗に終わり、歴戦の「翔鶴」も米潜水艦「カヴァラ」の雷撃によって失われた。

多数の新造航空母艦と艦載機、最新の対空システムなどで構築された米機動部隊との彼我の戦力差は、もはや天地ほどの開きが生じていた。

10月の米軍フィリピン進攻までにも日本側の母艦航空兵力は回復せず、「捷一号」作戦で「瑞鶴」を旗艦とする小沢艦隊に与えられた使命はオトリ役となり、米機動部隊を北に誘いだすことだった。かつて南太平洋海戦で当時の有馬艦長が意見具申したことが、艦隊単位で現実化してしまったのだ。

まさか「瑞鶴」以下の4隻の空母がオトリとは思わず、ハルゼー指揮下の米機動部隊は思惑どおりに食いついてきた。

1分1秒でも長く敵を引きつけるべく、4代目艦長の貝塚武男少将（砲術出身。任官後に少将昇進）の指揮下で「瑞鶴」最後の戦い、10月25日のエンガノ岬沖海戦は始まった。

襲いかかる米機に対し、高角砲、増設された機銃、そして新しく装備された噴進砲（ロケット砲）が激しく火を噴く。対空戦闘の主役は砲術科だが、修羅場と化した艦内で負傷者の手当をする看護科、火災や浸水を食い止めるべく奮闘する内務科（ダメージ・コントロール能力を高めるため、旧運用科に工作科と機関科の電気部門が統合された）など、全艦一丸となって戦った。

主計科というと、乗員たちの食事、被服、経理が思い浮かぶが、戦いの記録となる「戦闘詳報」を作成するのも重要な役目である。

それによると１３０５時、来襲した米第3次攻撃隊は２００機以上で、その矛先は「瑞鶴」に集中した。貝塚艦長は乗組員たちを激励して戦闘を継続していたが、魚雷7本、爆弾4発が命中。左舷への傾斜は20度に達した。

１３２７時、貝塚は「総員発着甲板ニ上ガレ」を下令し、軍艦旗降下後、総員退艦が発令された。１４１４時、「瑞鶴」は直立するように沈没。日本海軍の空母機動部隊の終焉を象徴する光景だった。

エンガノ岬沖海戦において、25㎜三連装機銃で対空戦闘中の砲術科員と、負傷者の救護にあたる看護科。また昭和18年後半には艦内編制の改正により、運用科と工作科、機関科の電機分隊と補機分隊を統合し、防御戦闘に従事する内務科が新設された

ミッドウェーに舞う鶴翼

翔鶴型空母仮想戦記

太平洋戦争期の日本海軍の花形であり、多くの仮想戦記にも登場する翔鶴型。本稿は、定番とも言える〝もしも翔鶴型がミッドウェー海戦に間に合っていたら…?〟というイフを実現した物語だ。

文／伊吹秀明　イラスト／六鹿文彦

逆襲の五航戦

「『瑞鶴』より入電。五航戦が到着しました!」

富永通信長の声が響くと、「飛龍」艦橋内に寿司詰め状態だった面々がいっせいに振り向いた。1万7300トンの航空母艦の艦橋といっても羅針艦橋は狭く、わずか6畳敷きほどしかない。そこに艦長、航海長、航海士、信号長、艦長伝令たちが詰め、第二航空戦隊司令部員もいる。

だが何といっても中心は二航戦司令官の山口多聞少将である。皆の視線はそこに向く。

「遅い! ……いや、早く到着していても、あの母艦たちと同じことになっていたかもしれんが……」

山口の視界の端にあるのは、洋上から立ち上る3本の黒煙だ。距離のある「赤城」と「加賀」は煙しか見えないが、二航戦僚艦の「蒼龍」は全艦火だるまとなっていた。

一瞬の隙をついた米軍の急降下爆撃の結果がこれだった。ミッドウェー海戦。世界最強を誇っていた第一航空艦隊の4隻の空母のうち、3隻がたちまち戦闘不能となり、誘爆によって沈没寸前にまで追いこまれている。

残った空母は、わずか「飛龍」1隻である。しかし、山口の闘志は衰えることなく、可能なかぎりな戦力を用いて米軍への反撃を決意していた。

急ぎ、海図を広げた下部艦橋の作戦室に陣取っている二航戦参謀たちに、五航戦の位置、索敵機が発見した敵空母の位置から、共同攻撃が可能かを検討させる。もっとも、頭の回転の速い山口は伝声管から返答が来る前に「可能」との結論を得ていたようだ。

「しかし、五航戦の連中が小林隊の足を引っ張らなければよいのですが」

辛辣な声を発したのは、二航戦の橋口喬航空参謀だった。橋口はつい先日まで「加賀」飛行隊長として最前線に出ていた身でもあるので、五航戦には厳しい。

「確かに一、二航戦に比べれば彼らはヒヨっ子だろうが、この惨状を見て、いまさら先輩風を吹かせられるかね?」

「それは……」

「いまは、この瞬間に彼らが間に合った。それをいかに活かすかだけを考えよう」

山口自身、言いたいことは山ほどある。ミッドウェー作戦の中止や延期は何度も要請した。作戦中も、一航艦司令部に敵艦隊攻撃の意見具申もした。それが全部握りつぶされてきたのだ。珊瑚海海戦後、五航戦側にも言い分はあったろうに、上層部は聞く耳を持っていなかったのは間違いない。

「翔鶴はどうだ?」

「ついて来ています。攻撃隊の整列も終えた模様」

12cm双眼望遠鏡に映る僚艦の様子が見張長から伝えられた。

「瑞鶴」に将旗を掲げる五航戦司令官の原忠一少将は、キングコングという渾名を持つ巨躯であったが、神経質な面もあった。もっとも、原でなくとも「翔鶴」の状態は気になったことだろう。

わずか1カ月前、史上初の空母対空母の海戦、珊瑚海海戦において爆弾3発の直撃を受けて中破。修復までに3カ月を要すると見られていたからだ。それを新任の有馬正文艦長が自ら工事監督のように動きまわり、艦橋から機関部まであちこちを督促し、何とか作戦行動が取れるほどまでもってきたのだ。

艦体自体は無傷だった「瑞鶴」も飛行隊の消耗が激しく、幾らか補充はできたものの、それでも搭乗員待機室は1カ月前よりは寂しいものになっていた。

「最新の敵情によると、やはり米空母は3隻が2群に分かれて行動している。先発の江間隊が最初に見つけたやつを『飛龍』隊と共に

「赤城」「加賀」「蒼龍」が被弾、炎上……。第一航空艦隊の危機に、ミッドウェーに駆けつけたのは、珊瑚海海戦での損害を早期に復旧させた「翔鶴」を含む五航戦の両空母だった

攻撃。次の嶋崎隊は新手の敵を叩いてくれ」

発着艦指揮所から下りてきた下田飛行長が最新情報を伝え、隊員たちを激励する。

「一、二航戦で残っているのは『飛龍』のみか。やれやれ、古巣を助けに行くとは、これも何かの因縁だな」

元「飛龍」乗り組みで、制空担当の零戦隊を指揮する岡嶋清熊大尉が柄にもなく、軽口を叩いた。これに口元を緩めるものもいたが、多くの偵察員たちは真剣な顔つきで、飛行長が黒板に記す敵味方の位置、母艦の行動予定、天候などを行動図板に書き写している。いずれも珊瑚海海戦の生き残りで、情報の正確さ、先制攻撃の重要さを骨の髄まで思い知らされた面々だ。

空母「瑞鶴」を発艦する九九艦爆。珊瑚海海戦に続く米空母とのセカンド・ラウンドに、「翔鶴」「瑞鶴」航空隊の士気は高く、皆勇んで出撃していく

珊瑚海海戦では米軍の大型空母「レキシントン」を撃沈したものの、作戦目的のポートモレスビー攻略は断念という結果に終わった。それに対して連合艦隊司令部は怒り、原司令官は旗艦「大和」に通されたものの、五航戦幕僚たちは「無様ないくさをしやがって。帰れ！」と門前払いならぬ、舷門払いという屈辱まで受けた。

さらに、「翔鶴」の運用長が海戦で得られた戦訓について発表する機会にも、第一航空艦隊幹部たちは、あきらかに上の空で聴いていた。頭の中は次のミッドウェー攻略のことで一杯だったのだろう。その結果が、三空母の被弾炎上ではないのか。

「かかれ！」

同じことを繰り返してならぬ。長い訓示など無用と、飛行隊長は短く言い放った。飛行帽をかぶった隊員たちが走り、暖機運転を済ませていた、それぞれの搭乗機に乗りこむ。

「総飛行機発動！」

甲板上がエンジン音で満たされ、マストの戦闘旗が風を受けてはためく。勇壮な航空母艦の疾走だ。

飛行甲板の前端から流れる風見蒸気が中心線と重なると、艦橋後部にある発着艦指揮所で「発艦始め」の合図である白旗が輪を描いて振られる。

先頭の零戦に乗る岡嶋大尉が頭上で交叉した手をサッと開くと、主翼の下に待機していた機付員が索を引っ張り、チョーク（木製の車輪止め）を外す。

岡嶋機が滑走を開始、10秒ほどの間隔で2番機、3番機と続き、甲板を蹴って飛び上がってゆく。「瑞鶴」「翔鶴」合わせて零戦12、九九艦爆18、九七艦攻12の合計42機が「飛龍」攻撃隊と共闘すべく発進した。

オールド・ヨーキィの最期

「こちらレッド・ベース。レッド23、そちらの位置からアロー200、エンジェル4にボギー多数。警戒せよ」

「レッド23、ラジャー。4とは低いな」

「しかも距離は32浬だ。急げ！」

コード名〝レッド・ベース〟こと「ヨークタウン」の戦闘機管制官オスカー・ペダースン少佐は眉をひそめた。珊瑚海海戦のときも搭載するレーダーは飛来する日本機を捕捉できたが、そのときの距離は68浬だった。今回は半分を切っているではないか。

発見が遅れたのは、接近してくる飛行機群が低空を飛んできたからだ。エンジェルは高度の符号で、4は4000フィート（約1300m）を指す。

レーダー・スコープの輝点はボギーの群れが上昇を開始したことを告げていた。急降下爆撃機の接敵パターンだ。

「こちら、レッド23。指示目標を視認した。やつらはバンディッド（敵機）だ。ヴァル（九九艦爆）の編隊！」

「レッド23は、14から16と協力して、バンディッドの頭を押さえろ」

「手ぬるい！　艦長命令だ。全戦闘機を迎撃に向かわせろ。TF17からの増援も間もなく到着する」

アーノルド飛行長が割りこんできた。オールド・ヨーキィの渾名を持つ「ヨークタウン」もまた珊瑚海海戦で日本軍と戦い、大きなダメージとともに戦訓を得ていた艦だった。突貫修理でこの戦場に間に合わせたのも「翔鶴」と同じだ。

米軍は情報戦で日本軍に勝利し、パールハーバーの仇敵ナグモの空母部隊を打ちのめすことに成功した。完全勝利まであと一歩だ。

「レッド21、アロー280よりボギー」

「TF17からの増援機ではないか」

米軍は「ヨークタウン」基幹のTF16（第16任務部隊）と「エンタープライズ」「ホーネット」基幹のTF17でミッドウェーの戦いに臨んでいた。日本軍のようにいっぺんにやられることはなく、それで

いて相互支援が可能な距離を保っている。

「こちらスカーレット1。レッドベースにヴェクター350より接近。ボギーの位置を知りたい」

「スカーレット！」

ペダースンは冷水を浴びせられたような声を上げた。〝スカーレット〟は「エンタープライズ」機を示す。アロー280から現れた新手は、それではなかった。

「飛行長、増援機ではありません。別のバンディッドです！」

勝利に賭ける執念において、日本軍は米軍のそれに劣るものではない。第二集団として接近中の編隊は「瑞鶴」と「翔鶴」から発進した攻撃隊だった。

艦爆隊は3機単位の小隊で梯陣を作り、高度3000mにて天象気象を利用して接敵するというのが定石だ。だが、米軍が使う電探は遠くから探知が可能で、雲という隠れ蓑も素通しにするという。そのため、珊瑚海海戦で五航戦の飛行隊は米戦闘機の待ち伏せで大被害を受けた。

確かに五航戦の戦訓は、連合艦隊や一航艦幹部たちの耳には届かなかったが、実際に戦う搭乗員たちの間では違っていた。「飛龍」から来た岡嶋大尉のように、五航戦には一、二航戦出身者がいて、彼らが命がけで得た戦訓は古巣の部隊にも幾らかは伝わっていたのだ。

今回、「飛龍」を発進した小林道雄大尉率いる第一次攻撃隊（艦爆18、零戦6）は、電探に探知されにくいよう高度1000mを進軍し、十分に接敵してから攻撃開始点めざして高度を上げ始めた。その様子は、五航戦の第一次攻撃隊を率いる江間保大尉にも確認できた。

「ようし、良い頃合いに到着できたぞ」

エンマ大王の渾名を持つ江間は、その髭だらけの顔をニヤリとさせた。うまく近づけたとはいえ、「飛龍」隊は寡兵だ。一緒に攻撃できれば、敵の上空直衛機を散らしてやることができる。

「敵艦隊の真ん中にいる空母をやるぞ」

「左後方、グラマンが来ます」

伝声管から偵察員の緊迫した声がする。振り切ってたどり着けるか？ 岡嶋大尉率いる零戦隊の奮戦を視界の隅に捉えつつ、江間隊も攻撃開始点を目指す。

降爆の突撃隊形は風上から単縦陣でというのがやはり定石ではあるが、珊瑚海海戦での経験では生き残ったものだけが高度も降下角もバラバラで急降下に入るのが実情だった。

ここだ！ 高度2000で機首をいったん大きく上げ、失速反転して急降下に入る。

「高度1700。グラマンを引き離しました」

代わりに空母を中心とした敵輪形陣から対空砲火が上がってくる。その凄まじさは何度見ても慣れるものではない。砲弾の炸裂音、黒褐色の弾雲を抜けてくる曳光弾。

「1400……1200」

高度目盛を読み上げる偵察員の声を聞きつつ、オイジー照準器の中に映るヨークタウン型空母の動きに集中。照準角の修正を瞬間的に行う（同時に細部が見えてくると、まさかこいつ、珊瑚海でやったやつと同じではあるまいなと思った。そのまさかなのだ）。

「600、よーい。テッ！」

引き起こし可能なギリギリ辺りで投弾！ 黒煙と炎が噴き上がる。250kg爆弾は米空母の煙突付近に命中した！ たちどころに小林隊と江間隊を含めて計5発の直撃、6発の至近弾が、珊瑚海海戦の傷が癒えぬままのオールド・ヨーキィを打ちのめした。

「魚雷も命中！ またまた命中！ またまた！」

海面すれすれを飛ぶ愛機の中で、江間は振り返った。偵察員の弾んだ声が示すように米空母から水柱が上がっていた。それも3本！ 五航戦艦攻隊の戦果である。

「これでやつは助かるまい。……おへんこ飛行隊長の方はどうなっているかな？」

決戦！「エンタープライズ」「ホーネット」攻撃！

おへんことは珍妙な渾名だが、嶋崎重和の飄々（ひょうひょう）とした人柄をつかんでいるともいえる。その「瑞鶴」飛行隊長の嶋崎少佐は、五航戦の第二次攻撃隊（零戦12、艦爆14、艦攻17）を率い、新たに発見されていた米空母2隻に向かっていた。「飛龍」からはその半分ほどが発進しているはずだ。

「2時方向、対空砲火らしき火線」

「派手な出迎えのおかげで、探す手間が省けたな」

嶋崎は電信員に命じて攻撃目標を指示し、トツレ（突撃準備隊形ニ入レ）符号を打たせた。あの砲火は「飛龍」隊に向けてのものらしい。

相変わらず米軍の輪形陣が放つ火力は凄まじい。まるで弾薬が

五航戦両空母の航空隊の攻撃に晒される、第17任務部隊の空母「エンタープライズ」と「ホーネット」。「ホーネット」は爆弾・魚雷多数を受け、大傾斜を生じて今にも波間に没しようとしている

無尽蔵にあるようだ。1カ月前、義兄でもある「翔鶴」飛行隊長の高橋赫一少佐はあの中に身を投じた。自分は被弾後に帰投途中、力尽きて不時着水し、友軍駆逐艦に助けられた。高橋少佐の死を知ったのは母艦にたどり着いて、しばらく経ってからのことである。

高橋は線の太い豪快な男で、嶋崎とはタイプが正反対だったが、妙に気が合った。その高橋は五航戦航空参謀の辞令が出ていたにも関わらず、「これが最後だから」と飛行隊長として珊瑚海に散ったのだ。

「義兄さん、再会はせめて機体を軽くしたあとにしてくれよ」

機体を軽く、つまり整備員たちが徹夜で調整して、自分たちが遙々と運んできた航空魚雷を発射できるまでだ。

目標は、2隻いる米空母のうち（姉妹艦だということは遠景の艦影から分かった）、友軍艦爆隊の攻撃で黒煙を上げている方に決めた。混乱に乗じてとどめを刺すのだ。

零戦隊が開いてくれた血路から突入し、緩降下にて全速でひたすら飛ぶ。

全速といっても、800kgの魚雷を抱いている艦攻は軽快にはほど遠く、敵戦闘機にとっては格好のカモだろう。

さらに目標を捉え、射点に達するまではコースの安定こそが重要となり、ヒラヒラとなど飛んではいられない。濃密な弾幕の中をまっすぐ突っきるには、技量だけではなく、よほどの胆力と運を必要とする。

「2番機、被弾！」

後部席の電信員兼銃手が悲痛な声を送ってくる。ちらりと目をやると、火を吹きながらまだ飛び続けているのが見えた。頑張れと念じつつ、歴戦の嶋崎は敵艦の転舵の徴候を察知して照準器にて射角を整える。

「投下！」

射距離1000mにて投下索レバーを引いた。そのままの針路でさらに高度10mあるかないかまで下げ、波しぶきを被るようにして砲煙弾雨をかいくぐった。

目標の艦首前を通過直後、空母の舷側から火煙が噴き上げた。火だるまと化した2番機が突入したのだ。

振り返った嶋崎の航空眼鏡に映る紅蓮の炎の中に、2本、3本と魚雷命中を示す水柱が立ち上る。

「さぞ無念だったろうが、道連れは作ってやったぞ」

「飛龍」隊と五航戦の攻撃によって、米TF17の空母「ホーネット」は5本の魚雷と6発の直撃弾、体当たり1機を受けて大炎上。乗員たちは必死にダメージ・コントロールを行ったものの誘爆と傾斜は止められず、ついに総員退去命令が下った。

旗艦の「エンタープライズ」も1本の魚雷と3発の直撃弾を受け、指揮官のスプルーアンス少将は戦線整理のために後退を命じた。

「初陣でパーフェクトと行かなかったのは仕方がない。次回のチャンスを活かそう」

そうスプルーアンスは幕僚たちに語った。出撃以来、健康のために毎日散歩に使っていた飛行甲板の惨状を眺めながら。

病気療養中のハルゼー中将の指名を受け、初めての空母部隊の指揮を執ったスプルーアンスは、最後に失点したものの、南雲艦隊の三空母を仕留めるという大戦果を挙げた。米海軍上層部からも高い評価を受けている期待の提督である。ニミッツ大将も太平洋艦隊司令部の参謀長として彼を迎え入れる人事構想を進めていた。

だが、そんなスプルーアンスもまだ、傷ついた「エンタープライズ」を狙う日本軍潜水艦の潜望鏡の存在には気づいてはいない。

「五航戦のおかげでこの勝負、なんとか引き分け程度には持ち込むことができたな」

山口多聞はそう言ったが、米国赴任歴もあるこの少将は彼我の国力差を考えれば負けに等しいと考えていた。

「いざとなれば『飛龍』と運命を共にするつもりではいたが、生き延びてしまった以上、やることは一つ。ふんぞり返っているGF（連合艦隊）の輩に〝戦訓〟を無理やりにでも聞かせてやることだ。なあ、友永大尉」

飛行隊長の友永丈市は、そう提督から声をかけられ、複雑な表情を浮かべた。出撃準備中に愛機の燃料タンクの被弾痕が見つかり、寸前で出撃を止められたのであった。無論、五航戦の援軍がなければ、片道燃料でも出るつもりだったのだが。

「それもそうですが、その前に私もまた五航戦に教えを乞う必要がありそうですなぁ」

「飛龍」艦上より「翔鶴」「瑞鶴」を望む第二航空戦隊司令官・山口多聞少将。真珠湾攻撃の際は錬度の低い“お荷物”と見なされていた五航戦の両空母」は、今や日本空母で最も実戦経験を積んだ艦となっていた

翔鶴型空母編

このページでは翔鶴型空母の艦橋について筆者が思うままを述べることにする。

翔鶴型の艦橋はこの見開きに描いたとおりだ。羅針艦橋は五面のガラス窓、トップにはずらりと十二糎高角双眼望遠鏡が隙間無く配置されるというこのスタイルは、空母「飛龍」と相通じる部分が多い。ただ「飛龍」は左舷に艦橋があるフネで、翔鶴型は右舷に艦橋があるフネという大きな差がある。

これは乱暴な言い方になってしまうが、外観だけを述べるなら「飛龍」に設置された艦橋を鏡像とすれば翔鶴型の艦橋になる。これは余談だが、翔鶴型の設計時は「飛龍」と同じく左舷に艦橋のあるフネとしてスタートしたとのことだ。似るべくして似たということだ。

「飛龍」の艦橋、もっと言えばそれまでの我が国の航空母艦の甲板上に設置された艦橋らと画期的に異なる点として、艦橋前面に設置された「遮風装置」の存在は大きいだろう。

図でも描いたが、航空機の発艦を助ける為に、自然の風と自らが高速航走し生ずる合成風速が前方より艦橋前面にブチ当たる。何しろ搭載機を滞りなく発艦させるような強風だ。

人間なら吹き飛んでしまうほどの強風を、特徴的な形状の「遮風装置」によって上方に吹き上げ、屈曲させた風が衝立の役目を果たし、遮風装置付近は風が来ないという画期的装置だ。

「遮風装置」を作動させる為にわざわざ動力を用意する必要はない。フネが航走していれば「遮風装置」は遮風機能を果たす。

以前筆者が聞いた話だが、戦前、海外王族の結婚式に各国海軍が参列、それに我が海軍艦艇も参加したそうだが、その時にフネの前面に妙なモノが付いているぞ、あれは何だ?ということでこの「遮風装置」を我が国が知ったということだ。

「遮風装置」については、筆者は少し経験があるので引出線部分を御覧になってくださると幸甚だ。

では翔鶴型艦橋の全体に戻る。

窓の位置から推測出来るとおり、屋上たる「艦橋トップ」を含めて四層構造になっている。

飛行甲板と同じ高さの層は「作戦室兼海図室」と「気象作業室」、「信号旗格納所」の三区画となっている。飛行甲板と連絡しやすい箇所に「作戦室兼海図室」と「気象作業室」があるのは、間もなく発進する搭乗員達に作戦の理解と気象状況説明を迅速に行えるようにとの配慮からだろう。

その上の層だが艦橋中央に隔壁があり左右に分割されている。艦首側から説明すると先端には操舵室がある。上層の羅針艦橋は窓ガラスがあるので五面構造になっているが、下の操舵室は舷窓が三つあるだけ。しかも面構造は円弧だ。波を被ったとき、圧壊しないようにとの工夫と、これは資料がないので想像の域でしかないが、若干の装甲が施してあるので曲面となっているのかもしれない。

操舵室隔壁の後側、拡声器がある壁の裏側は上下に連絡する階段がある踊り場、「廊室」となっている。艦橋右舷側は方位測定室。今のような衛星によるGPSなどが無い時代だ。発進した航空機達も、またこの艦橋がついたフネ自身も現在どのあたりを航走しているのか全く判らない。

艦橋トップで『ヨーイ、テッ!』で観測する六分儀も大活躍だろうが、電波測定で二波が交差する位置を海図に記した方が遥かに正確に現在位置を知る事ができる…有難い部屋だ。

方位測定室の後ろ側は無線電話室だ。これの説明は次見開きでしようと思う。

そしてその後ろ側は海図格納所だ。筆者は以前、軍艦「大和」の航海士と逢ったが、大きな艦艇は基本、世界中の海図を常時フネに搭載しているとのことだ。船乗りでしか判らない情報だと思う。

ではもう一層上に登ろう。平面硝子が五面連なるのが羅針艦橋だ。いわばフネの頭脳だ。艦長をはじめとする、役職で『長』の付く人たちの大部分がここに集まってフネを操る指示を出すトコロだ。

その後ろ側、左舷側は下層への連絡「廊室」と、その右舷側は「伝令所」だ。資料が無いのでこれまた想像の域でしかないのだが、伝令が待機している場所なのか、それとも電話交換所のような役目の部屋なのかは不明だ。恐らく両方だろうと思う。

そして最上層たる「防空指揮所」だ。冒頭に述べた遮風装置の恩恵がなければ大変な箇所だろうと思う。ここの機材の説明は引出線部分と、百二十ページを御覧になってくださると幸甚だ。

「九四式高射装置」。
直径三〇〇〇ミリほどの筒に高角・高倍率望遠鏡と測距儀、そして機械式計算機を内蔵した航空機を狙い撃つ為の照準施設。形状等は次の見開き参照のこと。艦橋トップのここにどうやって入るのだろうと筆者はずっと疑問だったのだが、今回の作画で筒後部に扉があることが判明した。

「六〇糎信号用探照灯」。
ブルワークが切り欠いてある。

「気象作業室扉」。
ここが何故、観音開きの扉なのかだが、気象測定用の気球を膨らませる為だと推測。

船体と艦橋の比率図。
空母に於ける艦橋の割合は意外なほどに小さく、船体に比べ艦橋は物凄く小さく感じる。

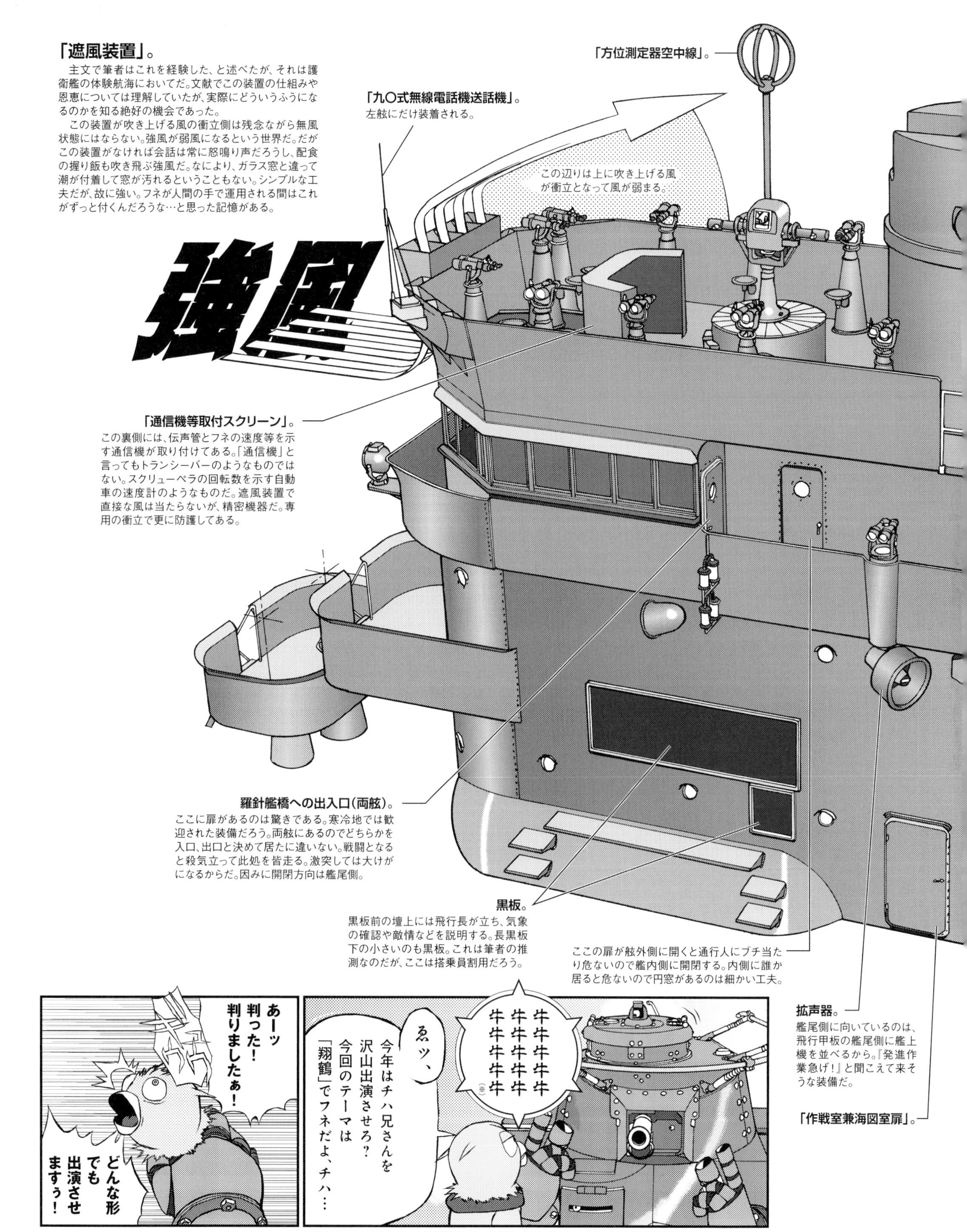

(※編注)チハ兄さん(九七式中戦車)らの帝国陸軍戦車はマスコミから「鉄牛」と呼ばれていたのだ。ただ、戦車兵から「ダサいからやめて」とクレームが入り、後で「鉄獅子」に変わった。

登場人物紹介

サブ兄さん…職業：伏龍。米上陸用舟艇を海中から爆雷で爆破する。マッチョ。

ユガシャウト…フクロウ人間。サブ兄さんに粛清される。

マリンくん…こがしゅうとの相棒。いつもサブ兄さんに嬲られる。

チハ兄さん…職業：歩兵支援用アニキ。ときどき触手を出す。

この見開きでは翔鶴型空母、艦橋の右舷側について述べて行こうと思う。

前見開きで述べた左舷側は飛行甲板と面しているので突起物も少なく、また出入口があったりして穏やかな面構えなのだが、右舷は非常に激しい面構えと相成っている。

特徴的なのは艦橋トップ、「防空指揮所」に設置してある「九四式高射装置」と同じものが麓で艦橋を挟むように設置してある点だろう。これは厳密には艦橋付近であり、艦橋に接していないので、艦橋というテーマからは外れてはいる。しかしこんな間近に高射装置がぎゅうぎゅうと犇めき合っているフネは翔鶴型くらいなものだ。これに触れてもバチは当たらないだろう。

まず、『高射装置とは何ぞや?』というトコロから述べようと思う。

高速で飛行する航空機を、フネに搭載してある火器で攻撃する、のは中々大変なことだ。何しろ相手の航空機は小さい上に高速で飛行するし、その上自在に高度や速度、近づいたり距離をおく三次元空間移動が可能だ。これを機銃や高角砲が放つ初弾で撃墜するのは奇跡だ。そこでこれら搭載火器らを、さながら一つの火器として単一目標に向け統制発射するシステムの目と頭脳にあたる部分が「高射装置」だ。

…筆者は『頭脳』と述べたが、これも補足説明が必要だ。相手航空機を照準器のど真ん中に捉えて撃っても、発射された砲弾銃弾は光よりも遅い。加えて相手は高速飛行しているので発射された弾は標的機の後ろに外れ、全て無駄弾になる。そうならないように相手機の未来進路を見越して撃つように訓練するのだが、これは大変に難しい。そこで高射装置だ。これの中には測距儀で計測した距離や速度、角度等の諸元入力さえすれば、程よい見越し角を指示してくれる有難い装置なのだ。

ただ異なる点としては、航空母艦は中心線上で航空機が発艦・着艦するために、自衛用火器の高角砲や機銃は、フネの両舷に設けられた操作フラットやスポンソンに配置する。この配置では、反対舷側の射撃指揮では死角が増える等の制限も増える。相手側の敵機も同じ方向から一列で襲来する訳がない。オマケに機械式の計算機はデリケートで衝撃があると忽ち故障する。故に複数の高射装置が必要…という訳だ。ただし、大変に製造が難しく、それはつまり高価な機材でもある。翔鶴型にこれほど沢山の機材を集中搭載するというのは期待度の現れでもあり、建造時は余裕がある部類でもあった、と筆者は考える次第だ。

事実、艦橋トップの防空指揮所に高射装置を構えるという容姿を持つ航空母艦は翔鶴型が最後となった。

もっと言えば、翔鶴型のような凝った造りで風力を束ね増すように工夫された遮風装置も翔鶴型が最後だ。

後に建造された航空母艦に装着された遮風装置はシンプルな形状になってしまったし、高射装置も防空指揮所の頂から下ろされ、図のような艦橋脇が設置場所となってしまった。航空母艦の艦橋というカテゴリーで翔鶴型のものはいわば最高級品と言えるものだ。

「蒼龍」でひな形が出来、翔鶴型で完成形に至り、急造空母が必要となり、どんどん省力化されていく…その頂点が（艦橋部分というククリではあるが）翔鶴型であると思う。そういう目で本図を目にして欲しいとも思う次第だ。

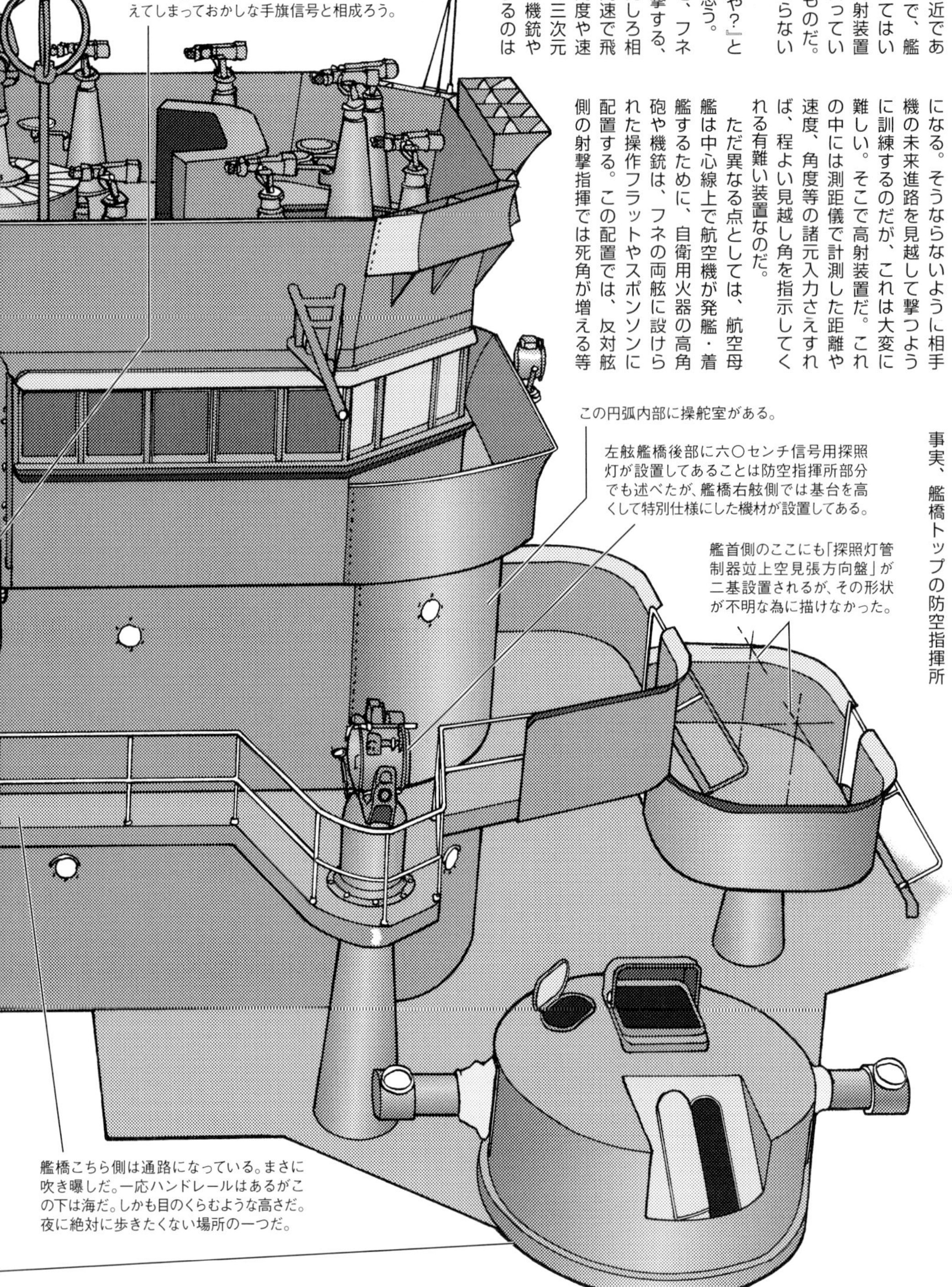

「方向測定器空中線」。
実はこの枠形空中線は図の位置まで下げることが出来るものだ。
「手旗信号台」。
特筆すべき点として、ここは可動式だということだ。根元にヒンジが付いており、艦首側におり畳める。ここより手旗で身を乗り出すような形で信号を発するのだが…幅は数十センチ。可動式で片方はヒンジ固定だ。別項でも述べたが、ここは海面より数十メートル上だ。筆者なら震えてしまっておかしな手旗信号と相成ろう。
この円弧内部に操舵室がある。
左舷艦橋後部に六〇センチ信号用探照灯が設置してあることは防空指揮所部分でも述べたが、艦橋右舷側では基台を高くして特別仕様にした機材が設置してある。
艦首側のここにも「探照灯管制器並上空見張方向盤」が二基設置されるが、その形状が不明な為に描けなかった。
艦橋こちら側は通路になっている。まさに吹き曝しだ。一応ハンドレールはあるがこの下は海だ。しかも目のくらむような高さだ。夜に絶対に歩きたくない場所の一つだ。

そういえば、翔鶴型って艦橋の周辺にヤタラと「九四式高射装置」があるよね。
へー、そうなんだぁ。

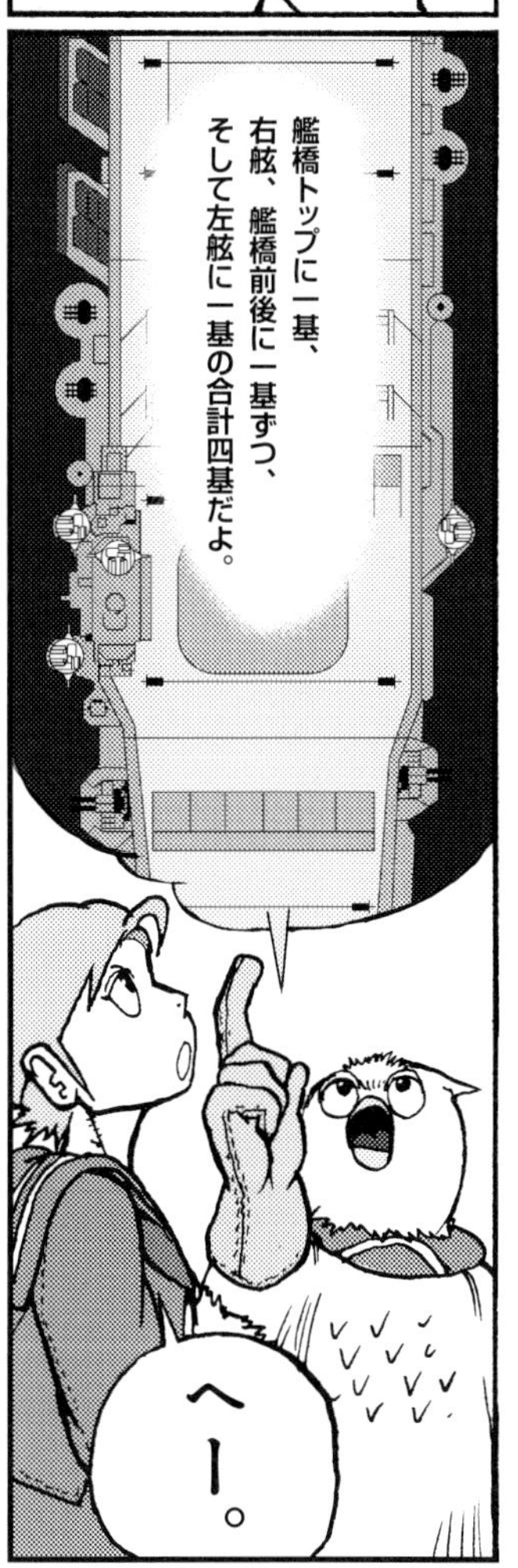

艦橋トップに一基、右舷、艦橋前後に一基ずつ、そして左舷に一基の合計四基だよ。
へー。

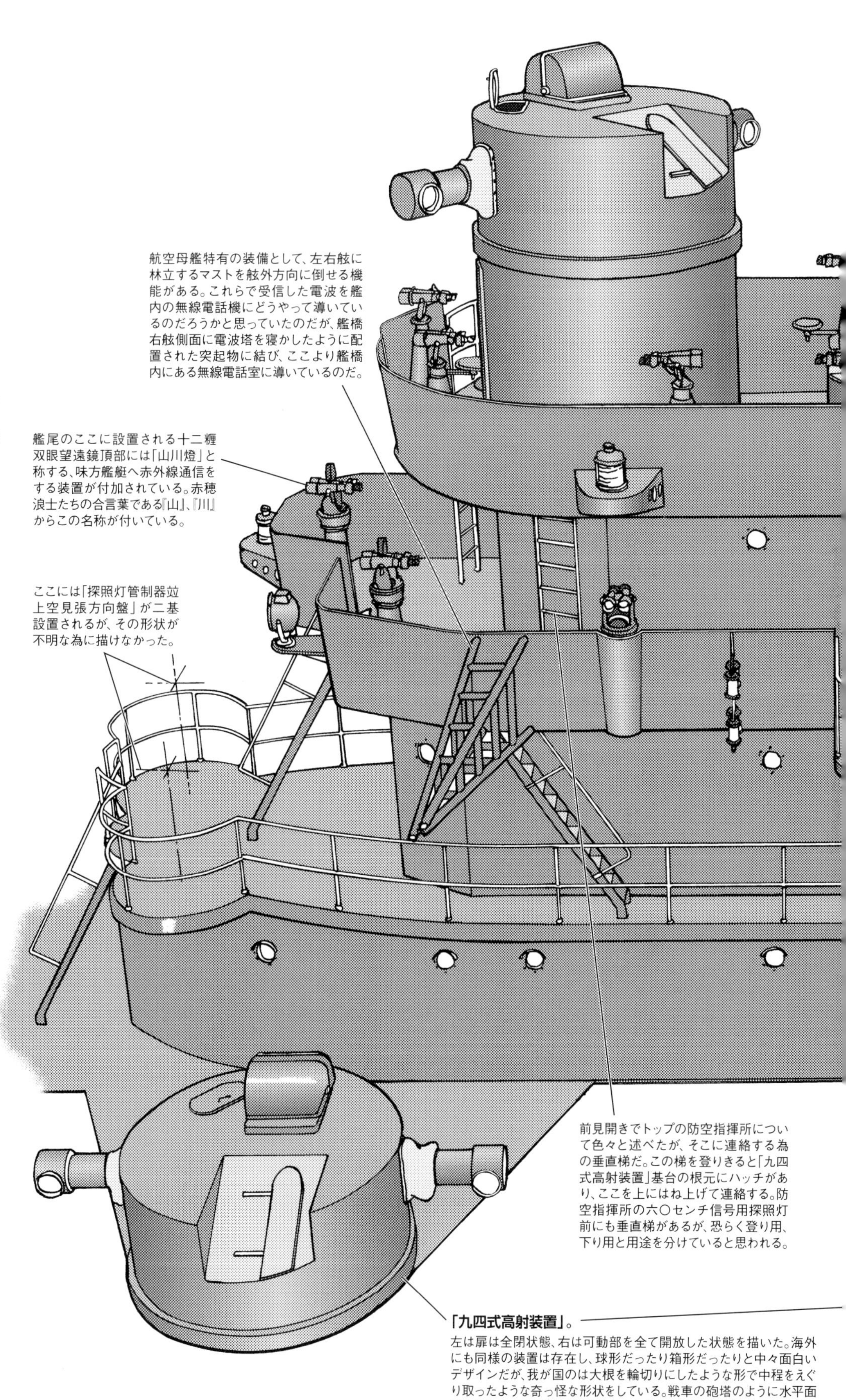

航空母艦特有の装備として、左右舷に林立するマストを舷外方向に倒せる機能がある。これらで受信した電波を艦内の無線電話機にどうやって導いているのだろうかと思っていたのだが、艦橋右舷側面に電波塔を寝かしたように配置された突起物に結び、ここより艦橋内にある無線電話室に導いているのだ。
艦尾のここに設置される十二糎双眼望遠鏡頂部には「山川燈」と称する、味方艦艇へ赤外線通信をする装置が付加されている。赤穂浪士たちの合言葉である『山』、『川』からこの名称が付いている。
ここには「探照灯管制器並上空見張方向盤」が二基設置されるが、その形状が不明な為に描けなかった。
前見開きでトップの防空指揮所について色々と述べたが、そこに連絡する為の垂直梯だ。この梯を登りきると「九四式高射装置」基台の根元にハッチがあり、ここを上にはね上げて連絡する。防空指揮所の六〇センチ信号用探照灯前にも垂直梯があるが、恐らく登り用、下り用と用途を分けていると思われる。

「九四式高射装置」。

左は扉は全閉状態、右は可動部を全て開放した状態を描いた。海外にも同様の装置は存在し、球形だったり箱形だったりと中々面白いデザインだが、我が国のは大根を輪切りにしたような形で中程をえぐり取ったような奇っ怪な形状をしている。戦車の砲塔のように水平面で旋回し方向を確認、円筒形左右から突き出た測距儀は右のように上方に対物レンズを向けることが出来、高度と距離を算出する。

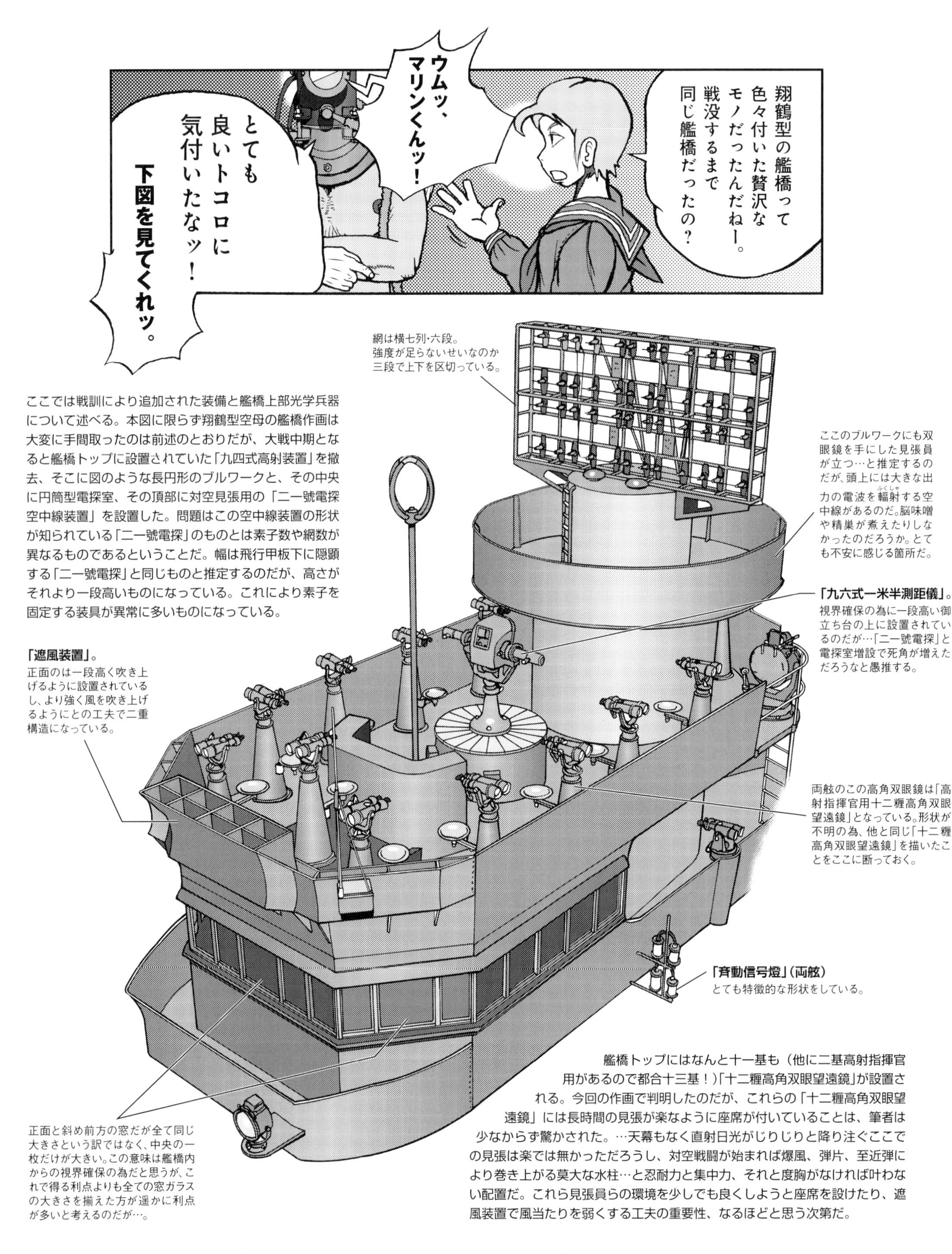

翔鶴型の艦橋って色々付いた贅沢なモノだったんだねー。戦没するまで同じ艦橋だったの？

ウムッ、マリンくんッ！

とても良いトコロに気付いたなッ！

下図を見てくれッ。

網は横七列・六段。強度が足らないせいなのか三段で上下を区切っている。

ここのブルワークにも双眼鏡を手にした見張員が立つ…と推定するのだが、頭上には大きな出力の電波を輻射する空中線があるのだ。脳味噌や精巣が煮えたりしなかったのだろうか。とても不安に感じる箇所だ。

「九六式一米半測距儀」。

視界確保の為に一段高い御立ち台の上に設置されているのだが…「二一號電探」と電探室増設で死角が増えただろうなと愚推する。

「遮風装置」。

正面のは一段高く吹き上げるように設置されているし、より強く風を吹き上げるようにとの工夫で二重構造になっている。

両舷のこの高角双眼鏡は「高射指揮官用十二糎高角双眼望遠鏡」となっている。形状が不明の為、他と同じ「十二糎高角双眼望遠鏡」を描いたことをここに断っておく。

「斉動信号燈」（両舷）

とても特徴的な形状をしている。

正面と斜め前方の窓だが全て同じ大きさという訳ではなく、中央の一枚だけが大きい。この意味は艦橋内からの視界確保の為だと思うが、これで得る利点よりも全ての窓ガラスの大きさを揃えた方が遥かに利点が多いと考えるのだが…。


ここでは戦訓により追加された装備と艦橋上部光学兵器について述べる。本図に限らず翔鶴型空母の艦橋作画は大変に手間取ったのは前述のとおりだが、大戦中期となると艦橋トップに設置されていた「九四式高射装置」を撤去、そこに図のような長円形のブルワークと、その中央に円筒型電探室、その頂部に対空見張用の「二一號電探空中線装置」を設置した。問題はこの空中線装置の形状が知られている「二一號電探」のものとは素子数や網数が異なるものであるということだ。幅は飛行甲板下に隠顕する「二一號電探」と同じものと推定するのだが、高さがそれより一段高いものになっている。これにより素子を固定する装具が異常に多いものになっている。

艦橋トップにはなんと十一基も（他に二基高射指揮官用があるので都合十三基！）「十二糎高角双眼望遠鏡」が設置される。今回の作画で判明したのだが、これらの「十二糎高角双眼望遠鏡」には長時間の見張が楽なように座席が付いていることは、筆者は少なからず驚かされた。…天幕もなく直射日光がじりじりと降り注ぐここでの見張は楽では無かっただろうし、対空戦闘が始まれば爆風、弾片、至近弾により巻き上がる莫大な水柱…と忍耐力と集中力、それと度胸がなければ叶わない配置だ。これら見張員らの環境を少しでも良くしようと座席を設けたり、遮風装置で風当たりを弱くする工夫の重要性、なるほどと思う次第だ。

(※)【豆知識】
防空指揮所の高射装置は電探装着により撤去された説と艦橋側面に移設されたとする説、二つがあるぞ。真偽は新資料の発掘を待とう。

翔鶴型空母と他の中型/大型空母の比較

文／本吉 隆　図版／田村紀雄

1941年の太平洋戦争開戦時、世界最優秀空母の一つであった翔鶴型だが、大戦時に投入された他の艦隊型空母と比べると、その性能はどのようなものだったのだろうか。ここでは日米英の中型〜大型空母を6クラス挙げ、翔鶴型の相対的な性能を考察してみよう。

「飛龍」（日本海軍）

㊁計画で整備された「飛龍」は、同計画で整備された「蒼龍」の改型で、日本の高速艦隊型の中型空母として、一応の完成形となったと言える艦だ。ただし大型空母の翔鶴型と比べると、艦のサイズは全長で約30m、公試排水量で約9,000トン小さい艦だけに、様々な点で見劣りする面がある。

実際に開戦時点での搭載機数は、翔鶴型に比べて常用機で18機（2個中隊分）少なく、航空燃料や航空弾薬の搭載量等を含めて、航空継戦能力も見劣りがする。艦の性能面でも速力は若干勝るが、航続力が短いのは、大洋を走り回る空母の機動作戦では問題となり得る点だ。艦の規模と排水量の影響もあって、対空火器の装備や装甲防御も翔鶴型より劣っているのも事実だ。

この様に空母としての能力で全般的に見劣りがする「飛龍」だが、これは翔鶴型より小型な艦であることが主要因であり、ある意味致し方が無い、というべきものだ。その能力に不満があったことは、㊄計画以降で、改大鳳型と共に整備される中型空母が、「飛龍」より航空作戦能力の高い新規設計の艦とする、とされたことからも明らかだ。だが一方で(急)計画及び改㊄計画で、本型の改型である雲龍型の整備が実施されたことは、本艦は日本海軍では中型空母として有用に使用出来る艦、と評されていたことを示すものである。

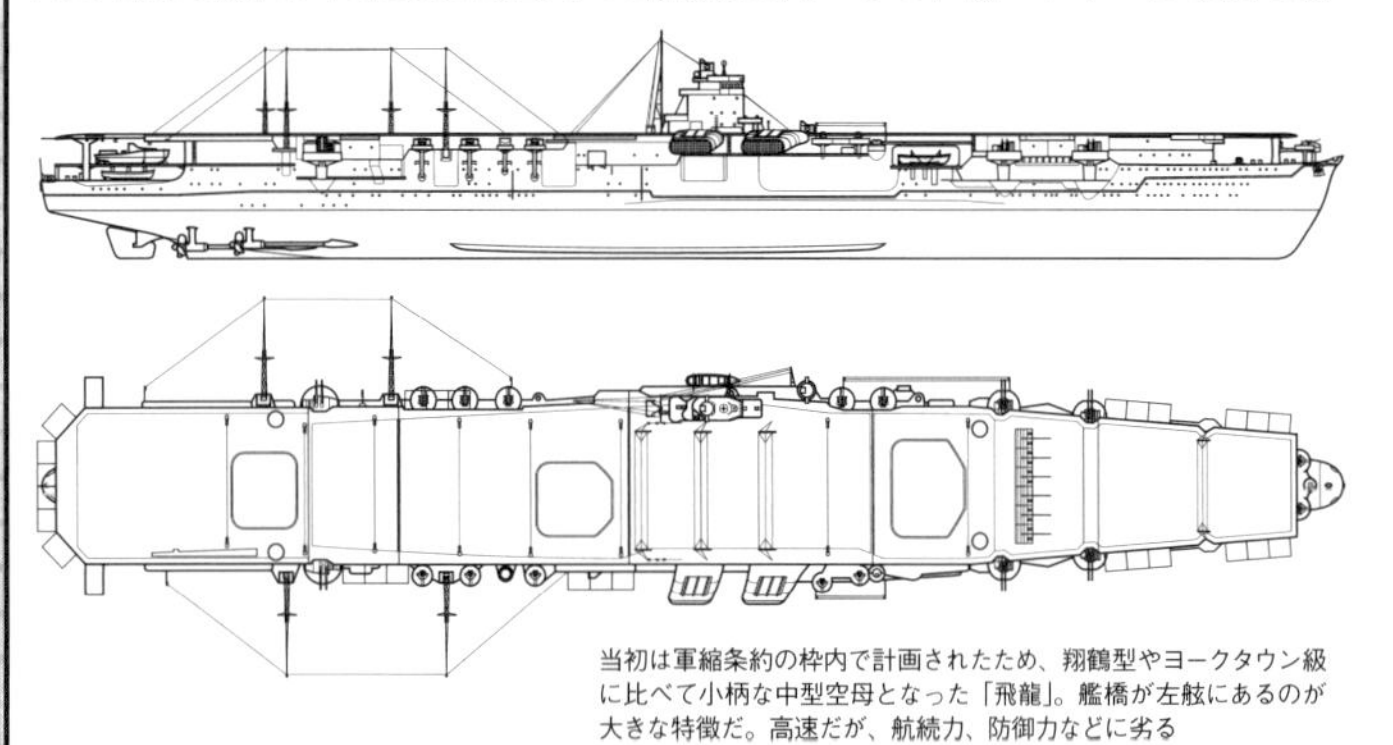

当初は軍縮条約の枠内で計画されたため、翔鶴型やヨークタウン級に比べて小柄な中型空母となった「飛龍」。艦橋が左舷にあるのが大きな特徴だ。高速だが、航続力、防御力などに劣る

空母「飛龍」（1939年竣工時）

基準排水量	17,300トン
最大速力	35ノット
航続距離	18ノットで7,670浬
兵装	12.7cm連装高角砲6基、25mm連装機銃5基、25mm3連装機銃7基
飛行甲板	216.9m × 27.0m
航空機搭載数	常用57機＋補用16機

「大鳳」（日本海軍）

㊃計画で整備された「大鳳」は、英海軍のイラストリアス級整備に影響を受け、以後の各国の航空母艦整備が装甲空母へと移行することを見据えて整備に至ったものだ。艦の任務的には翔鶴型同様、敵空母撃滅戦に投ぜられる大型艦隊型空母として計画されており、基本的にはこの任務に充当するのに必要な航空作戦能力を維持しつつ、以前の空母の様に「爆弾一発で航空作戦能力を失う」という欠点を廃した艦とした。

この構想に基づいて、「大鳳」の飛行甲板には急降下爆撃での500kg爆弾に抗堪可能なだけの装甲が施されている。これは戦後の完成となった米のミッドウェー級空母を除けば、戦時中の装甲空母の中では最強レベルの装甲であり、これにより被爆後も航空作戦能力の維持が可能となったのは、翔鶴型に比べて大きな優位点となっている。

また空母としての能力も、見かけ上の搭載機数は少ないが、実戦では翔鶴型に近い機数を搭載して作戦に当たっている。更に翔鶴型より大きな航空燃料搭載量を持ち、航空弾薬搭載量も大差無いなど、航空継戦能力も翔鶴型と同等以上である。この他、艦の各種性能や防御性能等も、翔鶴型に大きく見劣りするような点は無い。

これらの点から、空母として見れば「大鳳」は翔鶴型より一段と進歩した新世代の空母と見做すことができ、戦時中に日本海軍が整備した最良の艦隊型空母と評して良いだろう。

エンクローズド・バウや煙突と一体化した艦橋など新機軸を多く採用し、大型かつ重装甲の空母として建造された「大鳳」。高角砲も新型の長10cm連装高角砲を搭載していた。しかし日本海軍はこの新鋭空母を1隻しか建造できなかった

空母「大鳳」（1944年竣工時）

基準排水量	29,300トン
最大速力	33.3ノット
航続距離	18ノットで10,000浬
兵装	10cm連装高角砲6基、25mm3連装機銃22基
飛行甲板	257.5m × 30.0m
航空機搭載数	常用52機＋補用1機（計画時）、60機（マリアナ沖海戦時）

ヨークタウン級（アメリカ海軍）

アメリカが1933年度計画で建造したヨークタウン級空母は、出現時期もあって「蒼龍」「飛龍」の両艦と比較されることも多いが、実際には翔鶴型に近い船体規模を持つ、大型高速の艦隊型空母だ。

搭載機数は常用機数こそ翔鶴型と同等、もしくはやや上回る程度だが（計画81機）、予備機の数が多いので総搭載機数は勝り、実際、戦争末期に90機以上の常用機を搭載した例も報告されている。また当初から7トン級艦上機の搭載を前提に設計されたので、新型の大型・大重量の艦上機への対応もより容易だった。航空継戦能力も有力だが、航空燃料搭載量が翔鶴型より少ないのは欠点と言える。

艦の性能面では、速力は低いが航続力は翔鶴型より長い。防御は、竣工時点では水中防御こそやや脆い感もある。だが耐弾及び耐爆防御の面では、額面上の装甲厚は翔鶴型に劣る面があるが、ミッドウェー海戦の「ヨークタウン」、ガ島戦時の空母戦における「エンタープライズ」の戦例が示すように、被爆後に一時的に航空作戦能力を喪失しても、早期に回復が可能であるなど、被爆時の抗堪性がより高い艦だと言える。

総じて本級は、翔鶴型に劣る点もあるが、空母としては同等以上の能力を持ち、被爆時の抗堪性が高いのを考慮すれば、空母戦に投じるにはより適した艦とも評することが出来る。本級が「米海軍に初めて就役した実用に耐えうる艦隊型空母」と一般的に評されているのは、しっかりとした根拠に基づくものといえる。

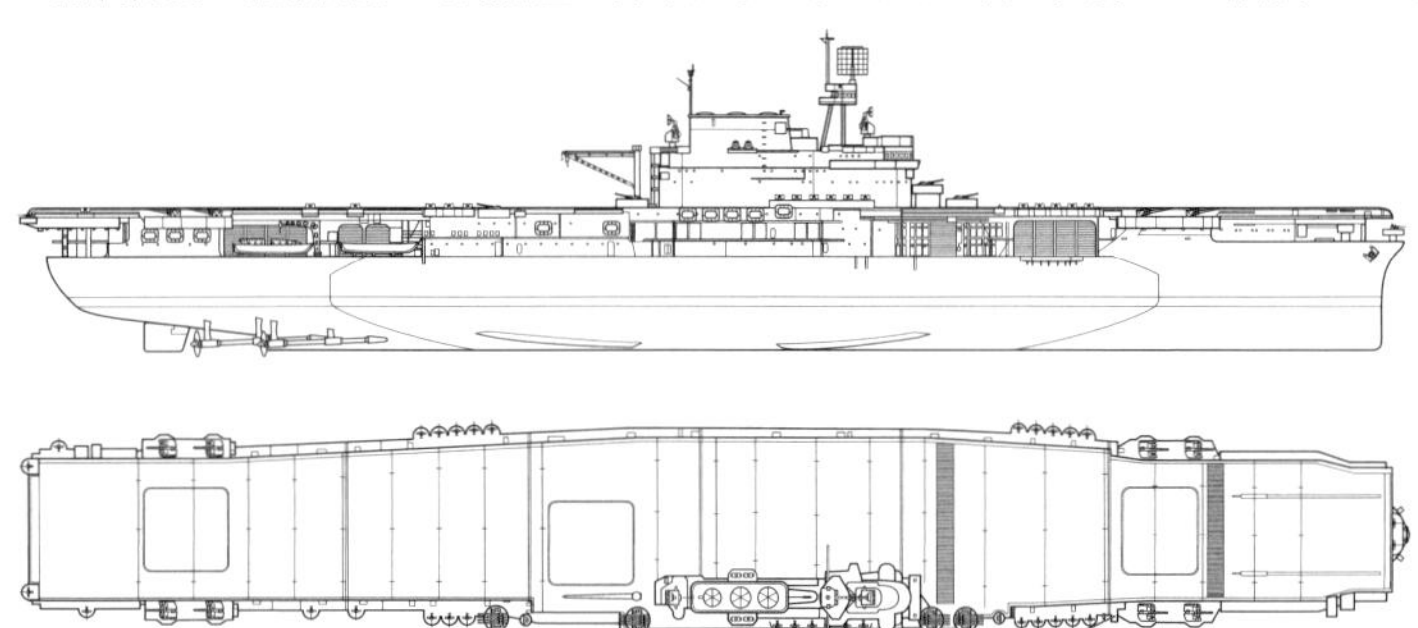

翔鶴型とほぼ同等の性能を有し、宿命のライバルといえるヨークタウン級3隻だが、翔鶴型よりも被弾した際の復旧能力が高いのが特徴だ。「ヨークタウン」と「ホーネット」は1942年に戦没し、「エンタープライズ」のみが終戦まで生き残った

空母「ヨークタウン」（1937年竣工時）

基準排水量	19,576トン
最大速力	32ノット
航続距離	15ノットで12,500浬
兵装	12.7cm単装高角砲8基、28mm4連装機銃4基、12.7mm機銃24挺
飛行甲板	244.4m × 29.73m
航空機搭載数	81機

エセックス級（アメリカ海軍）

本を正すと「大鳳」と同時期に計画されたエセックス級空母は、ヨークタウン級より大きな航空機運用能力の付与（常用90機）、対空火力、耐弾性能を含む防御力、航続性能の増大を主要求として整備された艦型だ。計画時の基準排水量は翔鶴型に近いが、実際には全長は10m以上長く、戦時常用満載排水量は翔鶴型の満載排水量に比べて約5,000トン大きい、より大型の艦である。

航空燃料用のタンクを安全性の高い海水置換式とした影響で、航空燃料搭載量は少ない。しかし72機を同時発艦させることを要求された本級の飛行甲板は、その形状もあって翔鶴型より有効面積は大きく、搭載機数も戦時中には常用機で100機以上を搭載したように、航空作戦能力は基本的に翔鶴型を上回る。

また戦時中に最大8トン級の艦上機を運用していたように、新型艦上機の運用能力も日本空母より勝っていた。艦の性能も速力は翔鶴型より若干遅いが、航続力は速度によっては翔鶴型の倍近い。防御性能もヨークタウン級より改善されており、より抗堪性の高い艦である。水中防御も強化されてはいたが、被雷時に意外に脆い面を見せることもあった。

これらの点が示すように、本級は欠点がないわけではないが、空母としては翔鶴型を含めた日本空母に比べて大きな優位を持つ艦である事は疑いはない。大戦時の艦隊型空母としては最有力な艦の一つと言えるだろう。

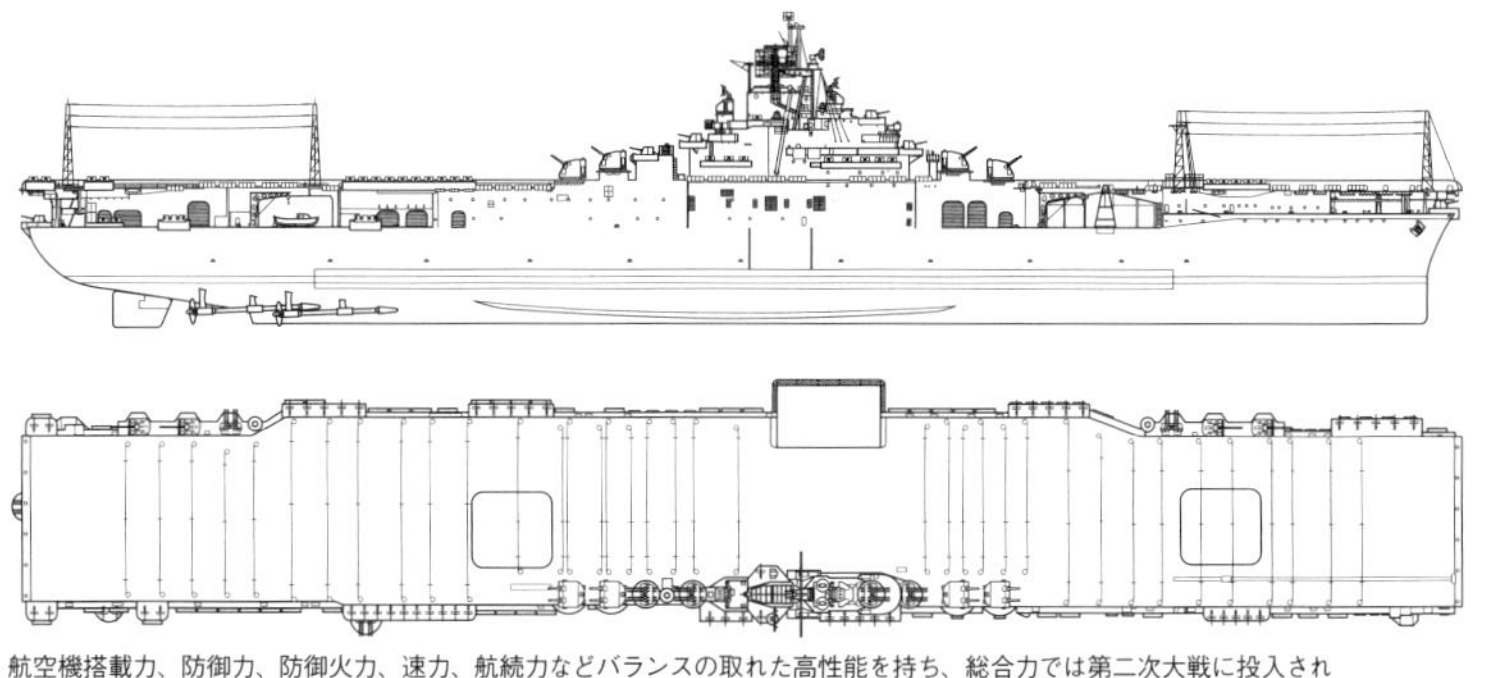

航空機搭載力、防御力、防御火力、速力、航続力などバランスの取れた高性能を持ち、総合力では第二次大戦に投入された空母の中では最優秀といえるエセックス級空母（図は「イントレピッド」）。米海軍はこの最強空母を17隻も建造した

空母「エセックス」（1942年竣工時）	
基準排水量	27,100トン
最大速力	33ノット
航続距離	15ノットで16,900浬
兵装	12.7cm単装高角砲4基、同連装4基（計12門）、40mm4連装機関砲8基、20mm機銃46挺
飛行甲板	262.74m × 32.92m
航空機搭載数	90機

「アーク・ロイヤル」（イギリス海軍）

英海軍初の新造艦隊型空母である本艦は、ロンドン条約で新造空母の個艦排水量制限がより削減されたことと、建造予算の削減のため、翔鶴型より小さい22,000トン型の艦として計画されたものだ。

このため、格納庫の総面積は「飛龍」と近く、収容可能最大機数が最大60機（艦攻サイズ）とされたように、基本的に搭載機数は翔鶴型より少ない。飛行甲板は全長こそ翔鶴型に相当するが、飛行甲板として使用出来ない区画が多く、有効長は「飛龍」に近いものでしかない。ただし飛行甲板の有効幅は翔鶴型と同等で、このため有効面積は「飛龍」を上回るものがある。

航空燃料搭載量は翔鶴型の半分程度で、航空継戦能力も見劣りがするが、最大運用可能な艦上機の重量は6.4トンと、この面では翔鶴型を上回る。艦の性能面では速力はやや低い（31ノット）が、航続力は翔鶴型と同等以上など、艦隊型空母として必要な性能は持ち合わせていた。装甲防御は機関部の水平装甲を除けば翔鶴型より薄く、装甲飛行甲板も持たない。水中防御も脆い面があり、日本艦に勝るとは言い難い。

本艦の艦隊型空母としての能力は、総じて翔鶴型に劣ることは確かだ。だが英海軍の目的に有効に使用出来る能力を備えており、それは第二次大戦の欧州海域の海戦で、本艦が多くの活躍を見せたことからも間違いはない。

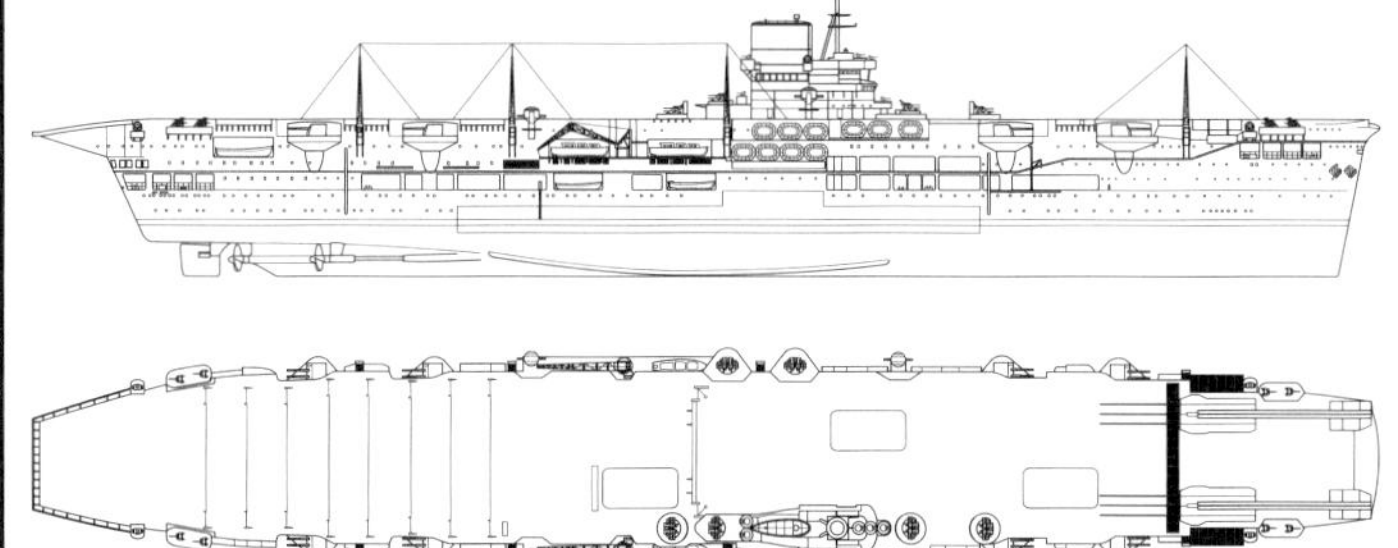

英海軍では軽空母「ハーミズ」の次に新造された空母であり、英艦隊型空母の祖となった「アーク・ロイヤル」。細長く巡洋艦に近い船型の日本と米国の艦隊型空母に比べると、戦艦に近い幅広の船型となっている

空母「アーク・ロイヤル」（1938年竣工時）	
基準排水量	22,000トン
最大速力	31ノット
航続距離	14ノットで12,000浬
兵装	11.4cm連装両用砲8基、40mm8連装機関砲6基、12.7mm4連装機銃8基
飛行甲板	243.1m × 29.3m
航空機搭載数	60機

イラストリアス級（イギリス海軍）

英海軍が世界に先駆けて、本格的な「装甲空母」として整備した本級は、垂直側の装甲防御については、弾火薬庫部は「翔鶴」に劣る部分もあるが、その他の部分で勝り、飛行甲板部を含めた水平側の装甲防御も、弾火薬庫部分以外は全て翔鶴型に勝っている。一方で水中防御は「アーク・ロイヤル」と同等で、脆い面があるのは否めない。

この強力な装甲防御の代償となったのが航空機運用能力で、第1群/第2群に属する初期の4隻は大きく航空機搭載量が劣り（第1群33機、第2群45機、後の改修で54機/56機）、航空燃料搭載量を含めて継戦能力も低い。インプラカブル級とも呼ばれる本級最後の2隻（第3群）は、艦のサイズがより拡大されたこともあって、翔鶴型に近い機数（戦時中最大81機）を運用可能となったが、航空燃料搭載量が少なく継戦能力に劣るという欠点はそのままだった。

ただし運用可能な艦上機の最大重量は当初6.4トン、戦時中/戦後の改装でエセックス級に相当する最大9.1トンに拡大されるなど、大型大重量の艦上機運用能力は翔鶴型より基本的に優れていた。艦の性能面では、速力は低いが、航続力はより長いという、「アーク・ロイヤル」に近い特性を持っていた。

本級は敵の爆撃に対する強靱な抗堪性を持つことを含めて、第二次大戦時の空母作戦において、有効に使用出来ることは疑いない。だが航空作戦能力の低さもあり、艦隊型空母としては翔鶴型の方が勝ると評していいだろう。

227kg爆弾に耐えられる装甲を飛行甲板に施した、装甲空母の先駆者「イラストリアス」。軍縮条約下で建造されたため、「アーク・ロイヤル」では3基だったエレベーターは2基に、2基あったカタパルトは1基にするなどして小型化を図っている。6隻が建造された

空母「イラストリアス」（1940年竣工時）	
基準排水量	23,207トン
最大速力	30.5ノット
航続距離	10ノットで10,700浬
兵装	11.4cm連装両用砲8基、40mm8連装機関砲6基、12.7mm機銃8挺
飛行甲板	189m × 29.18m（有効使用範囲）
航空機搭載数	33機

総評

太平洋戦争開戦時点での翔鶴型は、同時期の米空母に近い航空機搭載能力と、米空母と同等以上の大きな航空継戦能力を持つ艦であり、「空母」として有力な艦だったことは疑いがない。だが米空母に比べて、被爆時の航空継戦能力維持が困難で、かつ大型機の運用能力に欠ける面があるなど、空母として万全な艦だった訳でもない。

それらの点も考慮すると、翔鶴型は「蒼龍」以降の日本型空母の完成形の一つとは言えるが、被爆時の抗堪性を含めた翔鶴型の欠点を補い、運用可能な搭載機数も近い「大鳳」の方が、日本海軍が望んだ理想の艦隊型空母の姿に近い、と言えるのも確かではなかろうか。

翔鶴型空母ランダムアクセス

クリスマスに七面鳥の丸焼きは食べたくないと訴える妹とそれを宥める姉の翔鶴型に、爆撃でめくれたスカート、ではなく飛行甲板の裏側からアクセスしてみよう！

文／本吉 隆

日本海軍と米海軍からの評価

翔鶴型に対しての日本海軍側の評価は、造船側からはそれまでの高速艦隊型空母の建造経験が活かされた、大型で高速かつ、大規模な航空機運用能力を持つ日本空母の完成形、と見做されていた。この評価は戦後、旧海軍造船官の著作で紹介されたことで、現在も本型の評価としては一般的に知られているものだ。

また乗員からは、南方の酷暑水域での運用を考慮して設計が行われたこともあり、各種艤装が改善されていて、居住性が以前の艦より向上していたことなども歓迎された。

だが航空本部側からは、高角砲や機銃の配置を含めて、「艦」としての設計を優先したため、飛行機の運用面で障害が発生している面が存在することが指摘されるなど、その設計は不満の残るものだったと評されてもいた。

実際に就役後、「空母」として見れば、艦の設計に起因する問題から、「赤城」「加賀」に比べて飛行機発着時の能力面で劣る、とされたことや、竣工時期から航空艤装に不満が持たれるなど、問題点があったことも事実である。

ただし艦隊側からは、大きな航空機搭載能力と、空母の機動戦に投入可能な運動性能・航続性能を持つことが大きく評価されており、ミッドウェー海戦後に大型の高速艦隊型空母が本型だけになると、代替の利かない貴重な「決戦兵力」の艦としても扱われることになった。

米軍側は開戦時点で翔鶴型に対する正確な情報は掴めていなかったが、珊瑚海海戦以降の映像情報と、搭乗員からの報告から、この両艦がかなりの大型空母だと判定する。実際に、1942年秋には全長250m超の大型空母で、搭載機数は50機台後半～60機台前半、1943年8月には72機とされるなど、相応に正確な情報を掴むようになっていたが、何故か排水量は当初1万5千トン、後に2万トンと過小評価されていた。

米海軍が本型のデータを最終的に確定したのは1944年7月のことで、この際に排水量と搭載機数、速力は実艦に即したものへと変わり、兵装や航続力、艦のサイズも実艦に近いものとされ、水中防御は「非常に優秀」、ダメコン能力は「とても優良」と、防御面で高い評価を得てもいる。

総じてこの評価は、この時期の米空母「エンタープライズ」と比べ、艦のサイズは同等で、航空機運用能力でも近似した能力を持つだけでなく、艦の性能では翔鶴型が勝る面もあり、防御面でも優れるという、艦隊型空母として有力な艦である、と米海軍が評価していたことが窺えるもので、戦後も海外ではこの評価が一般的に受け入れられてもいる。

また海外では開戦から比島沖海戦まで、日本の機動部隊の作戦を支え続けた艦としても知られており、同型艦である「翔鶴」「瑞鶴」が長く同一戦隊を形成していたこともあって、近年の資料ではこの両艦が参加した海戦での兵力の説明等で、艦名をいちいち書かずに「Sho & Zui Duo」という呼称で記す場合もある。

翔鶴型の後継艦（「大鳳」／改大鳳型、雲龍型）

㊃計画で整備された「大鳳」は、英海軍の装甲空母整備に触発されて、「爆弾一発で作戦能力を失う」脆い艦だった空母に爆撃に対する本格的な抗堪性を持たせるべく、空母の弱点である飛行甲板に本格的な装甲防御を持たせると共に、大型の艦隊型空母として運用するのに足るだけの艦上機の運用能力を兼ね備えた艦として計画されたものだ。

被爆時の抗堪性が高く、搭載機数は翔鶴型より若干少ないが、より大きな航空継戦能力を持つ「大鳳」は、戦時中に竣工した日本空母では最良と言える能力を持つ艦でもある。初陣となった昭和19年（1944年）6月の対米戦の劣勢挽回を期したマリアナ沖海戦では、期待の最新鋭空母として第一機動艦隊の旗艦として出動するが、19日に米潜からの雷撃を受けて損傷、その後ガソリン蒸気の誘爆による大火災発生もあって沈没喪失に至り、特筆すべき活躍は出来なかった。

翔鶴型に比べて様々な面で改良が加えられていた「大鳳」は、航空本部曰く新世代の日本空母の標準型としても扱われ、㊄計画ではこれをやや拡大した改大鳳型（大鳳改型）の整備が企図された。改大鳳型は設計にやや窮屈な面があった「大鳳」の改型として、より航空機運用の円滑化等を図るべく計画されたもので、空母としての能力は「大鳳」と同等か若干上回る程度の艦として計画されている。

改大鳳型は昭和17年（1942年）以降に進められる予定だった㊄計画で2隻、ミッドウェー海戦後に同計画を大幅に改定した改㊄計画では5隻の整備が盛り込まれたが、戦況悪化もあって全艦が起工前に計画中止となった。

日本海軍で最後に就役した正規空母となった雲龍型空母は、本を正せば㊄計画の際、海軍省による空母新造計画の圧縮により、改大鳳型を補うものとされた中型空母を礎とする。昭和16年8月の出師準備第二着作業の中で、軍備促進のために㊄計画の前倒しとして実施された(急)計画の中で、中型空母1隻の整備が認められたことに伴い、「飛龍」の改正型として整備が実現したものだ。

「飛龍」と比べて、翔鶴型同様に艦橋位置の改正の他、短期建造実現のための工数削減や資材節約を考慮してエレベーター数の削減（3→2）、新型の三式着艦制動装置の搭載などの改正が行われた雲龍型は、(急)計画の1隻の他、改㊄計画ではミッドウェー海戦での大型空母喪失の穴埋めもあって13隻の整備が計画されており、早期に完成していれば日本機動部隊にとって有効な戦力となり得た艦だった。だが戦時中に竣工したのは(急)計画の「雲龍」と、改㊄計画艦のうち「天城」「葛城」のみで、これらの艦も竣工が遅かったため、何ら戦局に寄与せずに終わった。

なお、本型のうち設計の簡易化が進んだ「生駒」以降の艦は、計画名で「三〇二型」と呼ばれる「雲龍」型に対し、「改三〇二型」と呼称される場合がある。

翔鶴型の弱点とは

翔鶴型の弱点としては、まず戦前から空母という艦の認識にあったように、他の日本空母同様に被爆時の抗堪性が英米の空母に比べて低い点が挙げられる。実際に本型は、被爆時に航空作戦能力を完全に失うだけでなく、その飛行甲板及び格納庫の構造に起因する問題から、発着能力の回復が非常に困難だったことを実戦で示してしまっている。

日本空母の中では広大な面積を持つ、と言える飛行甲板も、復原性や艦の強度等の「軍艦」としての性能を確保する事が要求された影響で、同時期の米英空母とは異なって前後側で幅が狭くなることもあり、航空機運用の面で難があるとも評されている。

戦時中に同じ飛行機が敵を二度攻撃することが稀であるとされて、戦前日本側で考慮していた攻撃隊の収容と第二次攻撃の迅速な準備よりも、米海軍式に一度に発進させられる機数の増大が求められるようになると、その対処のために飛行甲板の延長が検討されたことは、ここらの事情を示すものと言える。

竣工時点で発着兵器を含む航空艤装が旧式化しつつある、と見做されていたことも、本型の欠点の一つと見做されていた。基本的に本型の航空艤装は、艦の設計上の問題から一部の装備が最適な位置に配せなかったことや、計画時に装備を予定していたカタパルトが開発上の問題もあって、その搭載が実現しなかったことを除けば、竣工時点での搭載機を運用するには充分な能力があり、十三試／十四試で試作されて、大戦中に戦列化された「彗星」や「天山」等の艦上機の運用も可能な能力はあった。

しかしこれらの機体の運用で、既に本型の発艦制動装置／エレベーター等の航空艤装は能力的な限界に達しており、実際十六試で試作された「流星」は、重量問題から本型では運用できなかった。この問題は十六試以降の艦上機の実用化前に本型が喪失したこともあって、戦時中には結果として特に問題にならなかったが、戦争が起こらなかった場合は、「流星」以降の大型大重量の艦上機運用のため、戦後の米英空母が実施したように、大容量のカタパルトの開発・装備を含めて、大規模な改装の実施が必要とされたことだろう。

また翔鶴型は通常艦としては成功作、と評されるが、L／B値が大きな（細長い）高速船型を採用した結果、艦の安定性は荒天時の航空作戦実施には不充分な面があることは欠点と見做されている。実際これは竣工後に「赤城」「加賀」よりこの面で劣るとされたこと、艦側より安定性改善のためにビルジキールの増設が要求されたことからも、空母としての運用面でマイナスであったことは、その実績からも明らかにされている。

ただこれらの問題を考慮しても、翔鶴型は㊂計画当時の日本海軍が持ちうる、設計及び造艦技術、航空艤装含めて整備可能な最良の艦であり、太平洋戦争時の日本空母としては、優良かつ有力な性能を持つ艦であったと評価すべきだと考える。

大戦末期に登場した、急降下爆撃と雷撃が可能な新型艦攻「流星」。だが翔鶴型の航空艤装では、全備重量5.7トンに及ぶヘビー級艦攻の流星は運用できなかった

翔鶴型の各海戦での発艦機数

作成／編集部

真珠湾攻撃（1941年12月8日）

第1次攻撃隊	種別／機種	赤城	加賀	蒼龍	飛龍	瑞鶴	翔鶴	総計
第1集団	水平爆撃隊（九七艦攻）	15	14	10	10	0	0	49
	雷撃隊（九七艦攻）	12	12	8	8	0	0	40
第2集団	急降下爆撃隊（九九艦爆）	0	0	0	0	25	26	51
第3集団	制空隊（零戦）	9	9	8	6	6	5	43
第2次攻撃隊	**種別／機種**	**赤城**	**加賀**	**蒼龍**	**飛龍**	**瑞鶴**	**翔鶴**	**総計**
第1集団	水平爆撃隊（九七艦攻）	0	0	0	0	27	27	54
第2集団	急降下爆撃隊（九九艦爆）	18	26	17	17	0	0	78
第3集団	制空隊（零戦）	9	9	9	8	0	0	35

インド洋作戦（1942年4月5日／9日）

コロンボ空襲参加機	赤城	蒼龍	飛龍	瑞鶴	翔鶴	総計
九九艦爆	0	0	0	19	19	38
九七艦攻	18	18	18	0	0	54
零戦	9	9	9	9	0	36
ハーミズ空襲参加機	**赤城**	**蒼龍**	**飛龍**	**瑞鶴**	**翔鶴**	**総計**
九九艦爆	17	18	18	14	18	85
零戦	0	3	3	0	0	6

珊瑚海海戦（1942年5月7日～8日）

		零戦	九九艦爆	九七艦攻
5月7日 第1次攻撃隊	瑞鶴	9	17	11
	翔鶴	9	19	13
	合計	18	36	24

		九九艦爆	九七艦攻
5月7日 第2次攻撃隊	瑞鶴	6	9
	翔鶴	6	6
	合計	12	15

		零戦	九九艦爆	九七艦攻
5月8日 第1次攻撃隊	瑞鶴	9	14	8
	翔鶴	9	19	10
	合計	18	33	18

第二次ソロモン海戦（1942年8月24日）

		零戦	九九艦爆	九七艦攻
第1次攻撃隊	翔鶴	4	18	4
	瑞鶴	6	9	0
	合計	10	27	4

		零戦	九九艦爆
第2次攻撃隊	翔鶴	3	9
	瑞鶴	6	18
	合計	9	27

南太平洋海戦（1942年10月26日）

		零戦	九九艦爆	九七艦攻
一航戦 第1次攻撃隊	翔鶴	4	0	20
	瑞鶴	8	21	0
	瑞鳳	9	0	0
	合計	21	21	20

		零戦	九九艦爆	九七艦攻
一航戦 第2次攻撃隊	翔鶴	5	19	0
	瑞鶴	4	0	16
	合計	9	19	16

		零戦	九九艦爆	九七艦攻
一航戦 第3次攻撃隊	瑞鶴	5	2	6

マリアナ沖海戦（1944年6月19日）

		零戦五二	彗星艦爆	天山艦攻
一航戦 第1次攻撃隊	大鳳	16	17	9
	瑞鶴	16	18	9
	翔鶴	16	18	9
	合計	48	53	27

		零戦五二	爆装零戦	天山艦攻
一航戦 第2次攻撃隊	瑞鶴	4	10	4

レイテ沖海戦（1944年10月25日）

		零戦五二	爆装零戦	天山艦攻	彗星艦偵
三航戦 第1次攻撃隊	瑞鶴	10	11	1	2
	瑞鳳	8	3	2	0
	千歳	7	2	2	0
	千代田	5	4	0	0
	合計	30	20	5	2

翔鶴型2隻の艦歴

文／松田孝宏
（オールマイティー）

航空母艦「翔鶴」

起工／昭和12年12月12日
進水／昭和14年6月1日
竣工／昭和16年8月8日
戦没／昭和19年6月19日
造船所　横須賀海軍工廠

「翔鶴」は第三次海軍軍備充実計画、通称㊂計画で計画、翔鶴型の1番艦として建造された。伏見宮殿下を迎えた進水式典は突如として豪雨に見舞われる不運なものだったが、事故もなく無事の進水を終えている。

初代艦長に城島高次大佐を迎え、竣工後は呉鎮守府籍となり、昭和16年8月25日に第一航空艦隊第五航空戦隊に編入された。五航戦は翌月に竣工の「瑞鶴」とともにハワイ作戦に投入されることになり、鹿児島湾などで訓練を行った。

機動部隊は11月26日に単冠湾を出撃、ハワイ攻撃に向かう。12月8日のハワイ攻撃で五航戦は地上攻撃任務を与えられ、二波にわたる攻撃隊のうち「翔鶴」は1機を失った。

翌年1月20日からはラバウル攻略のためラバウル、ラエを空襲した。3月26日、インド洋作戦のためスターリング湾を出撃。4月9日までにセイロン島コロンボやトリンコマリを攻撃。高橋「翔鶴」飛行隊長率いる艦爆隊は英空母「ハーミズ」を撃沈した。

5月7日からは世界最初の空母決戦となる珊瑚海海戦に参加するが、被弾・損傷のため発着艦が不可能となった。航行には支障がなく、避退時の速力は30ノットまたはそれ以上と伝えられている。帰投後は呉工廠に入渠するが、「翔鶴」のような大型艦の大規模な損傷は開戦後初めてのことで、多くの関係者が見学に訪れたという。

5月25日、2代目艦長の有馬正文大佐が着任した。7月14日、「翔鶴」は新生機動部隊となる第三艦隊の第一航空戦隊に編入され、旗艦となる。8月24日の第二次ソロモン海戦では敵機動部隊を攻撃するものの、多くの搭載機を失った。このあと8月28日より9月4日まで、戦闘機隊をカビエンに派遣している。

10月26日の南太平洋海戦ではまた被弾して火災を起こしたが、「瑞鶴」や「隼鷹」と共闘して日本機動部隊最後の勝利を得た。僚艦「瑞鶴」や護衛艦艇の乗員は「翔鶴」はたびたび被弾すると思っていたという。

内地に帰投した「翔鶴」は横須賀海軍工廠に入渠して修理に入ったが、入渠のたびに武装や消火装置の増備などで艦は強化された。昭和18年2月16日、3代目艦長となる岡田為次大佐を迎える。しばらく内地で過ごした「翔鶴」は、7月よりトラックへ進出。11月の「ろ」号作戦には搭載機を陸上基地に派遣するが大きな損害を受けた。

11月17日には、4代目にして最後の艦長となる松原博大佐が着任した。昭和19年4月、マリアナ沖海戦に備えてリンガ泊地へ進出。タウイタウイ泊地からギマラスへと移り、6月19日のマリアナ沖海戦は第一機動艦隊第一航空戦隊の一員として参加。主力となる甲部隊として攻撃隊を放つが、ほとんど戦果を得られず多数の搭載機が失われた。「翔鶴」も米潜水艦「カヴァラ」の雷撃で魚雷4本が命中。大火災を起こして14時1分、北緯12度0分、東経137度46分の地点に沈没した。戦死者は乗員887名、同乗の第六〇一空の376名、計1263名である。「矢矧」「初月」「若月」に救助された生存者は570名にすぎない。戦後となる昭和20年8月31日、除籍。

航空母艦「瑞鶴」

起工／昭和13年5月25日
進水／昭和14年11月27日
竣工／昭和16年9月25日
戦没／昭和19年10月25日
造船所　神戸川崎重工業

「瑞鶴」も第三次海軍軍備充実計画において、翔鶴型の2番艦として建造された。初代艦長は砲術専攻ながら、特設水上機母艦「神川丸」や空母「飛龍」艦長職経験のある横川市平大佐が着任した。竣工後は僚艦「翔鶴」同様に呉鎮守府籍となり、昭和16年9月25日に第一航空艦隊に所属する第五航空戦隊の旗艦となった。司令官には原忠一少将が着任した。「瑞鶴」もハワイ作戦のため鹿児島湾ほかで猛訓練を重ねた。

11月26日に単冠湾を出港してハワイ攻撃に向かい、12月8日の開戦を迎える。五航戦は地上攻撃を命じられ、第二次攻撃隊を率いたのは「瑞鶴」飛行隊長の嶋崎少佐であった。2度にわたる攻撃で1機の未帰還機も出すことなく、「瑞鶴」は幸運な初陣を飾った。

昭和17年1月に「翔鶴」らとともにラバウル攻略支援に向かい、20日にラバウル、21日にラエを空襲した。3月初旬、南鳥島に来襲の米機動部隊攻撃を命じられるが会敵できなかった。3月26日、インド洋作戦に出撃。4月5日にセイロン島コロンボ、9日にトリンコマリを攻撃した際に初めて未帰還機を出す。9日は艦爆隊が英空母「ハーミズ」を撃沈している。

5月の珊瑚海海戦で瑞鶴隊は米空母「ヨークタウン」を攻撃したが、多くの未帰還機を出した。ただし「瑞鶴」はスコールと直衛隊のおかげで損傷はなかった。帰投後の6月15日、2代目艦長として野元為輝大佐が着任した。その10日前のミッドウェー海戦で空母4隻が沈んだため、新たに第三艦隊を編成。旗艦を「翔鶴」に譲り、「瑞鶴」「瑞鳳」の3隻で第一航空戦隊を編成した。

8月24日は第二次ソロモン海戦に出撃するが、また多くの未帰還機を出す。10月26日の南太平洋海戦でも多くの機体と熟練搭乗員を失うが、その代償に日本機動部隊最後の勝利となる「ホーネット」撃沈戦果を挙げる。特に「翔鶴」被弾後は「瑞鶴」の野元艦長が攻撃隊の発着を指揮した。

昭和18年2月のガダルカナル島撤収作戦には「瑞鶴」搭載機も協力、作戦成功に貢献した。同年4月、「い」号作戦のため「瑞鶴」と「瑞鳳」「隼鷹」「飛鷹」の搭載機はラバウルやカビエンに進出、7日から14日まで攻撃に参加。戦果は僅少で損害は大きかった。内地へ戻った6月21日、3代目艦長の菊池朝三大佐が着任。11月初頭、「ろ」号作戦のため「瑞鶴」ら一航戦は搭載機をラバウル、カビエンなど陸上基地に派遣した。しかし「い」号作戦以上に大きな損害を出した。

12月18日、4代目にして最後の艦長となる貝塚武男大佐が着任。昭和19年6月19日より甲部隊に属する第一航空戦隊の1隻としてマリアナ沖海戦に参加。6月20日の空襲では竣工以降初めての直撃弾を受け、多数の搭載機を失って帰投した。

8月10日、最後の機動部隊となる第三艦隊第三航空戦隊を編成、旗艦を兼任。10月20日、囮任務を帯びてレイテ沖海戦に出撃。25日、朝からの空襲により、魚雷7本、爆弾7発を被弾し14時14分、北緯19度57分、東経126度34分の地点に沈没。戦死者は艦長以下士官49名、下士官兵794名と伝えられる。「若月」「初月」に救助されたのは866名または970名とされている。戦後の昭和20年8月26日に除籍された。

昭和19年10月25日、エンガノ岬沖海戦で力尽き、大傾斜する「瑞鶴」の飛行甲板上で軍艦旗に敬礼する乗組員たち

空母「赤城」「加賀」「翔鶴」「瑞鶴」完全ガイド

2021年10月30日発行

本文　本吉隆、松田孝宏、野原茂、雨倉孝之、伊吹秀明
イラスト　舟見桂、佐竹政夫、吉原幹也、上田信、田村紀雄、一木壮太郎、イヅミ拓、野原茂、こがしゅうと、竿尾悟、福村一章、AMON、栗橋伸祐、六鹿文彦

編集　ミリタリー・クラシックス編集部
装丁　くまくま団
本文デザイン　くまくま団、イカロス出版制作室
発行人　山手章弘
発行所　イカロス出版株式会社
〒162-8616 東京都新宿区市谷本村町2-3
[電話]販売部 03-3267-2766　編集部 03-3267-2868
[URL]https://www.ikaros.jp/
印刷　図書印刷株式会社